# Der Verzauberte Blick

Die deutsche Bibliothek – CIP-Einheitsaufnahme
Ein Titeldatensatz für diese Publikation ist bei
Der Deutschen Bibliothek erhältlich.

Erstmals veröffentlicht von Scriptum Editions, London

Konzeption Co & Bear Productions (UK) Ltd.
Layout und Gestaltung: David Mackintosh

Texte: Dr. Anthony Rice, Autor von Co & Bear Productions (UK) Ltd.

Englischer Originaltitel: »Voyages of Discovery, Three Centuries of Natural History Exploration«

3. Auflage 2004

Vorwort der deutschen Ausgabe: Peter-Matthias Gaede,
Verlag Gruner + Jahr, Redaktion GEO, Hamburg
Lektorat: Ortwin Fink, Hamburg
Übersetzung: Fred Schmitz, München
Schutzumschlag: Monika Neuser, 2005 Werbung, München
Herstellung und Satz: Büro Caroline Sieveking, München

Reproduktion: Bright Arts Graphics, Singapur
Druck und Bindung: Officine Grafiche DeAgostini, Novara

Printed in Italy

ISBN 3-89405-521-9

# Der Verzauberte Blick

## Das Naturbild berühmter Expeditionen aus drei Jahrhunderten

Texte von Dr. Anthony Rice

Aus dem Englischen übersetzt von Fred Schmitz

Villa Arceno
bei Frederking & Thaler

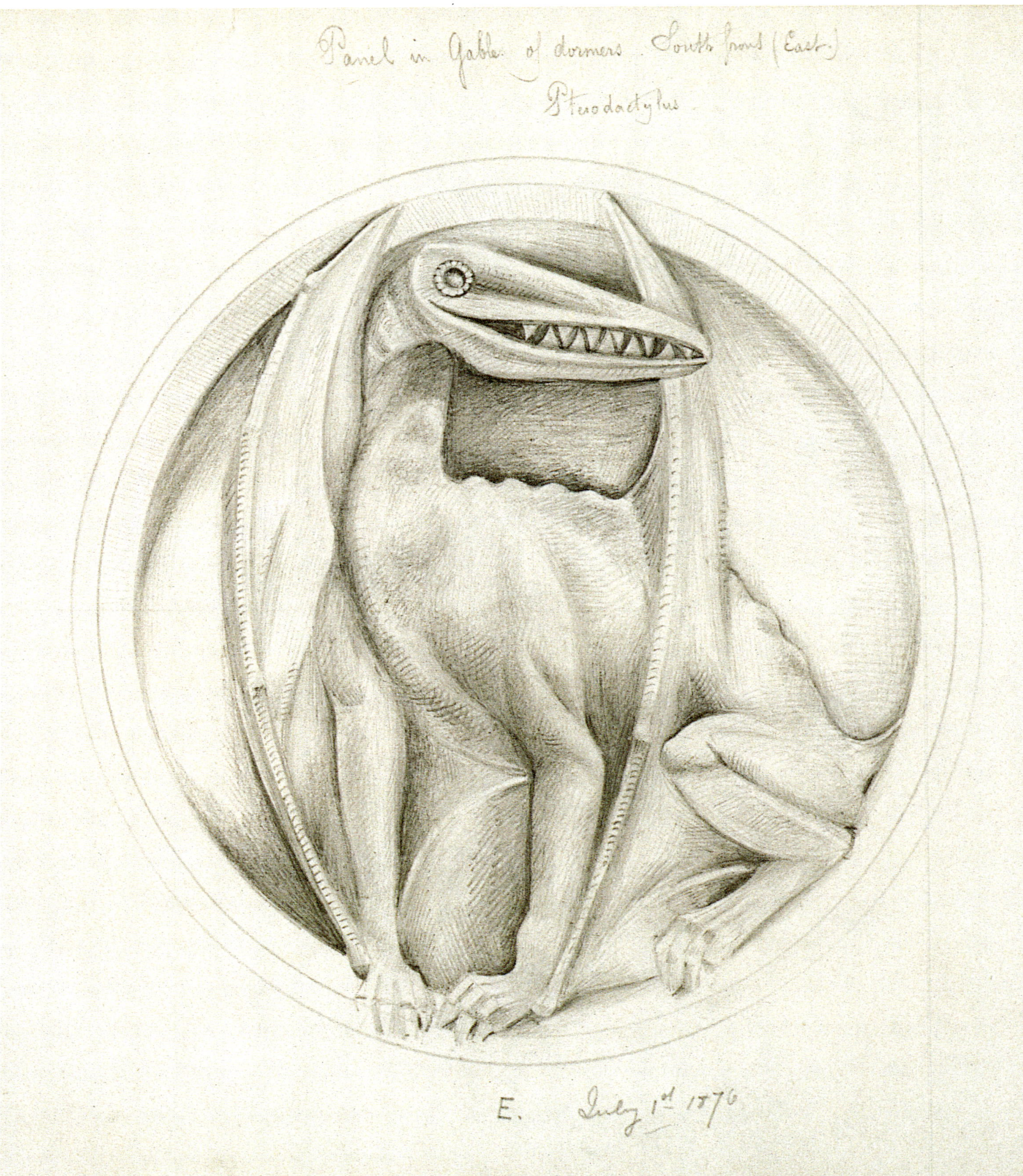
Panel in Gable of dormers South front (East)
Pterodactylus
E. July 1st 1876

# Vorwort

## von Dr. Neil Chalmers, Direktor des Natural History Museum, London

Das Museum of Natural History in London besitzt eine der weltweit größten und gewiß auch schönsten Sammlungen naturwissenschaftlicher Objekte: 68 Millionen Tiere, Pflanzen, Fossilien, Mineralien und Steine – ein imponierender Überblick über die Vielfalt der Natur. Doch der hohe Rang dieser Sammlungen bestimmt sich nicht nur durch ihre Größe und ihren Umfang, sondern auch durch ihren wissenschaftlichen und historischen Wert. Fast eine Million Objekte sind »Originale« – das heißt, die betreffenden Arten sind anhand dieser Exponate erstmals beschrieben, benannt und in Veröffentlichungen vorgestellt worden.

Das Museum besitzt zudem eine einzigartige Kollektion von Gemälden, Zeichnungen und Skizzen sowie eine reich ausgestattete Bibliothek. Neben einem Bestand von einer Million Büchern enthält diese Bibliothek seltene bebilderte Manuskripte, Skizzen- und Notizbücher und etwa 500000 Abbildungen von Kunstwerken, darunter viele vorzügliche Aquarelle von Vögeln, blühenden Pflanzen, Säugetieren und Insekten, die höchsten wissenschaftlichen und künstlerischen Ansprüchen genügen. Abgesehen von ihrer ästhetischen Qualität sind diese Manuskripte, Bücher und Kunstgegenstände auch deshalb so wertvoll, weil sie die Frucht einiger der phantastischsten Forschungsreisen der letzten Jahrhunderte sind.

Das vorliegende Werk erzählt die Geschichte dieser Reisen, die sämtlich zur Entdeckung neuer Arten und zu wichtigen wissenschaftlichen Erkenntnissen geführt haben – und zu großartigen Kunstwerken. Die folgenden rund 300 Seiten präsentieren daraus eine sorgfältige Auswahl – einige der seltensten und vollendetsten Bilder, Stiche und Illustrationen, die im Bereich der Naturwissenschaft jemals entstanden sind.

Manche Darstellungen sind allein wegen ihrer künstlerischen Gestaltung ausgewählt worden, andere wegen ihrer wissenschaftlichen Bedeutung. Die meisten dieser Abbildungen sind bislang noch nie veröffentlicht worden oder nur in Bänden mit geringer Auflage erschienen. In diesem Buch wird die unvergleichliche Sammlung des Museum of Natural History zum erstenmal umfassend der Öffentlichkeit vorgestellt.

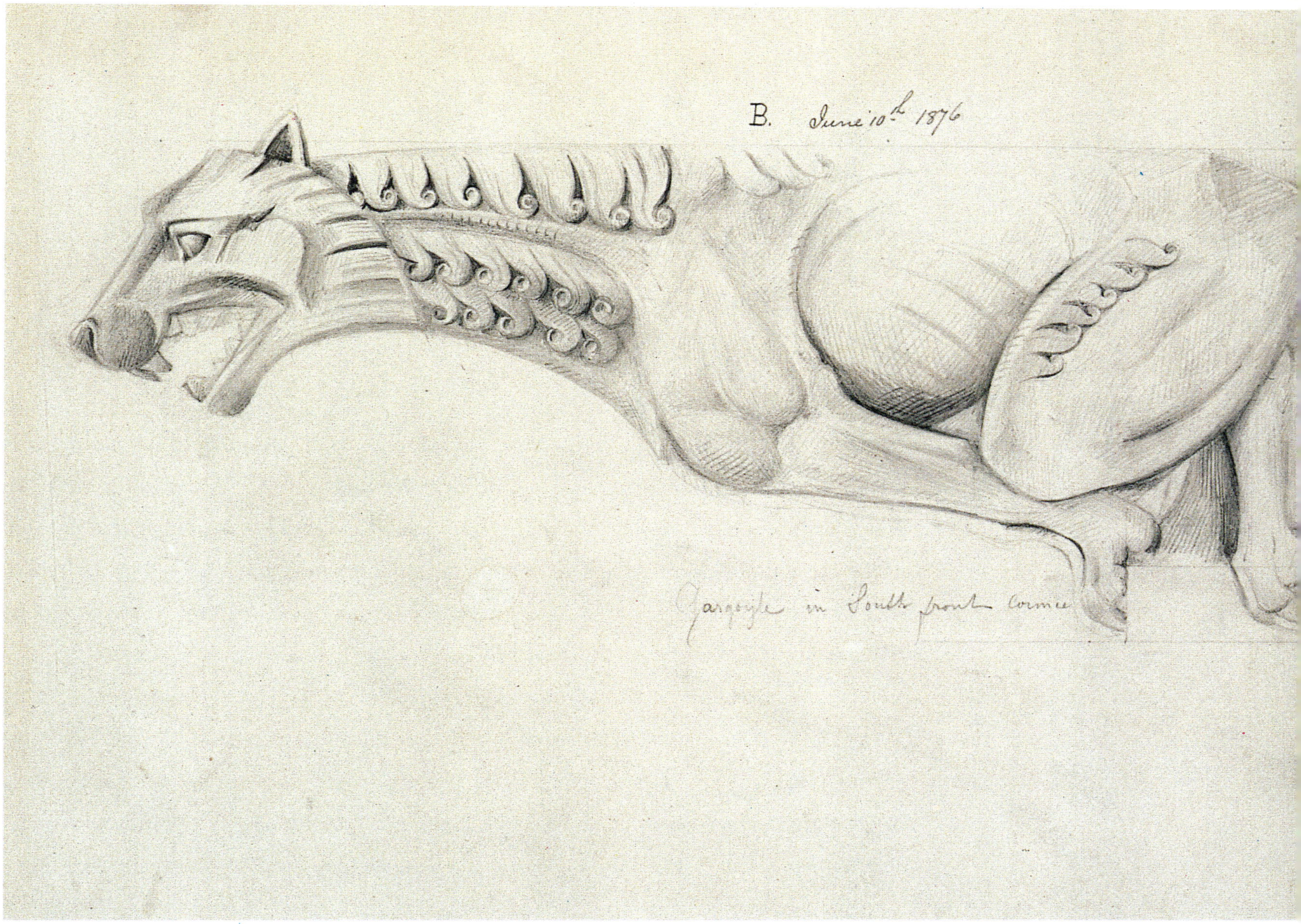


***Auch das Gebäude des Museum of Natural History ist ein Kunstwerk***, innen und außen geschmückt mit Figuren, die der Natur nachempfunden sind. Sie wurden in den siebziger Jahren des 19. Jahrhunderts von dem Architekten Alfred Waterhouse gestaltet, der damit den Reichtum der naturhistorischen Sammlungen andeutete. Die Bleistiftskizzen des Architekten für die dekorativen Terrakottafiguren (siehe Seite 4, oben und Seite 9) und seine Zeichnung des fertigen Gebäudes (Seite 12/13) gehören heute zur reichen Kunstsammlung des Museums.

# Einleitung

## von Peter-Matthias Gaede

Bereits ein volles Jahrhundert vor Alexander von Humboldts legendärer Reise nach Amerika, nämlich schon 1699, brach sie auf, in der Geschichte der Naturerforschung zu einem für immer leuchtenden Fixstern zu werden: Maria Sibylla Merian. Sie war nach der Lebenserwartung ihrer Zeit bereits eine alte Frau, war 52, als sie Europa den Rücken kehrte, um mit ihrer jüngsten Tochter, Dorothea, nach Surinam zu segeln. In eine hitzige, exotische, sumpfige, ihr unbekannte Welt, in der sie 24 Monate ausharren sollte, die Wunder, die Überraschungen, die Verwandlungsfähigkeit der Natur zu studieren.

Und um fortzusetzen, was sie bereits in jahrelanger penibler Arbeit in Deutschland verfolgt hatte: die Beobachtung der Metamorphose im Lebenslauf Hunderter unterschiedlicher Insektenarten. Maria Sibylla Merian war damit noch einem weiteren großen Naturforscher einen Schritt – genauer: 50 Jahre – voraus: dem Schweden Carl von Linné, der 1753 mit seinem »Systema naturae« das Handwerkszeug für die moderne Biologie erschuf.

Wie ungewöhnlich Maria Sibylla Merian dachte und handelte, erschließt sich vollends aber erst aus dem Naturbild ihrer Zeit, gegen das sie anzuarbeiten und über das sie sich hinwegzusetzen hatte. Das Natürliche der Natur hatte im Europa des Barock weithin als unfein gegolten, als ordinär, als absonderlich zumindest. Und Raupen, Maden, Würmer, Käfer – war das nicht »Teufelsgeziefer«, aus Urschlamm gemacht und von Unrat genährt? Merian, die Malerin aus Frankfurt, machte sich auf, dieses Zerrbild zu wandeln. Mit dem »verzauberten Blick« auf die Fremde, aber zugleich auch mit dem präzisen Blick der Forscherin für das Detail, für die frappierende Maskerade ihrer Studienobjekte, für das Gesetzmäßige in der Natur, für den überreichen Kosmos tropischer Flora und Fauna und die Zusammenhänge und Wechselbeziehungen in ihm.

So entstand, was im dritten Kapitel des vorliegenden Buches zu bewundern ist. Und was für Maria Sibylla Merians 300 Jahre alte handkolorierte Kupferstiche aus Surinam gilt, ist genauso über die Arbeiten des auf Ceylon geborenen Niederländers Pieter Cornelius de Bevere, des Amerikaners William Bartram, des Öster-

reichers Ferdinand Bauer oder des Schweizers Jean-Jacques Wild zu sagen: Sie brachten ein ganz neues Bild der Erde in das Europa des siebzehnten, achtzehnten und neunzehnten Jahrhunderts.

Ein Bild, das nicht zuletzt kraft einer überzeugenden Ästhetik, einer sonderbaren Schönheit, einer wunderlichen Pracht Neugier und Staunen auf dem Alten Kontinent erregte; ein Bild, das zur Sammelleidenschaft animierte und nun allerorten Raritätenkabinette füllte, privat und im Auftrag Ihrer Majestäten. Ein neues Bild der Erde auch, mit dem sich zugleich, systematisiert und katalogisiert, die Bausteine für den Beginn einer umfassenden Wissenschaft von der Natur aufschichten ließen.

Insofern erzählt das vorliegende Buch nicht nur drei Jahrhunderte abenteuerlicher Expeditionsgeschichte zu und mit den unterschiedlichsten Zielen, es berichtet auch vom allmählichen Entstehen eines Weltbildes im vorfotografischen Zeitalter – und im letzten Kapitel vom beginnenden Siegeszug der Kamera.

Daß der Blick durch das Objektiv jede Weltanschauung objektiviert, sie »wahrer« macht, als zuvor Zeichenstift und Aquarellblock es vermochten, kann bezweifelt werden. Entromantisiert hat er sie wohl. Und so muten die hier gezeigten Pretiosen, die auf verschlungenen Wegen allesamt zu einem immensen Schatz des britischen Museum of Natural History wuchsen, auf den ersten Blick noch wie Zeugnisse einer Epoche des reinen Schwärmens an.

Tatsächlich waren die Bedingungen, unter denen die handwerklich so vollendet filigranen Naturbilder in der Terra incognita ihrer Zeit zu Papier gebracht wurden, alles andere als zur Verklärung geeignet. Nicht nur, weil sich schon damals in die Begeisterung über die tausendfachen Entdeckungen neuer Spezies, über die atemraubende Erstbegegnung mit Alligatoren und Paradiesvögeln ein Bewußtsein für die Bedrohung vieler Arten mischte. Und nicht nur, weil die Reisen hinter den Horizont gefährlich waren, mitunter das Leben kosteten, wie den jungen Zeichner Sydney Parkinson, der von einer Cook-Expedition nicht mehr zurückkehrte.

Die Forschungsreisenden schlugen sich durchs Dickicht, kämpften sich malariaverseuchte Flüsse hinauf, saßen monatelang auf Eilanden fest, zeichneten beim trüben Licht schwankender Kajütenfunzeln Känguruhs und Schmetterlinge, solange die Finger beweglich waren – und reine l'art pour l'art war ihre Kunst der Naturbetrachtung nur in den seltensten Fällen. Weitaus häufiger wurde sie in Dienst genommen und zur Begleitillustration eines weltweiten Wettbewerbs der europäischen Kolonialmächte um neue Einflußsphären, waren die Zeichner an Bord der Karavellen willkommen, um den Auftraggebern zu Hause gewissermaßen die Ent-Heimlichung des Unheimlichen und seiner Ressourcen vor Augen zu führen.

Andererseits war es nicht selten eine ganz persönliche Befreiung aus den Denkrastern der Epoche, was die Zeichner erfuhren, wenn sie aufbrachen, eine neue, eine noch unerklärte und wenig durchdrungene Welt zu erleben. In den engen Gassen von Nürnberg, der Geburtsstadt ihres Mannes, hatte Maria Sibylla Merian mit dem getuschelten Verdacht auszukommen gehabt, sie verkehre womöglich mit dunklen Mächten. Man erzählte sich merkwürdige Geschichten über sie, beäugte sie voller Mißtrauen. Warum nahm sie all das Geschmeiß, das aus dem Schlamm hervorkroch, mit in ihr Haus? Selbst Kröten züchte sie dort – und einen Salamander, hieß es, den sie abgerichtet habe und der ihr aufs Wort gehorche. Eine Hexe?

Das alles konnte sie hinter sich lassen, als sie nach fast dreimonatiger Überfahrt an einem Septembertag vor genau 300 Jahren in Paramaribo ankam und ein kleines, weißes Holzhaus am Stadtrand bezog, das ihr holländische Plantagenbesitzer zur Verfügung gestellt hatten. Der richtige Ort, sich »aller menschlichen Gesellschaft zu entziehen«, wie es die Forscherin Merian vorhatte, um sich ganz auf die bizarren, schillernden, teils phantastisch anmutenden Lebewesen konzentrieren zu können, die ihren Kosmos nun endgültig bevölkerten: nicht nur Insekten, auch Korallenschlangen, Totenkopfäffchen, Alligatoren. Mit einem kommoden Studienaufenthalt war das, was Mutter und Tochter in Surinam vorfanden, dennoch nicht zu verwechseln. Ihr Domizil

hatten sie mit riesigen Wespen zu teilen, Armeen von Blattschneiderameisen, Kakerlaken, Termiten – und Merian malte und malte, bis sie, 1701, so schwer an Malaria erkrankte, daß sie ihre Arbeit einstellen und nach Europa zurückkehren mußte. Dort aber, nach ihrem Tode im Jahre 1717, geriet das epochale Werk der Maria Sibylla Merian zunächst in Mißkredit bei der herrschenden Auffassung vom korrekten Abbild der Natur, dann lange in Vergessenheit.

Daß sie nicht aus dem Elfenbeinturm stammen, sondern unter Marktbedingungen entstanden sind, in der Ideologie ihrer Epoche und nicht zuletzt in einem Wettlauf der Naturwissenschaft vor und um Darwin, verleiht den Zeichnungen in diesem Buch eine zweite Bedeutung. Ihrer betörenden Schönheit raubt es nichts. Sie bleiben eine bezaubernde Chance, auf die Erde zurückzublicken – und auf die Anfänge der modernen Ökologie.

Peter-Matthias Gaede, Hamburg, im Mai 1999
*Chefredakteur GEO*

A Waterhouse. Mar 1876.

# Reise nach Jamaika 1687–1689

## Sir Hans Sloane

***Der Anschovisbirnenbaum,*** heute *Grias cauliflora,* über den Sloane schrieb: »Die Früchte werden von den Spaniern eingesalzen und statt Mangos gegessen und als große Rarität von Spanisch-Westindien ins alte Spanien geschickt.«

Wer gern Milchschokolade isst, denkt dabei wohl kaum an das British Museum in London. Und doch gibt es da einen Zusammenhang, und zwar in Gestalt eines protestantischen Arztes irischer Herkunft, der im späten 17. Jahrhundert eine einzigartige medizinische Laufbahn antrat.

Man schrieb das Jahr 1687. Hans Sloane war 27 Jahre alt und unterhielt bereits eine gutgehende medizinische Praxis. Zu jener Zeit waren die Gelehrten häufig noch immer der krausen Auffassung, daß man sich der Realität nicht allzusehr annähern müsse – und wenn schon, dann höchstens hypothetisch. Das war für sie die einzig »korrekte« Betrachtungsweise all jener Naturerscheinungen, von denen sie oft nur durch obskure Berichte irgendwelcher Reisender aus fernen exotischen Ländern erfahren hatten.

Doch bereits 1660, in Sloanes Geburtsjahr, war die Royal Society »zur Verbreitung naturwissenschaftlichen Wissens« gegründet worden (heute die angesehenste wissenschaftliche Gesellschaft der Erde). Das hohe Ziel der »königlichen Gesellschaft«: die Erforschung der Natur durch genaue und schlüssige Beobachtung, ohne Rücksicht auf irgendwelche Dogmen – so wie es die revolutionären Denker gefordert hatten, etwa John Ray, der »Vater der britischen Naturforschung«, oder der Arzt und Philosoph John Locke.

Diese »neuen« Männer der Wissenschaft respektierten zwar durchaus die allgemein verbreitete Ansicht, daß Gott allein die Welt erschaffen habe. Doch hielten sie zugleich auch die nüchterne, leidenschaftslose Beobachtung von Naturerscheinungen sowie deren präzise Darstellung für ein legitimes Ziel. Auch Sloane war dieser Auffassung, und so wurde er 1685 zum Mitglied der Royal Society ernannt.

Sloane, der Mediziner, war an allem interessiert, was heutzutage unter »Naturwissenschaft« geführt wird – von Physik und Chemie über Geologie und Paläontologie bis zur Naturgeschichte. Doch seine besondere Liebe galt der Botanik. Das lag nahe, denn in jenen Tagen war die medizinische Praxis ungemein eng mit der Kenntnis von Heilkräutern verknüpft, aus denen ja die meisten Arzneien gewonnen wurden. Vor allem nach Besuchen im

l. 7. 57.
E: Kikius. f:
Jun: 17. 1701

*Eine Verpackung für Milchschokolade* aus dem 19. Jahrhundert, die Hans Sloanes Namen trägt und sein Rezept für Milchschokolade präsentiert. Sloane hatte die Kakaobohnen aus Jamaika eingeführt, wo es unter den Indianern Sitte war, aus den Bohnen einen schwerverdaulichen, öligen Medizintrank zu machen. Die Spanier dagegen mischten ihr Getränk mit Gewürzen und machten es so schmackhaft.

Chelsea Physic Garden konnte sich der junge Arzt immer wieder für die Pflanzenlehre begeistern. Dieser Garten war 1673 vom Verband der Apotheker eigens zur Züchtung von Heilpflanzen angelegt worden (und sollte später durch eine großzügige Spende Sloanes vor der Schließung bewahrt werden). Doch es ging dem Arzt schon bald nicht mehr allein darum, die Pflanzen in den Botanischen Gärten zu studieren. Er wollte neue, nie zuvor gesehene Spezies erforschen, und da gab es noch viel zu entdecken: Gerade die Neue Welt hatte Europa etliche bis dahin unbekannte Naturprodukte beschert, darunter Kartoffeln, Mais, Gummi, Chinin und Tabak.

Deshalb sagte Sloane auch begeistert zu, als ihm der Duke of Albemarle nach seiner Ernennung zum Gouverneur von Jamaika die Stellung eines Leibarztes anbot. Die Yacht des Duke verließ Portsmouth Mitte September 1687, begleitet von zwei Handelsschiffen und einem Kriegsschiff, und erreichte, nach einem zehn Tage langen Zwischenaufenthalt auf Barbados, drei Monate später Jamaika.

Schon während dieser Reise notierte Sloane jede noch so unscheinbare Beobachtung, hielt alles fest, was auf dem Schiff vor sich ging, machte sich Notizen über Naturerscheinungen, über Vögel, Fische und wirbellose Tiere. Auf Jamaika führte er sein Tagebuch fort. Er beschrieb einfach alles: Wetterlagen, Erdbeben, die Topographie der Insel, aber auch das Leben der Einheimischen, meist entlaufenen Negersklaven. Auf langen Ausflügen erforschte er die Insel, sammelte und beschrieb inseltypische Werkzeuge, einheimische Tiere und immer wieder Pflanzen, die er preßte und trocknete, um sie später nach England zu bringen. Eine große Hilfe bei der Auswertung war ihm die »Historia Plantarum«. Der Autor John Ray hatte in dieser Geschichte der Pflanzen versucht, alle bekannten Arten zu beschreiben und in Abteilungen und Klassen zu ordnen, jede nach ihren Merkmalen, um sie bestimmen und benennen zu können. Dieses Werk war zwar schon ein großer Fortschritt gegenüber früheren Abhandlungen, doch immer noch ziemlich umständlich (erst ein halbes Jahrhundert später sollte der schwedische Naturforscher Carl von Linné auf ein viel einfacheres und bis heute praktiziertes System kommen).

Immer wieder stieß der Engländer bei seinen Expeditionen ins Innere der Insel auf ein Problem: Viele der gesammelten Proben – vor allem Früchte – ließen sich nicht konservieren. Deshalb beauftragte Sloane einen auf Jamaika lebenden Zeichner, den Reverend Garret Moore, die Pflanzen in natùra abzubilden, ebenso Fische, Vögel und Insekten, auf die sie unterwegs gestoßen waren. Diese Illustrationen und die meisten Proben – darunter die von etwa 700 Pflanzenarten – wollte Sloane später zurück nach England bringen.

Seiner eigentlichen Aufgabe jedoch – den Duke of Albemarle medizinisch zu betreuen – konnte Sloane nicht sehr lange nachkommen: Im Herbst 1688, knapp zehn Monate nach der Ankunft seines Leibarztes auf Jamaika, starb der Duke, vermutlich aufgrund seines ausschweifenden Lebenswandels. Kurz darauf beschloß die Witwe, nach England heimzureisen; Sloanes letzter Liebesdienst für seinen Arbeitgeber bestand darin, den Leichnam für die Reise einzubalsamieren.

Die Rückfahrt von März bis Mai 1689 verlief weitaus ereignisreicher als die Hinfahrt. Sloane machte sich um einige seiner lebenden Mitbringsel Sorgen; darunter waren ein Leguan, ein Krokodil und eine fast zweieinhalb Meter lange Schlange. Keines der Tiere überlebte die Atlantikpassage. Der Leguan fiel über Bord und ertrank; das Krokodil verendete ohne erkennbaren Grund; und die Schlange – auf Sloanes Geheiß »von einem Indianer dressiert, dem sie wie ein Hündchen folgte« – entwich eines Tages aus ihrem Behälter und wurde prompt von einem verängstigten Diener der Herzogin erschossen.

In London arbeitete Sloane bald wieder als Arzt und widmete sich einem schnell wachsenden Bekanntenkreis von Wissenschaftlern. Von Jamaika hatte er auch etwas Kakao mitgebracht: eine Pflanze, deren Früchte die Jamaikaner zu Heilzwecken verwendeten, die aber, wie Sloane notierte, »Übelkeit erregte und schwer verdaulich war«, was er auf die »sehr ölige Beschaffenheit« der Kakaobohnen zurückführte. Der Arzt experimentierte ein wenig und entdeckte, daß gemahlene Kakaobohnen, mit Milch und Zucker verrührt, viel besser schmeckten.

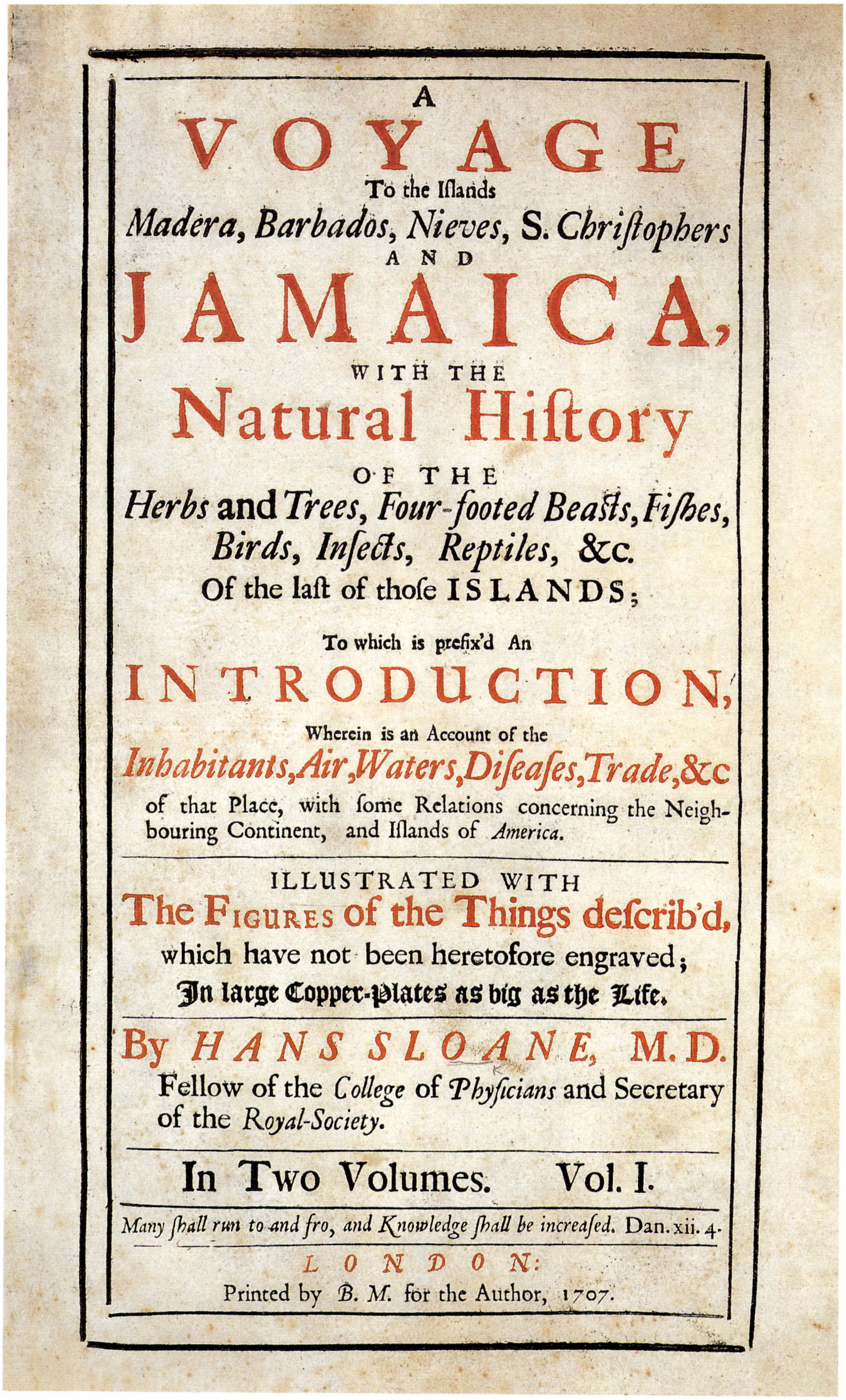

A
VOYAGE
To the Iſlands
*Madera, Barbados, Nieves,* S. *Chriſtophers*
AND
JAMAICA,
WITH THE
Natural Hiſtory
OF THE
*Herbs* and *Trees, Four-footed Beaſts, Fiſhes, Birds, Inſects, Reptiles,* &c.
Of the laſt of thoſe ISLANDS;

To which is prefix'd An
INTRODUCTION,
Wherein is an Account of the
*Inhabitants, Air, Waters, Diſeaſes, Trade,* &c
of that Place, with ſome Relations concerning the Neighbouring Continent, and Iſlands of *America.*

ILLUSTRATED WITH
The Figures of the Things deſcrib'd,
which have not been heretofore engraved;
In large Copper-Plates as big as the Life.

By *HANS SLOANE,* M.D.
Fellow of the *College* of *Phyſicians* and Secretary of the *Royal-Society.*

In Two Volumes. Vol. I.

*Many ſhall run to and fro, and Knowledge ſhall be increaſed.* Dan. xii. 4.

*LONDON:*
Printed by *B. M.* for the Author, 1707.

**Die Titelseite** des ersten Teils von Sloanes zweibändiger Naturgeschichte Jamaikas und der Nachbarinseln. Zur Rechtfertigung seiner Arbeit schrieb er im Vorwort: »Man mag fragen, welchen Zweck solche Berichte haben; ich antworte, daß Wissen, das auf Beobachtung von Tatsachen beruht, zuverlässiger ist als vieles andere und meiner bescheidenen Meinung nach weniger fehlerhaft als Vorurteile, Hypothesen und darauf beruhende Folgerungen ...«

Dieses Rezept für Milchschokolade ließ er sich patentieren; es sollte ihm später ein beachtliches Einkommen verschaffen.

Nach fast vier Jahren richtete sich Sloane eine Privatpraxis im vornehmen Bloomsbury ein, die sich als äußerst einträglich erwies. Auch seine Heirat 1695 mit der Erbin eines Londoner Ratsherrn trug dazu bei, daß er ein schwerreicher Mann wurde – einer, der es sich leisten konnte, im Laufe der Jahre gut 100000 Pfund für seine Sammlung auszugeben.

Bereits in seiner frühen Jugend hatte er Pflanzen gesammelt. Auf Jamaika konnte er seine Kollektionen beträchtlich vergrößern und trug fortan vor allem Sammelgut aus Westindien zusammen. 1696 erschien sein »Catalogus Plantarum«, eine 232 Seiten lange Aufzählung aller Pflanzen, die er auf Jamaika gefunden hatte. Das war, wissenschaftlich gesehen, kein besonders anspruchsvolles Werk, aber Sloane setzte mit seiner Arbeit einen hohen Standard für Veröffentlichungen dieser Art: Denn er führte alle ihm zugänglichen Informationen früherer Forscher sorgfältig auf, um so dem heillosen Durcheinander in der wissenschaftlichen Namensgebung jener Tage entgegenzuwirken.

Weitaus mehr Zeit als für den »Catalogus Plantarum« verwendete Sloane für die Niederschrift seiner Erfahrungen in Westindien, der »Naturgeschichte Jamaikas«. Der erste Band, hauptsächlich Pflanzen gewidmet, wurde 1707 veröffentlicht. Der zweite erschien 1725. Seine Themen: Tierwelt, Klima, Krankheiten und Handelsgeschäfte. Beide Werke waren mit Stichen von Michael van der Gucht illustriert, einem der besten Pflanzenzeichner jener Tage. Sie basierten auf den Zeichnungen von Garret Moore aus Jamaika und dem Künstler Everhardus Kickius aus England.

Die Bücher machten Sloane so berühmt, daß die Royal Society (der er von 1693 bis 1713 als Sekretär gedient hatte) ihn nach dem Tod ihres Präsidenten Sir Isaac Newton 1727 zu dessen Nachfolger erkor. Sloane

*Illustrierte Seiten* aus dem zweiten Band von Sloanes »Naturgeschichte Jamaikas«, erschienen 1725. Obwohl vorwiegend Pflanzen abgebildet waren, enthielt dieser Band auch 41 zoologische Tafeln. Im ersten Teil fanden die Leser auch eine herausklappbare Karte Jamaikas (Seite 22/23).

stand der Gesellschaft bis 1741 vor; dann trat er zurück und gab auch bald danach seine Arztpraxis auf. Doch selbst im hohen Alter korrespondierte er weiterhin mit Naturforschern. Gäste aus aller Welt besuchten ihn, um seine berühmten Sammlungen zu besichtigen. Als er starb, hatte er den Grundstock seiner Sammlung gepreßter Blätter – ganze acht Bände stark – durch Zukäufe auf 265 ledergebundene Alben ausgedehnt.

Doch so berühmt Sloanes Herbarium auch war – es gab Kritik. Der 29jährige Schwede Carl von Linné, als Botaniker bald noch berühmter als Sloane, besuchte den alternden Forscher 1736 und trat ihm durchaus respektvoll gegenüber. Doch zurück in der Heimat, tadelte Linné öffentlich die seiner Meinung nach chaotische Methode, gepreßte Pflanzen in gebundenen Alben zu konservieren. Er selbst bewahrte seine Muster längst auf einzelnen Papierbögen auf, die man immer wieder neu zusammenstellen konnte, wenn sich in der systematischen Zuordnung etwas änderte – so, wie es später weltweit üblich werden sollte.

Dennoch war vermutlich selbst Linné vom schieren Ausmaß der Sammlung beeindruckt. Neben dem gewaltigen Herbarium hatte Sloane in Tausenden kleiner Glaskästen 12500 weitere botanische Schaustücke zusammengestellt. Seine Kabinette enthielten aber auch zahllose zoologische Funde, darunter fast 6000 Muscheln, mehr als 9000 Wirbellose, 1500 Fische, etwa 2000 Vögel mit Eiern und Nestern und mehr als 3000 Wirbeltiere (einschließlich eines Elefantenskeletts und eines sechs Meter langen Walschädels). Selbst vor menschlichen Überresten hatte er nicht haltgemacht, sondern ein schauerliches Sortiment ausgefallener »Kuriositäten« zusammengetragen.

Aber das war noch nicht alles. Die Sammlung umfaßte zudem noch Tausende von Fossilien, Steinen, Erzen, Mineralien, Metallen, Edel- und Halbedelsteinen, alle entweder naturbelassen oder in Schmuckstücke und Gebrauchsgegenstände eingearbeitet. Auch Antiquitäten hatte Sloane zusammengetragen, darunter 32000 Gedenk- und Schaumünzen. Die glanzvolle Krönung aber war die Bibliothek: Mit 50000 teils üppig bebilderten

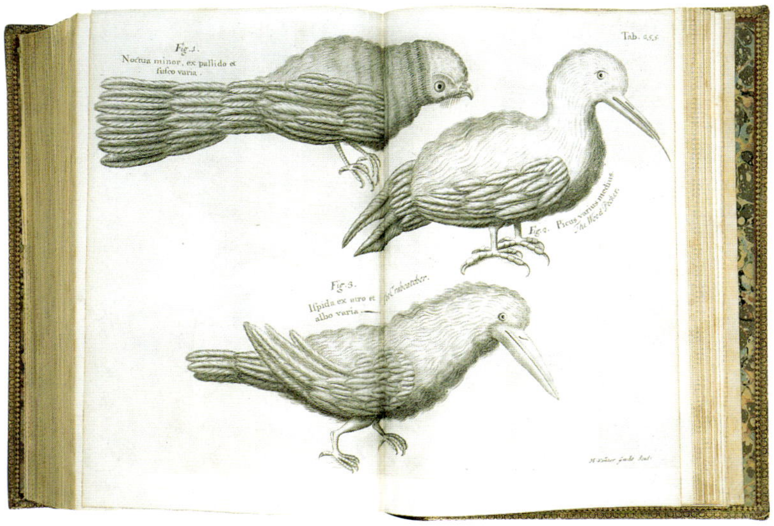

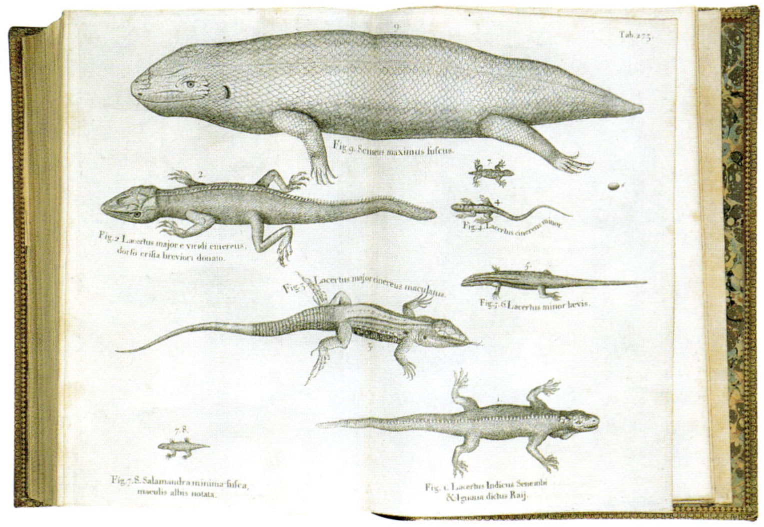

Bänden und einer enormen Sammlung von Manuskripten und Zeichnungen aller möglichen Gegenstände war sie zweifellos eine der umfassendsten jener Zeit.

Auf seine alten Tage befiel den rastlosen Forscher verständlicherweise die Sorge, was nach seinem Tod aus alldem werden würde, was er da gehortet hatte. Es lag ihm sehr viel daran, seine Sammlung jedermann zugänglich zu machen. Da nach seiner Einschätzung weder die Royal Society noch das Ärztekollegium oder das Ashmolean Museum in Oxford – also die angesehensten Institutionen jener Zeit – die Exponate gebührend unterbringen konnten, beschloß er kurzerhand, sie seinen Landsleuten zu schenken. Einzige Klausel: Sie sollten würdig ausgestellt, instand gehalten und zugänglich gemacht werden. Zudem verfügte er, daß seinen beiden Töchtern insgesamt 20000 Pfund zu zahlen seien – nur ein Fünftel jener Summe, die er nach eigener Schätzung in die Sammlung investiert hatte.

Sloane starb am 11. Januar 1753 im Alter von 93 Jahren – hoch angesehen als Arzt und Philanthrop, als Mann der Wissenschaft und Sammler von »Kuriositäten«. Sein Testament löste naturgemäß heftige Debatten aus. Schließlich beschloß das Parlament am 7. Juni 1753 die Gründung des British Museum, mit Sloanes Sammlung sowie zwei kleineren Kollektionen als Grundstock. Finanziert wurde das Vorhaben unter anderem durch eine Lotterie.

Aus diesen bescheidenen Anfängen ist das heute weltberühmte Museum erwachsen, mit seinen mehr als sieben Millionen Altertümern, mit 67 Millionen Büchern und Handschriften in der angegliederten British Library und mit 65 Millionen naturgeschichtlichen Zeugnissen – darunter auch Sloanes Kakaopräparat, der Grundstoff der Milchschokolade.

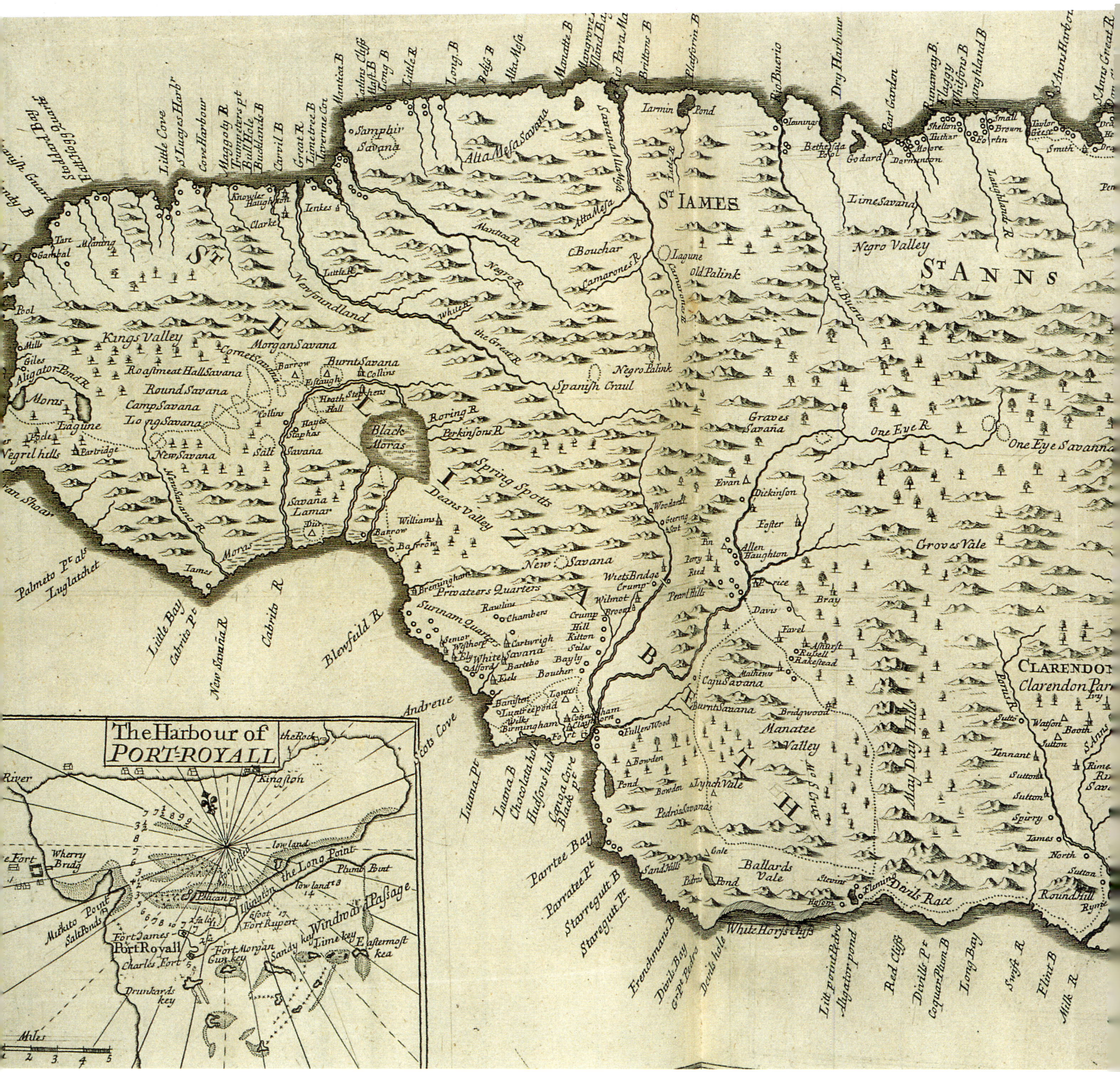
The Harbour of PORT-ROYALL
St JAMES
St ANNS
CLARENDON
Clarendon Park
Kings Valley
Morgan Savana
Burnt Savana
Roastmeat Hall Savana
Round Savana
Camp Savana
Long Savana
New Savana
Black Moras
Spring Spotts
Deans Valley
Privateers Quarters
Surinam Quarters
White Savana
Spanish Craul
Negro Palink
Old Palink
Lagune
Graves Savana
One Eye R.
One Eye Savanna
Groves Vale
Negro Valley
Lime Savana
Alta Mesa Savana
Samphir Savana
Newfoundland
Caju Savana
Burnt Savana
Manatee Valley
May Day Hills
Lynch Vale
Ballards Vale
Devils Race
White Horse Cliffs
Long Bay
Parratee Bay
Parratee Pt
Starregutt B
Starregutt Pt
Blewfeild B.
Cabrito R
Cabrito Pt
Little Bay
New Savana R
Palmeto Pt als Luglatchet
Negril hills
Kingston
Port Royall
Fort James
Charles Fort
Fort Rupert
Fort Morgan
Gun key
Sandy key
Lime key
Eastermost key
Windward Passage
the Long Point
Salt Ponds
Drunkards key
Miles
1 2 3 4 5

A NEW MAP
OF THE ISLAND OF
JAMAICA
The Characters Exprest in the Map are
For a Towne
For a Church
a Sugar Work
Indico work
Cotton & Provisions
a Cacao walk
Crawles for Hoggs
& Pens for Cattle
ST MARIES
ST THOMAS IN THE VALE
ST GEORGES
BLEW MOUNTAIN
ST THOMAS
ST DAVIDS
ST DOROTHYS
ST IOHNS
ST KATHRINES
St Andrews
Port Royall Harbour
Port Royall
Old Harbour
Spanish Town
The Long Point
Carlile
Portland Cays
Pidgeons I
5 10 15 20 25 30 Miles
Leagues

***Sloane verglich diesen Strauch*** (rechts ein getrocknetes Exemplar) mit dem in Europa heimischen Lorbeerbaum, dem er ähnelte, und nannte ihn *Laurus folio longiore, flore hexapetalo racemoso, fructu humidiore*. Nach Carl von Linné heißt die Pflanze heute *Nectandra antillana*. Ehe Linné seine binäre Nomenklatur einführte, benutzten Sloane und andere Forscher komplizierte lateinische Begriffe. Das führte zu großer Verwirrung, zumal die Naturforscher sich nicht vergewisserten, ob die Pflanze nicht schon von anderen benannt worden war. Sloane dagegen war – im Vergleich zu seinen Vorgängern – sehr gewissenhaft und benutzte die besten Klassifizierungen, vor allem die des englischen Botanikers John Ray.

***Zinziber sylvestre minus,*** *fructu e caulium summitate exeunte* oder »wilder Ingwer« (oben), wie ihn Sloane beschrieb, heute bekannt als *Renealmia antillarum.* Der Engländer berichtete, daß die Eingeborenen die Heilkraft der Pflanze hoch schätzten: »Die zerstampfte Wurzel diente als Umschlag bei Krebserkrankungen ... und galt als außerordentlich wirksam auch in verzweifelten Fällen.« In seiner Beschreibung des von ihm so genannten »Hybriden Johannisbrotbaums«, heute *Clethra occidentalis* (rechts), notierte Sloane: »Das Fruchtfleisch ist süß, weiß und mehlig, es enthält einen schwarzbraunen Kern, etwas größer als ein Pfefferkorn, aber ihm ähnlich. Im August fallen die reifen Beeren vom Baum, werden gesammelt und zum Markt getragen. Sie gelten als beliebtes Dessert.«

l. 6. — 99.
1701.

***Sloane nannte diesen Baum*** *Laurifolia Arbor flore tetrapetalo*. Das weiße Holz der geraden Zweige ist mit glatter, dunkelbrauner Rinde überzogen. Die dicken, fast glänzenden Blätter, die unregelmäßig am Ende der Zweige wachsen, werden fünf Zentimeter lang und bis zu zweieinhalb Zentimeter breit. Aus den Büscheln zartgelber vierblättriger Blüten erwachsen kleine runde Früchte, »nicht so groß wie ein Pfefferkorn, aber sehr elegant und hübsch«, wie Sloane notierte. Heute wird der Baum *Erithalis fruticosa* genannt.

Laurifolia arbor flore tetrapetalo, fructu racemoso ro-
=tundo cannulato & coronato. cat. Jam. p. 136. hist. vol.
2. p. 20. Raij. hist. t. 3. D, p. 86.
Erithalis fruticosa Linn.

l 7. 54

Copernicia tectorum

Acrocomia lasiospatha Mart.

Palma tota spinosa major fructu pruniformi. cat. Jam. p. 177. hist. vol. 2. p. 119. Raij. hist. p. 1363?

***Der Baum, von dem diese Blätter stammen,*** hieß bei Sloane *Palma Brasiliensis prunifera, folio plicatili seu flabelli formi caudice squamato*; er reihte ihn in die pflaumentragenden Arten ein. Heute nennen ihn Biologen *Acrocomia spinosa*. Der Baum lieferte Material vor allem als Dachabdeckung; aus der Rinde fertigten die Jamaikaner Kästen und Körbe, aus dem Holz Bögen, Keulen, Kurzspeere und Pfeilspitzen. Die Blätter waren als Fächer in Blasebälgen zu gebrauchen oder als Abdeckung für Salz, um es trocken zu halten. In Notzeiten wurden die Wurzeln und Beeren auch gegessen.

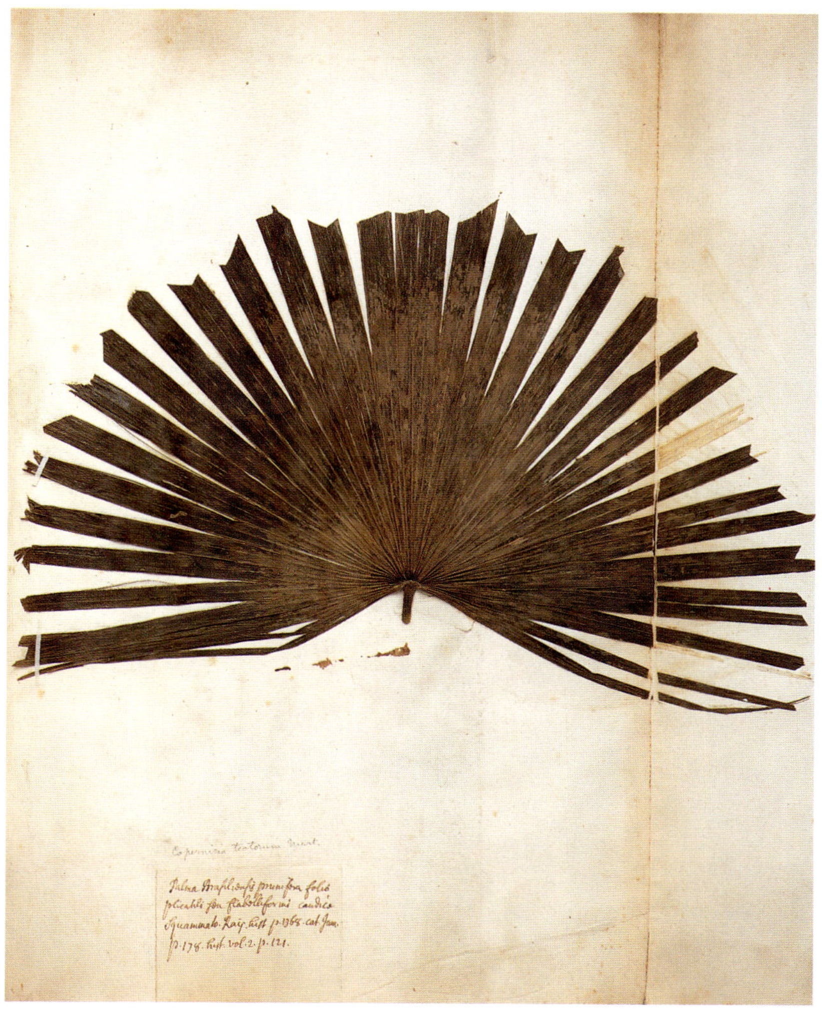

42.

***Sloane nannte diese Pflanze*** *Malva arborea, folio rotundo cortice in funes ductili, flore miniato maximo liliaceo* – oder Mangrovenbaum. Der wissenschaftliche Name ist heute *Hibiscus elatus*, in Amerika wird er auch Mahagua genannt. Der Baum hat abgerundete Blätter – (daher folio rotundo) – und fünfblättrige Blüten, die nach Sloane »einen roten gleich langen Griffel umschließen, auf dem viele Staubblätter sitzen; die Blüte gleicht einer roten Lilie ... Die grobe Borke wurde zu Stricken verarbeitet, die feinere zu Hosen für Neger und Sklaven«.

TYPE SPECIMEN
Erythrodes plantaginea (L.) Fawc. + Rendl.
Satyrium plantagineum L.
J.D. Ackerman 1987
Erythrodes plantaginea

***Diese Orchideenart,*** beschrieben als *Orchis elatior latifolia asphodeli radice, spica strigosa*, wuchs in den Wäldern auf Jamaikas Mount Diablo. Ihr Stengel war etwa 45 Zentimeter hoch, mit wechselständigen Blättern, die 7,5 Zentimeter lang und 4 Zentimeter breit waren. Eine schlanke Blüte bekrönte den Stengel, »der gebogen ist, der Sporn (Nektarbehälter) ist stumpf, das Labellum (hinteres Blütenblatt) klein, und die Galea (Helm) groß und geteilt wie andere seiner Art«. Der heutige wissenschaftliche Name lautet *Erythrodes plantaginea*.

Edwd. Kickius fecit.

*Viele der alten Namen* aus der Zeit vor Linné wurden später in die moderne Nomenklatur übernommen. So bezeichnete Sloane diese Segge, die er in die Gruppe »Kräuter mit grasähnlichen Blättern« einordnete, als *Cyperus longus odoratus*. Genauso nannte John Ray das lange Englische Zyperngras. In Linnés System hieß die Seggenart später *Cyperus odoratus*, während das Englische Zyperngras den Namen *Cyperus longus* bekam.

***Die »Savannenblume«*** (unten) nannte Sloane *Apocynum erectum fructicosum, flore luteo maximo & speciosissimo*; heute heißt sie *Urechites lutea*. Sloane sah sie »in den Savannen überall« und notierte, daß »sie fast das ganze Jahr über blüht und einen schönen Anblick bietet«. Über den Kakaobaum *Theobroma cacao* (rechts) notierte er: »Die Nüsse bestehen aus verschiedenen Teilen, wie eine Ochsenniere; man sieht die Furchen, wenn die Nüsse heil sind; das Fruchtfleisch ist ölig und bitter.«

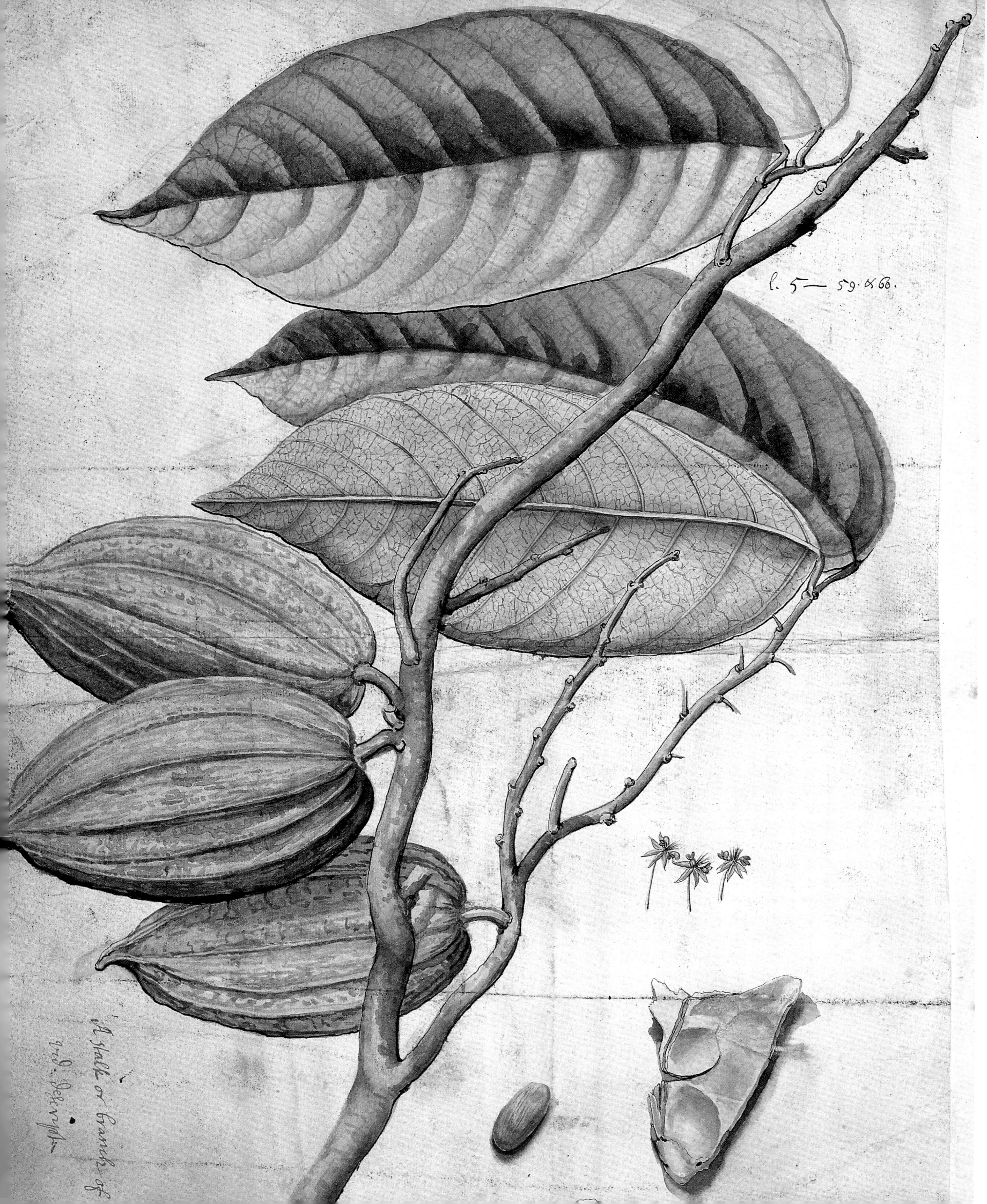
l. 5— 59. & 60.
A stalk or branch of

E.k. fecit.

***Viscum Caryophylloides maximum***
*capitulis in summitate conglomeratis*
nannte Sloane dieses Ananasgewächs: »Es hat eine große Menge langer, dunkler, brauner, kleiner Fasern oder Fäden, die sich an die Rinde der Bäume klammern, an denen sie haftet; alle zusammen bilden eine ovale Wurzel.« Am Ende der Stengel sitzt ein rosenähnliches Büschel grüner und rötlicher Blätter, bedeckt von einem »klebrigen Schleim«, der die Samenkapseln umschließt. Weiter schrieb er: »Die Pflanze wuchs auf großen, alten Bäumen, konnte aber auch auf der Erde wurzeln, wenn sie zufällig dorthin fiel.« Der heutige Name ist *Guzmania lingulata*.

***Ein gepreßtes Exemplar*** und die dazugehörige Zeichnung einer Staude, die Sloane *Caryophyllus spurius inodorus, folio subrotundo scabro flore racemoso hexapetaloide coccineo speciosissimo* nannte. Sie wuchs aufrecht, gestützt von mehreren Stämmen mit »lehmfarbener Rinde« und erreichte eine Höhe von 2,7 Metern. Die fast runden Blätter der heute *Cordia sebestena* genannten Pflanze (die rote oder purpurne Cordia) waren rauh und dunkelgrün, während die »zahlreichen und großen Blüten« zart purpurfarben waren. »Die Früchte, die ich gefunden habe, waren nie perfekt«, bemerkte Sloane. »Sie wuchs auf einer felsigen Böschung über Mr. Batchelors Haus in der Nähe der Black-River-Brücke und sah dort wunderschön aus«.

l. 5. - 71

Cyperus minimus Linn.
Gramen cyperoides minimum, spicis pluribus compactis ex oblongo rotundis . Cat. Jam. p. 36. Hist. 120. Raij. hist. t. 3. p. 625.
Voy. Jamaica 1:120 t. 79 f. 3 (1707)

***Diese winzige Graspflanze*** bezeichnete Sloane als *Gramen cyperoides minimum*. Sie wurde nur etwa 5 Zentimeter hoch. Das getrocknete Exemplar ist so gut erhalten, daß selbst die feinen Wurzeln noch sichtbar sind. Sloane wunderte sich über die vielen Gräser und Seggen in Jamaikas Ökosystem: »Ich hatte nicht erwartet, auf den amerikanischen Inseln Gräser zu finden, jedenfalls nicht in Ebenen, vergleichbar mit unseren europäischen Feldern, fand aber viele Flächen mit Gräsern bedeckt, die unseren Arten ähnelten ... Was die Natur mit ihnen bezweckte, ist unklar, denn auf diesen Inseln gab es vor der Ankunft der Europäer nur einen größeren Vierfüßer.«

***Das getrocknete Blatt*** eines Ameisenbaums (heutiger Name: *Cecropia peltata*) und die dazugehörige Zeichnung. Bei Sloane hieß die Pflanze *Yaruma de Oviedo*, und er berichtete über deren große Verbreitung auf Jamaika und anderen westindischen Inseln. Ihre Blätter und das saftige Mark wurden von den Indianern und Schwarzen zur Wundheilung benutzt. Eine andere Pflanze, datiert vom 31. Mai 1701, wurde von Sloane ihrer stachligen Blätter wegen mit der europäischen Stechpalme verglichen. Heute heißt sie *Drypetes ilicifolia*, auch Rosenholz genannt (oben rechts ein getrocknetes Exemplar, darunter die Zeichnung von Kickius).

***Ein gepreßtes Blatt*** aus dem dritten Herbarium-Band. Heute heißt diese Kletterpflanze mit schwammigem Mark und milchigem Saft *Philodendron tripartitum*. Sloane hatte sie *Arum saxatile repens, minus, geniculatum & trifoliatum* genannt. An den Stengeln bemerkte der Sammler dicke Knoten, aus denen jeweils »fünf oder sechs Ranken oder Schößlinge wuchsen ..., mit denen sie sich an jeden erreichbaren Baum klammert«.

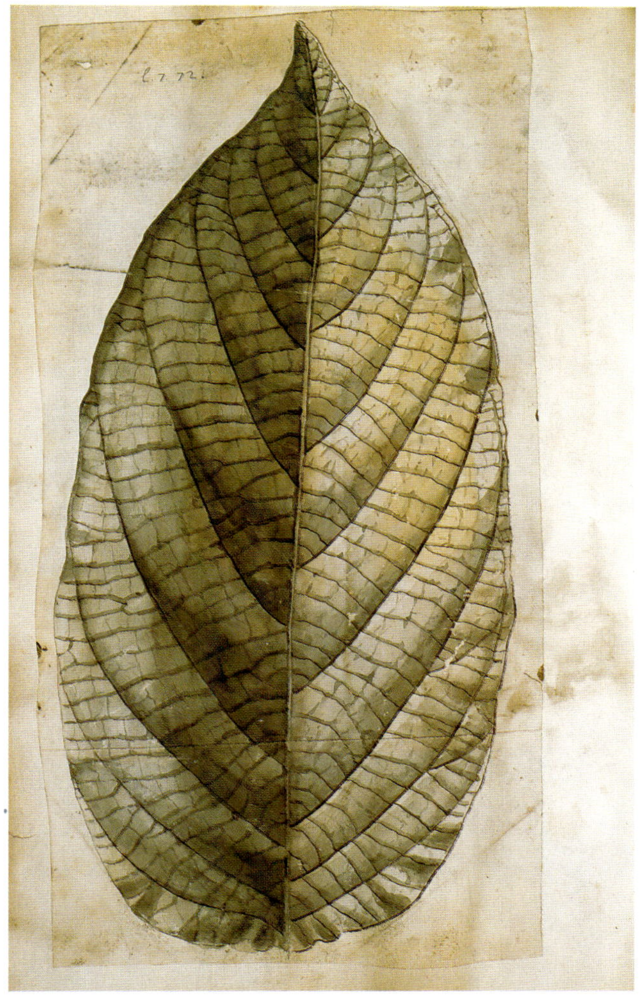

***Das Blatt eines Baumes,*** dem Sloane den Namen *Prunus racemosa, foliis oblongis hirsutis maximis, fructu rubro* oder »Breitblättriger Kirschbaum« gab. Traf Sloane auf eine noch unbekannte Pflanze, benannte er sie mit Begriffen, die ihm vertraut waren, und so ordnete er diese Pflanze in die Gattung *Prunus* ein, die er aus Europa kannte. Die Blätter waren »silberhaarig, gerieft wie die von Beifuß oder Fingerhut, wollig und in der Farbe frischgrün.« Der moderne Name ist *Cordia macrophylla I.*

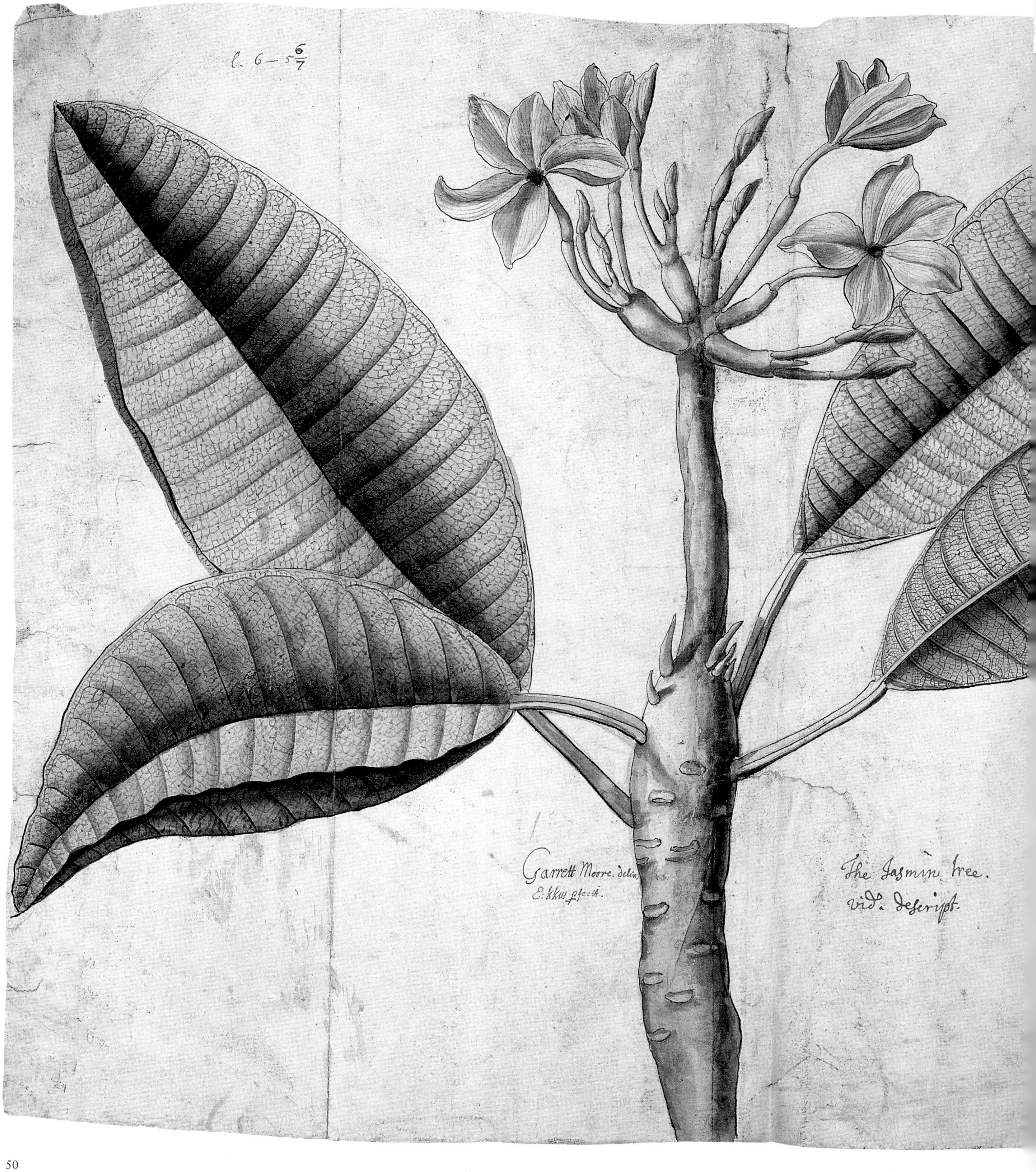
Garrett Moore. delin.
The Jasmin tree.
vid. descript.

***Ein »Jasmin-Baum«*** oder *Nerium arboreum, folio maximo obtusiore, flore incarnato* (heute: *Plumeria rubra*). Sloane stellte fest, er sei etwa so groß wie ein Apfelbaum und habe »schöne bunte und wohlduftende Blüten«. In den Gärten auf Jamaika, Barbados und den karibischen Inseln wurde er hauptsächlich als Zierpflanze gehalten, hatte aber auch Nutzwert. »Der Baum sondert eine scharfe Milch ab«, notierte Sloane. »Die Indios sagen, bei Einnahme von zwei Skrupel, 24 Gran (etwa vier Gramm), löst sie den Schleim von an Pocken oder Wassersucht Erkrankten ...« Unten ein getrocknetes Exemplar von *Tradescantia zanonina* aus dem vierten Band des Herbariums.

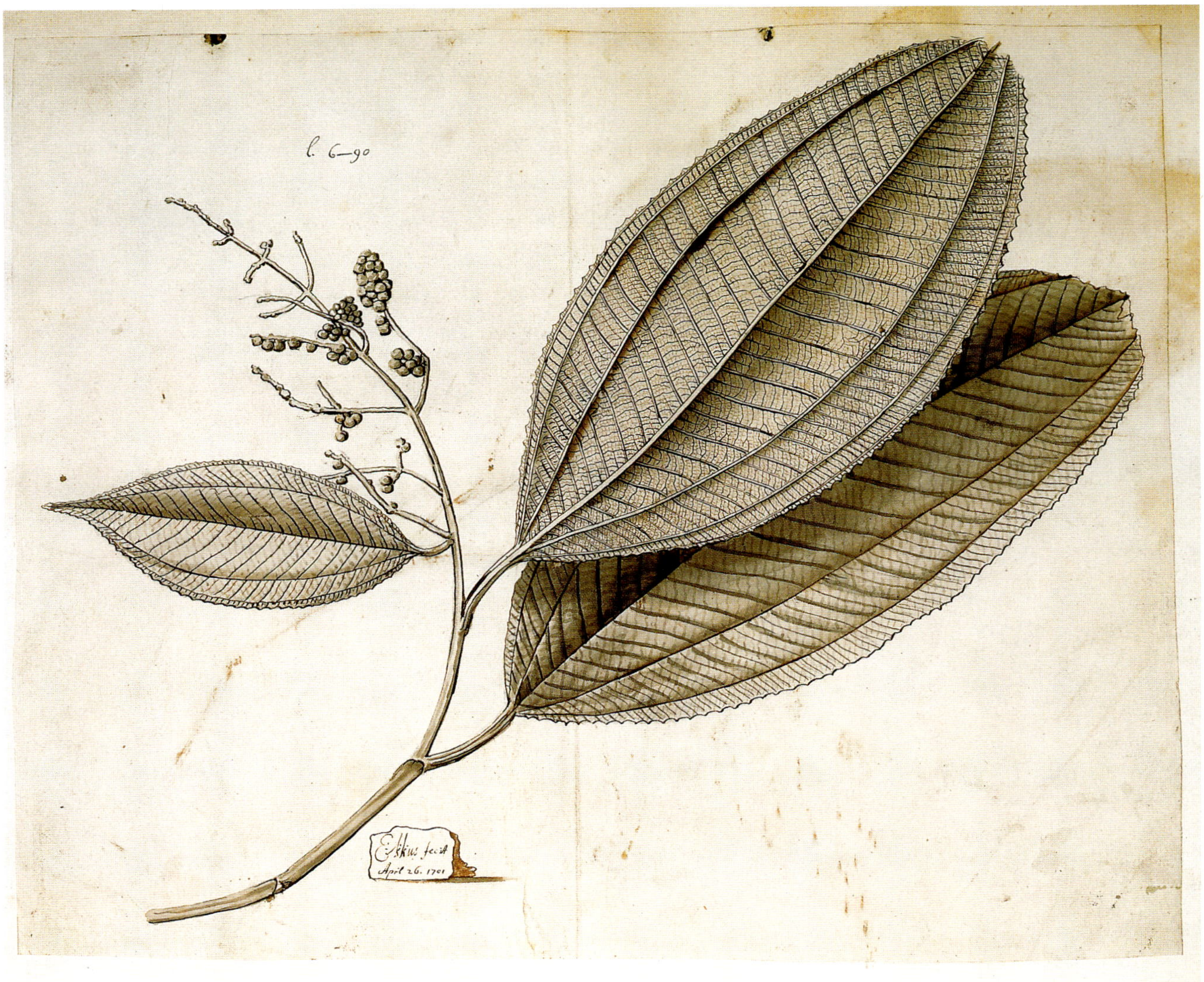


***Getrocknete und gezeichnete Blätter*** eines Baums, den Sloane *Grossulariae fructu arbor maxima non spinosa, Malabathri folio maximo inodoro, flore racemoso albo* nannte. Heute heißt er schlicht *Miconia elata*. Die Zeichnung stammt vom 26. April 1701. Sloane notierte, der Stamm sei »schenkeldick, mit glatter rostfarbener Rinde, sehr gerade gewachsen und sechs Meter hoch. Er wuchs in den Bergwäldern, so zum Beispiel um den Mount Diablo auf den roten Hügeln in der Nähe von Colonel Cope's Plantage«.

Pinguin's
A Pinguin open
4 : 114
Ekkius fec.
Bromelia
Caraguata-acanga. Pis. ca
hyst. 248.

***Sloane nannte die Pflanze,*** deren Früchte auf der linken Seite zu sehen sind, *Caraguata-acanga* (heute: *Bromelia pinguin*). Er notierte: »Sie ist äußerst durstlöschend und hat vielen von den englischen Truppen, die auf Hispaniola gelandet sind, das Leben gerettet.« Es gebe aber auch Nachteile: »Ihre Säure greift die Zähne an und verätzt Gaumen und Zunge; mit etwas Zucker genommen, hilft sie bei Kindern gegen Würmer, Mundfäule und Geschwüre im Mund und ist auch bei Fieber und als Abführmittel nützlich.« Huren benutzten diese Pflanze, um unerwünschte Kinder abzutreiben.

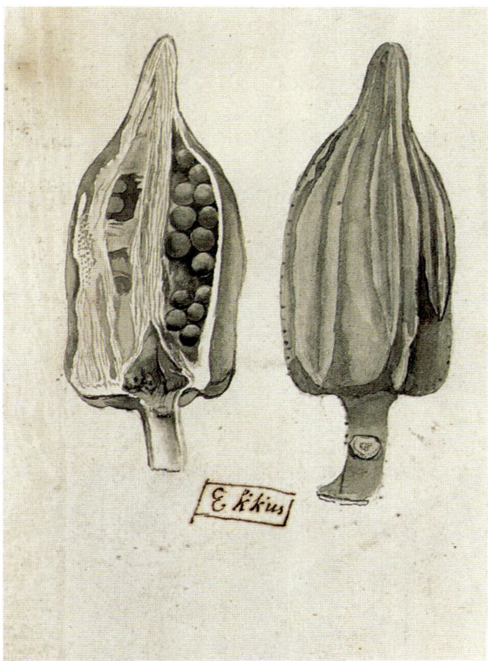

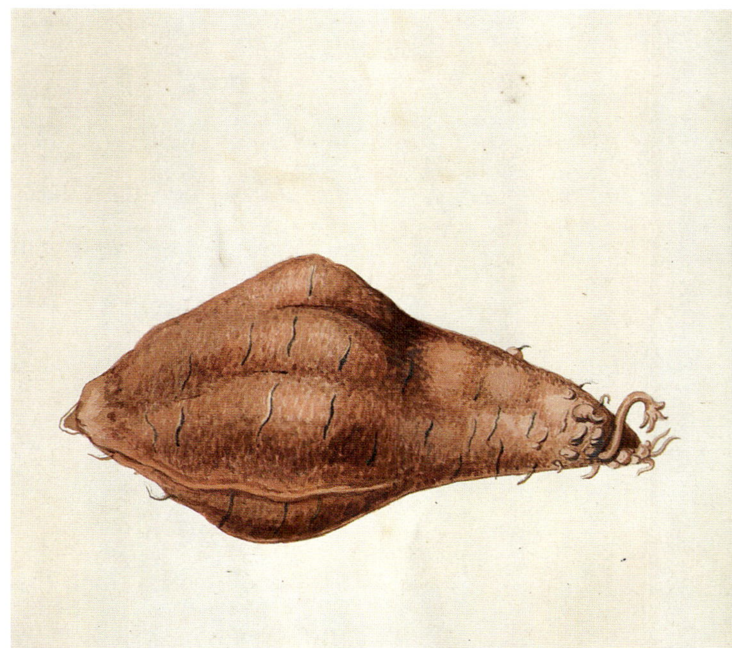

***Die Schoten von Gumbo,*** auch Okra genannt (*Abelmoschus esculentus*), sind oben links abgebildet. Die Frucht vom Feigenkaktus (Mitte) – der moderne botanische Name ist *Opuntia spinosissina* — enthält einen stark färbenden Saft, der »Leinen wie auch Mund und Hand und alles, was damit in Berührung kommt« einfärbt. Die wohl bekannteste dieser Früchte ist die Süßkartoffel (oben rechts), *Ipomoea batatas*, die Sloane auch als »Spanische Batate« bezeichnete: »Man kocht sie oder bäckt sie unter heißer Asche und schätzt sie als außergewöhnlich gute und nahrhafte Speise, und dank ihres schnellen Wachstums gilt sie als vorteilhafteste Knolle für die normale Ernährung.«

# Die Erforschung von Niederländisch-Ceylon 1672–1757

## Paul Hermann, Johan Gideon Loten & Pieter de Bevere

***Sogenannte »Pferdebananen«*** am Fruchtkolben des Bananenbaums, der *Musa x paradisiaca* – gezeichnet von Paul Hermann. Diese Fruchtkolben wiegen 18 bis 27 Kilo. Die bananenartigen Früchte sind nur gegart zu essen.

Die Sammlungen im Museum of Natural History in London enthalten Hunderte von Werken namenloser Helden, deren Leistungen kaum gewürdigt werden, obwohl sie wesentlich zur Arbeit namhafter Forscher beigetragen haben. Zwei Beispiele dafür stammen aus Ceylon, dem heutigen Sri Lanka; sie belegen auch, aus welchen oft überraschenden Quellen die Sammlungen bedeutender Museen stammen – und auf welchen verschlungenen Wegen die Fundstücke in diese Institutionen gelangen.

Im Jahre 1656 kamen die Niederländer nach Ceylon und beherrschten es 140 Jahre lang, ehe die Briten 1798 die Insel eroberten. In dieser Zeit wurde die Insel im Auftrag der Niederländisch-Ostindien Kompanie von einer Reihe von Gouverneuren verwaltet. Es läge nun nahe anzunehmen, daß bedeutende naturwissenschaftliche Funde aus der Zeit zwischen 1656 und 1798 heutzutage vornehmlich in den exzellenten Sammlungen niederländischer Museen oder Universitäten anzutreffen wären. Aber noch 1925 bot die Buchhändlerfirma Martinus Nijhoff in Den Haag Interessenten aus privater Quelle Zeichnungen exotischer Pflanzen und Tiere aus Ceylon an sowie Manuskripte aus der Sammlung von Johan Gideon Loten, der von 1752 bis 1757 Gouverneur auf der Insel gewesen war. Und es waren nicht Holländer, die diese Kollektion für 75 Pfund erwarben, sondern Abgesandte des British Museum in London.

Loten wurde 1710 in der Gemeinde von St. Maartensdijk in der Provinz Utrecht geboren. Von 1731 bis 1757 arbeitete er für die Niederländisch-Ostindien Kompanie – in den ersten 20 Jahren unter anderem in unterschiedlichen Funktionen auf indonesischen Inseln, etwa in Batavia (heute Jakarta) und auf Celebes (heute Sulawesi). 1752 wurde er zum Gouverneur von Ceylon ernannt und zog mit seiner aus Südafrika stammenden Frau Anna Henrietta nach Colombo. Die fünf Jahre als Gouverneur auf Ceylon waren schwierig, denn er war in einer Zeit politischer Unruhen auf die Insel gekommen; ständig hatte er sich mit revoltierenden Singhalesen auseinanderzusetzen. Zudem drohten ständig Invasionen konkurrierender Mächte, vor allem der Franzosen und Briten.

***Paul Hermanns Bilderbuch,*** das analog zu dessen Herbarium entstand. Die aufgeschlagenen Seiten zeigen Blatt, Blüte und Samenkapsel der Indischen Lotosblume, *Nelumbo nucifera*. Seit alters ist die Blume in China, Tibet und Indien heilig; auf Sanskrit heißt sie »Padma«. Sind ihre Früchte in Flußschlamm eingebettet, bleiben sie jahrhundertelang lebensfähig.

Loten hatte schon auf seinen früheren Posten in Übersee mit großer Leidenschaft naturkundliche Studien betrieben. In Colombo begann er nun mit einer Sammlung einheimischer Pflanzen und Tiere; die Zeichnungen dazu fertigte Pieter Cornelius de Bevere, ein begabter 30jähriger Künstler, von dem die Forschung bis heute nicht viel weiß.

Offenbar hatte er einen recht komplizierten Stammbaum mit Wurzeln in Ceylon und in Europa. Geboren wurde de Bevere um 1733 in Colombo. Seine Jugend, seine Ausbildung und früheren Anstellungen liegen im Dunkel der Geschichte; sicher ist lediglich, daß er 1757 mit Johan Loten nach Batavia (heute Jakarta) ging und daß er 1781 starb. Doch seine wunderbaren Zeichnungen und Bilder – zumeist auf Ceylon entstanden, einige auch in Batavia – künden auch heute noch von seinem überragenden Talent. Auf den 154 Blättern, die sich im Museum of Natural History befinden (davon sind sieben Duplikate), sind 98 Vögel abgebildet, 5 Säugetiere, 7 Fische, 17 verschiedene Wirbellose und 16 Pflanzen. Pieter Cornelius de Bevere hat sie nie unter seinem Namen veröffentlicht, aber die Naturhistoriker des 18. Jahrhunderts wußten sie dennoch richtig zuzuordnen, denn Loten machte kein Geheimnis aus ihrer Herkunft.

Der Ex-Gouverneur hatte nach einem Jahr in Batavia den Dienst quittiert und war erst in die Niederlande, dann 1759 nach England gezogen, wo er in zweiter Ehe eine Engländerin heiratete. Loten genoß so hohes Ansehen, daß er 1760 zum Mitglied der Royal Society gewählt wurde. Gelegentlich überließ er die Zeichnungen de Beveres anerkannten Forschern zur Illustrierung ihrer Bücher, und dadurch wurden sie allgemein bekannt. So zum Beispiel in dem Band »Gleanings of Natural History« von George Edwards, ferner in der 1781 erschienenen »Indischen Zoologie« von Johann Reinhold Forster (dem Naturforscher auf Cooks zweiter Reise in die Südsee) und in »Indian Zoology« von Thomas Pennant, die 1769 herauskam. De Beveres Darstellungen wurden sogar von Sydney Parkinson kopiert, dem Zeichner von Sir Joseph Banks auf Cooks erster Reise.

1789 starb Johan Gideon Loten in Utrecht. Die Originalzeichnungen de Beveres vermachte er testamentarisch der Naturwissenschaftlichen Gesellschaft in Haarlem. Dort blieben sie bis 1866, als die Sammlungen der Gesellschaft aus irgendwelchen Gründen aufgelöst wurden. Fast 20 Jahre lang schienen die Pretiosen dann verschwunden zu sein, bis die Firma Nijhoff in Den Haag sie erstmals zum Verkauf anbot. Sie gingen für 300 Gulden an einen Mynheer P. J. van Houten, der mit großem Aufwand nach ihren Ursprüngen forschte und bald darauf Präsident der Kommission des Kolonialmuseums in Haarlem wurde.

Warum sie nicht schließlich in dieses oder ein anderes holländisches Museum gelangten, bleibt ein Rätsel. Vielleicht wollte niemand van Houten soviel bezahlen, wie dieser für angemessen hielt. Jedenfalls wurden sie offenbar von Mynheer van Houten oder dessen Testamentsvollstreckern in den zwanziger Jahren dieses Jahrhunderts wieder an die Firma Nijhoff verkauft, die sie schließlich 1925 dem British Museum anbot. De Beveres Zeichnungen fanden ihre endgültige Heimat nicht mehr als zwei Kilometer von Johan Lotens damaligem Wohnsitz in Fulham entfernt.

Fast genau ein Jahrhundert zuvor, 1827, hatte das British Museum eine andere, noch ältere und sogar noch bedeutendere Sammlung von Material aus Ceylon erhalten: einen Teil der umfangreichen Sammlungen von Sir Joseph Banks – eine Kollektion, die aus der frühen Zeit der niederländischen Herrschaft auf der tropischen Insel stammte.

Im späten 17. Jahrhundert war Ceylon, abgesehen von seinem strategischen Wert, auch ein wichtiger Lieferant von Naturprodukten, insbesondere von Zimt, in Europa wegen dessen angeblicher Wirkung bei Blähungen begehrt. Nachdem die Niederländisch-Ostindien Kompanie die Verwaltung übernommen hatte, steigerte sie die Zimt-Ausfuhren nach Amsterdam von etwa 250 000 Pfund im Jahr 1664 auf 1,5 Millionen Pfund.

1672 kam der junge Arzt Paul Hermann als ranghöchster Sanitätsoffizier für fünf Jahre zur Niederländisch-Ostindien Kompanie und brachte offenkundig mehr Interesse für die Botanik als für die Medizin mit. Für den 26jährigen war es geradezu eine Herausforderung, in einer noch kaum erforschten Region Pflanzen zu sammeln. Allerdings beschränkte sich die Kontrolle der Niederländer auf die Küstengebiete. Über das ganze Binnenland gebot der Raja Singha. Ausflüge in die unberührten Wälder im Inneren waren kaum möglich.

Diese Schwierigkeiten zeigen sich auch in Hermanns Herbarium, in dem er lediglich die Flora aus dem Umkreis seines Wohnorts Colombo und aus örtlichen Gärten zusammentragen konnte. Etwa 50 Pflanzen in Hermanns Sammlung kommen auf Ceylon von Natur aus gar nicht vor: Die meisten davon waren europäische Arten, vermutlich von Kolonialbeamten mitgebracht, um die Eingewanderten an die Gärten in ihrer Heimat zu erinnern. Etwa ein Dutzend – darunter Annone, Guave, Acajou-Nuß, Spanischer Pfeffer und Baumwolle – stammten aus Nord- und Südamerika und sind ein gutes Beispiel dafür, wie schnell Pflanzen aus einer Weltgegend in eine andere verschleppt und dort heimisch werden.

Trotz dieser Einschränkungen waren Paul Hermanns vier Bände mit getrockneten Pflanzen und die dazugehörigen Originalzeichnungen sehr wichtiges Anschauungsmaterial für die Botaniker jener Zeit. Hermann selbst hatte zu seinen Lebzeiten kaum Gelegenheit, etwas über seine Sammlung zu veröffentlichen. Im Anschluß an seinen Aufenthalt in Ceylon erhielt er 1679 als 32jähriger den Lehrstuhl für Botanik an der Universität in Leiden. Dort lehrte er bis zu seinem frühen Tod im Jahr 1695.

Außer einem kurzgefaßten Katalog zu seiner Sammlung, der 1687 herauskam, hat Hermann offenbar nie etwas über die Flora Ceylons veröffentlicht. Nach seinem Tod schickte Hermanns Witwe das Herbarium und die kärglichen Aufzeichnungen an William Sherard, Professor für Botanik in Oxford; der redigierte die Notizen und erstellte daraus einen 71seitigen Katalog der Pflanzen mit deren singhalesischen Namen, der 1717 unter dem

***Das Interesse*** des Arztes Paul Hermann galt vor allem den Pflanzen Ceylons und deren möglicher medizinischer Verwendbarkeit. Dennoch reizte es ihn auch, einige Tiere der Insel zu zeichnen, etwa diesen Halbaffen.

Titel »Museum Zeylanicum« anonym veröffentlicht wurde. Das kleine Werk scheint nicht viel Beachtung gefunden zu haben – sowenig wie die Sammlung selbst –, doch 30 Jahre später tauchte alles wieder auf: bei August Günther, dem Hofapotheker in Kopenhagen.

Günther wußte von dem Interesse des längst berühmten schwedischen Naturforschers Carl Linnaeus an exotischen Pflanzen und schickte ihm die ganze Sammlung nach Uppsala. Linnaeus machte sich sofort an die Arbeit. Zwei Jahre später, 1747, veröffentlichte er seine »Flora zeylanica«, eine Übersicht über 657 Pflanzen aus Hermanns Sammlung, von denen er 429 bereits seinen »Pflanzenarten« zugeordnet hatte, mit Verweisen auf seine eigenen Ordnungsziffern sowie Notizen auf den Herbariumbögen. Dadurch erhielt Hermanns Material bleibenden Wert in der Geschichte der Botanik.

Carl Linnaeus, der von 1762 an den Namen Carl von Linné trug, wurde 1707 in Südschweden geboren. Der Sohn eines lutherischen Pfarrers studierte Medizin und Biologie an der Universität Uppsala, obwohl seine Eltern gewünscht hatten, er werde dem Beispiel seines Vaters folgen. Schon als junger Mann ging er auf mehrere botanische Forschungsreisen nach Lappland, Deutschland, Holland und England, wo er unter anderem Hans Sloane kennenlernte. Er praktizierte für kurze Zeit als Arzt in Stockholm und wurde 1742 zum Professor der Botanik an seine alte Universität berufen.

Die »Flora zeylanica« war nur eine von vielen Arbeiten, in denen Linné Sammlungen von Pflanzen beschrieb, die entweder aus abgelegenen Gebieten stammten oder aus vollkommen unterschiedlichen Orten zusammengetragen worden waren. Durch diese Arbeiten entwickelte er schrittweise jene Ideen, aus denen sich schließlich das »binäre System« herauskristallisierte, sein großes Geschenk an die naturwissenschaftliche Welt. »Binär« heißt einfach »aus zwei Einheiten bestehend«; seit Carl von Linné sein System in der Mitte des 18. Jahrhunderts eingeführt hat, benutzen Botaniker und Zoologen auf der ganzen Welt eine zweiteilige lateinische Benennung für

***Die »Totblatt-Gottesanbeterin«,*** *Gongylus gongylodes,* für Ceylons Gouverneur Johan Gideon Loten gemalt von Pieter de Bevere. Der Beiname »Totblatt« bezieht sich auf die raffinierte Tarnung des Insekts. Die Gottesanbeterin nimmt die Form von Blättern oder sogar Blüten an und läßt ihre Opfer nahe herankommen, um sie dann blitzschnell mit den Vorderbeinen zu fassen. Diese Art hat stark vergrößerte Kniegelenke an den Vorder- und Hinterbeinen.

Pflanzen und Tiere. Der erste ist der Gattungsname für alles, was nach dem Grad der Verwandtschaft derselben Gattung angehört, der zweite ist der Name der Art, der ausschließlich eine ganz bestimmte Ausprägung der Gattung bezeichnet. So heißt also ein Mensch *Homo sapiens*, ein Löwe *Panthera leo* und ein Gänseblümchen *Bellis perennis*. Jeder Naturwissenschaftler weiß seither genau, was ein Kollege meint, wenn er einen binären Namen benutzt.

Diese Nomenklatur war ein bedeutender Fortschritt, denn es hatte zuvor kein universell anerkanntes Benennungssystem gegeben. Die früheren Bezeichnungen bestanden im allgemeinen aus ganzen lateinischen Sätzen; Verwirrung und Mißverständnisse waren die Folge. Auch in Linnés »Flora zeylanica« gab es noch keine moderne Systematik. Aber in seinen »Species plantarum«, 1753 veröffentlicht, waren nun alle Arten »ordnungsgemäß« bezeichnet, und die sorgfältigen Rückverweise auf die »Flora zeylanica« machten es möglich, sie auf das Herbarium Hermanns zu übertragen.

Das »Typus-Konzept«, nach dem sich eine botanische oder zoologische Erstbeschreibung auf ein ganz konkretes »Beleg-Exemplar« einer Art gründet, war zur Zeit Linnés unbekannt; es wurde erst viel später entwickelt. Immerhin aber sind die Muster und Exemplare der Hermann-Sammlung als die »Typen« anzusehen, nach denen Linné seine Bezeichnungen schuf; sie werden deshalb im Museum of Natural History in Ehren gehalten.

Der Weg der Sammlung Carl von Linnés bis nach London war allerdings noch reich an Schnörkeln. Nachdem Linné das Material untersucht hatte, schickte er es an den Apotheker Günther in Kopenhagen zurück, der den botanischen Schatz dem Grafen Adam Gottlob Moltke übereignete. Nach dessen Tod ging die Sammlung an Professor Treschow in Kopenhagen, blieb also bis dahin lange in Dänemark. Treschow verkaufte sie schließlich für 75 Pfund an Sir Joseph Banks, einen großen Liebhaber von Sammlungen, dessen gesamte Schätze 1827 ihren Weg ins British Museum fanden – und von dort, 1881, ins Museum of Natural History.

*Illustration einer Palmen-Plantage* aus der Sammlung von Paul Hermann. Sie zeigt verschiedene Herstellungsstufen von Palmwein, der aus dem Palmsaft gewonnen wird. Links außen und Mitte rechts sind Männer zu sehen, die an den Palmen hochklettern, um den Saft zu zapfen. Rechts außen wird der Rohsaft fermentiert oder in einem Faß oder Kolben destilliert. In der Bildmitte genießen Europäer eine Mahlzeit, während ganz links ein Mann sich offenbar übergibt – vielleicht weil er des Guten zuviel getan hat. Palmwein ist nicht nur ein alkoholisches Getränk, sondern wurde in Indien auch schon immer als Gärmittel benutzt – wie in anderen Gegenden der Traubenmost.

***Das einzelne Blatt*** einer Seerose, *Nymphaea pubescens*, sowie die ganze Pflanze mit Wurzeln und Blüte, wie sie in der Sammlung der Zeichnungen von Hermann zu finden ist. Die Seerose gehört zur selben Familie wie die Lotosblume. Viele dieser sogenannten Lotosarten nehmen in östlichen Religionen einen wichtigen Platz ein: So ist die *N. pubescens* mit ihren weißen Blüten dem tanzenden Hindu-Gott Schiwa heilig, einem aus der göttlichen Dreieinigkeit Schiwa-Brahma-Vischnu.

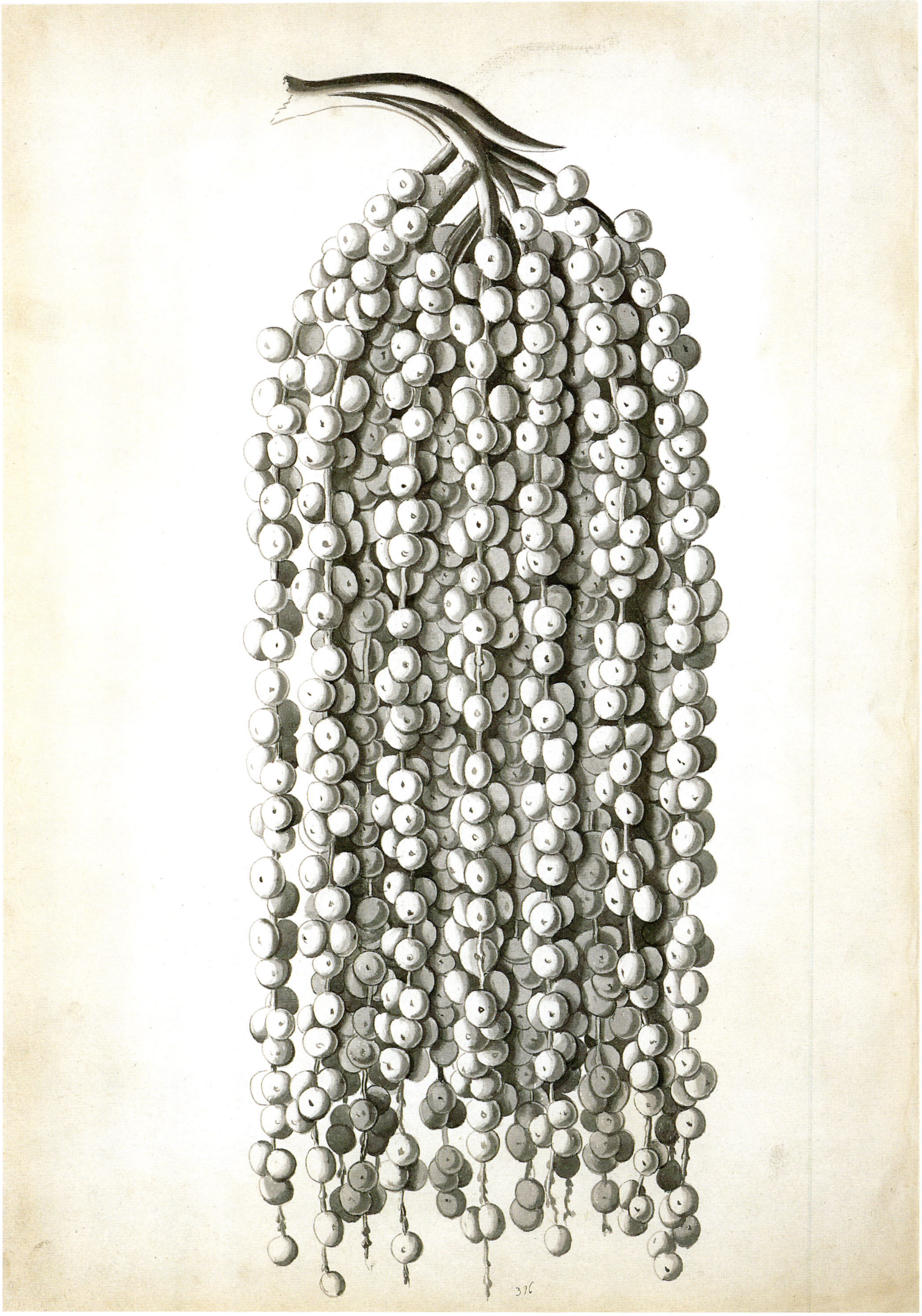

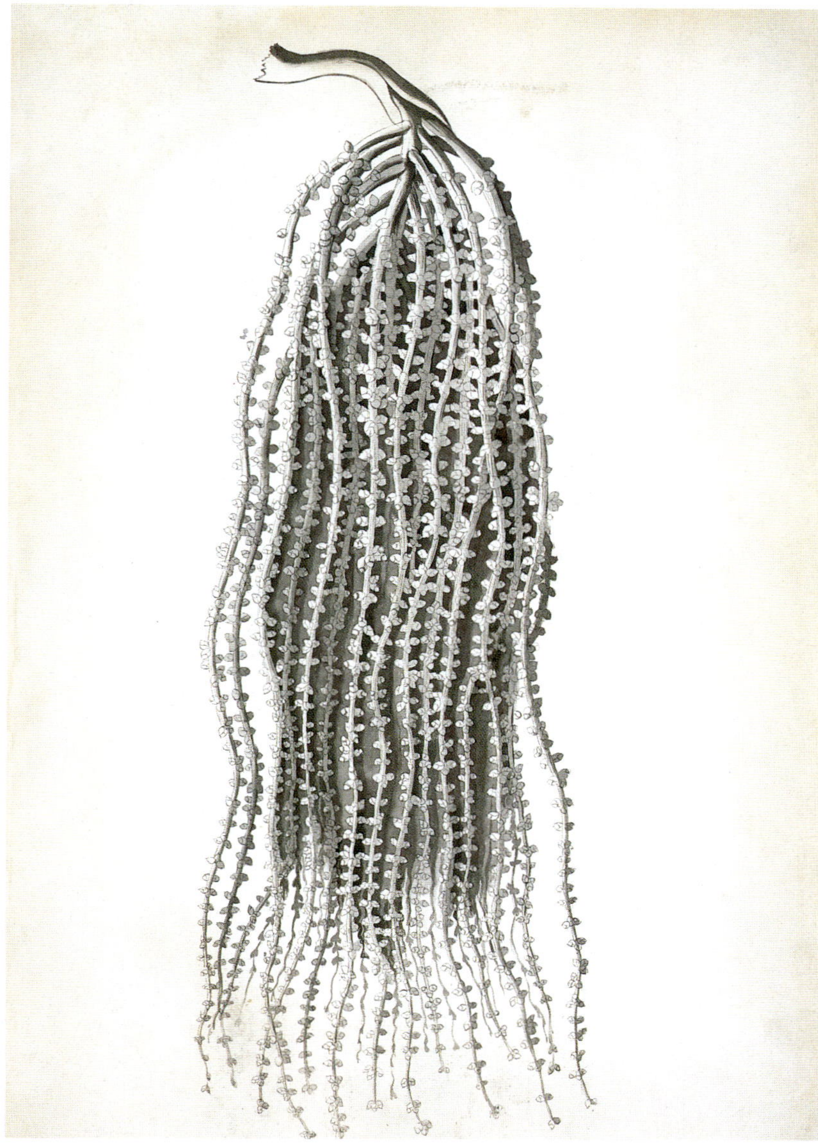

***Der Blütenkolben der Brennpalme*** *Caryota urens* (oben). Der Saft zur Herstellung von Palmwein wird aus der eingeschnittenen Blütenscheide, den modifizierten Blättern an der Basis der Blütenkolben, gewonnen: aus einem einzigen Blütenstand 7 bis 14 Liter am Tag, wenn aber mehrere angezapft werden, kann man bis zu 27 Liter erhalten. Links ein fruchttragender Blütenstand. Obwohl die roten oder gelben Früchte einen Reizstoff enthalten, werden sie durch Tiere verbreitet. Wild wachsende Palmen findet man in Lichtungen oder am Rand dicht belaubter Regenwälder, aber man läßt die Pflanzen auch in angelegten Gärten wachsen.

396

***Die auf der linken*** Seite abgebildete Illustration von Paul Hermann zeigt eine *Caryota urens* – eine Brennpalme, auch bekannt als Kittul- oder Toddy-Palme. Die jungen Blätter sind eßbar, aus dem Mark wird das Stärkeerzeugnis Sago hergestellt, der Saft wird verdampft, um groben braunen Zucker zu gewinnen, oder er wird zu Palmwein vergoren. Die Blattstengel liefern Kittul, eine Faserart, die zur Herstellung von Stricken und Körben dient. Auch zu Heilzwecken wurde der Baum schon immer genutzt: Das Öl junger Palmen in Salben oder Umschlägen half gegen Schlangenbisse. Andere Pflanzen der Sammlung sind dagegen weniger gut bekannt. Carl von Linné, der die unten abgebildeten Pflanzen 1745 in Hermanns Herbarium begutachtete, hielt sie für unidentifizierbar; sie sind bis heute ohne Bezeichnung geblieben.

***Johan Gideon Loten,*** der damalige Gouverneur von Ceylon, sammelte vor allem Vogel-Darstellungen. Pieter de Beveres Darstellung des Rotrückigen Spechts (oben) beeindruckt durch seine Reduktion; um nicht vom Bild abzulenken, sind nur Angaben über Habitat und Verhalten des Vogels beigefügt. Auf dem Bild rechts ist ein Paradiesschnäpper, *Terpsiphone paradisi*, zu sehen, der unter einem purpurfarbenen Vogel sitzt, wahrscheinlich *Nectarinia zeylonica*.

***Eine der 98 Illustrationen*** von de Bevere, heute im Besitz des Museum of Natural History, London, zeigt einen toten Eisvogel, der hingestreckt auf einem Baumstumpf liegt. In diesem Fall handelt es sich um eine der seltenen Illustrationen, die realitätsgetreu von damals gängiger Forschungspraxis zeugen: Fast alle Tiere wurden, erst nachdem man sie gefangen und getötet hatte, gezeichnet. Rechts ein Großer Alexandersittich, *Psittacula eupatria*, auch von de Bevere, eindrucksvoll zum Leben erweckt.

*Der Pfau, Pavo cristatus,* für Europäer der Inbegriff von Exotik und orientalischer Opulenz. Diese Art lebt auf Sri Lanka, dem früheren Ceylon, und in Indien. Die sogenannten Pfauenfedern, die das Männchen zur Schau stellt, um Weibchen anzulocken, sind keine Schwanzfedern, sondern enorm verlängerte und aufrichtbare Deckfedern, die aus dem unteren Teil des Rückens herauswachsen.

***Eine Halsbandeule, Otus bakkamoena,*** in einer detailreichen Illustration von Pieter de Bevere (links). Sie ist im Englischen wegen der langen Ohrenfedern, die wie kleine Hörner von ihrem Kopf abstehen, auch unter dem Namen »Little Horn Owl« bekannt. Die Raupe des Kleinen Nachtpfauenauges (oben) kriecht über einen Blattstiel; darunter hängt ein Kokon derselben Art. Diese Nachtfalter gehören zur Familie der *Saturniidae*, die große Mengen von Seidenfäden produzieren, um ihre Kokons zu spinnen.

***Der Atlasspinner, Attacus Atlas,*** hier von de Bevere gezeichnet, lebt in Indien und Südostasien. Auch er gehört zur Familie der *Saturniidae*, deren Männchen kammähnliche Fühler haben. Diese sehr empfindlichen Duft-Empfänger dienen dem Fortbestand der Gattung; sie fangen auch aus großer Entfernung die von einem Weibchen ausgesandten Pheromone auf, so daß Männchen und Weibchen sich finden können. Daneben *Phallus indusiatus*, eine Art verschleierte Stinkmorchel, die im tropischen Ostasien häufig vorkommt.

***Ansicht eines Atlasspinners*** (rechts). Dieser Falter hat die größte Flügelspannweite unter allen fliegenden Insekten: Sie kann bis zu 30 Zentimeter erreichen. Wie alle Tag- und Nachtfalter hat der Atlasspinner Membranflügel, mit Reihen winzigster Schuppen bedeckt, die wie Dachziegel oder Mosaiksteinchen zusammengesetzt sind, um Farben und Muster darzustellen. Der griechische Name *Lepidoptera*, der Ordnungsname für alle Falter, bedeutet »Schuppenflügel«.

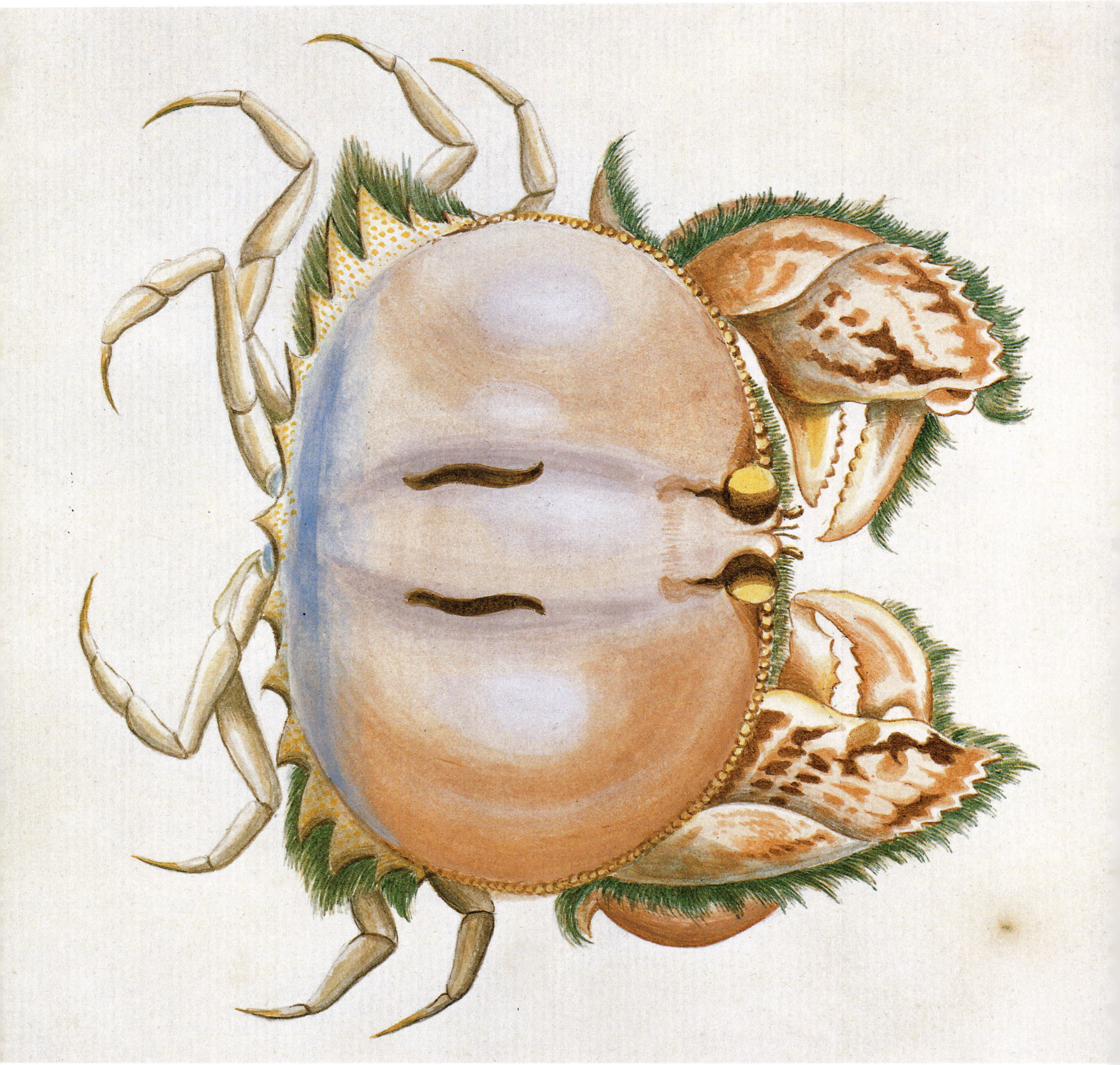

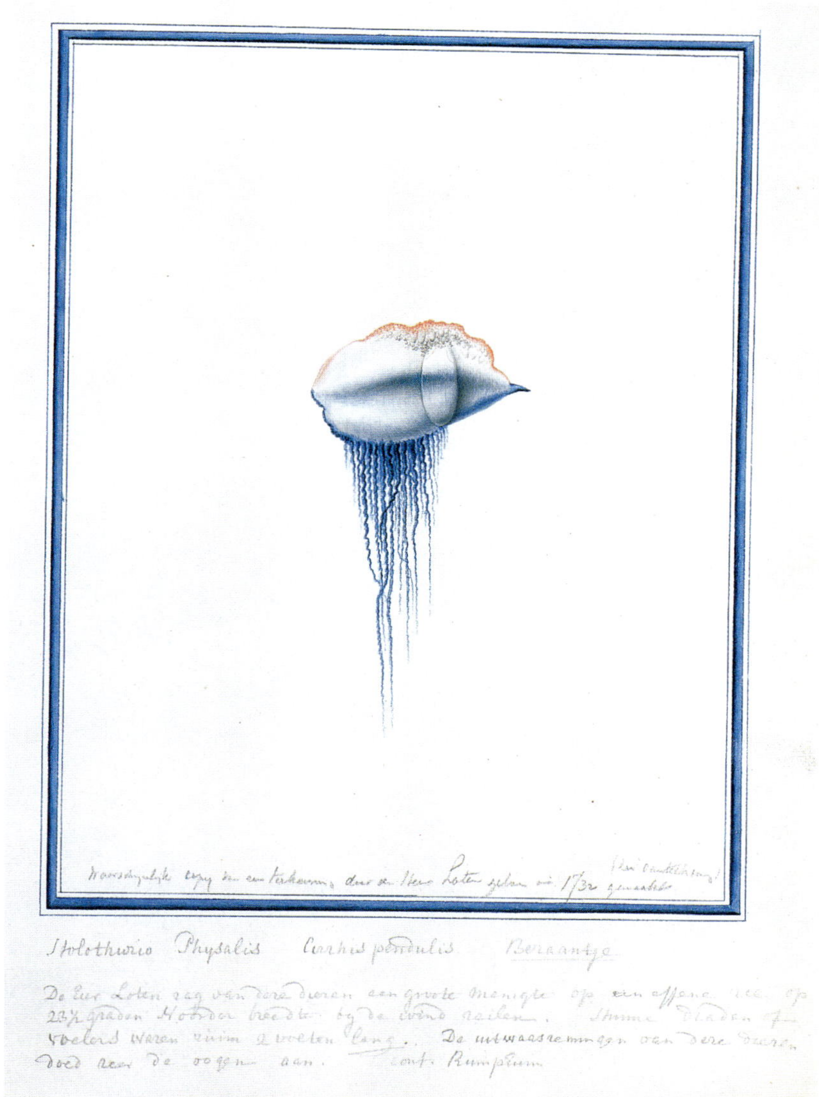

*Viele Bilder de Beveres* stellen Fische und andere Meerestiere dar – etwa eine Röhrenqualle (oben), die Portugiesische Galeere, *Physalia physalis*, die nicht ein einzelner Organismus ist, sondern eine schwimmende Gemeinschaft von Einzelwesen unter einem luftgefüllten Sack und geschützt von einem schwebenden Vorhang aus Fangfäden mit Nesselkapseln. Links eine Steinkrabbe, *Calappa philargius*, im Englischen auch »box crab« genannt, weil sie mit angelegten Zangen einer Schachtel gleicht.

***Das Indomalaiische Riesenhörnchen,** Ratufa macrura* (oben), lebt in Sri Lanka und auch in Tamil Nadu, einem indischen Bundesstaat im äußersten Süden. Wie alle Eichhörnchen hat auch das Riesenhörnchen lange, scharfe Krallen, die ihm festen Halt verschaffen, wenn es auf Bäumen herumklettert; der überlange Schwanz dient ihm beim Laufen und Springen als Balancierhilfe. Diese Illustration ist nur eine von fünf Säugetierbildern de Beveres, die jetzt im Besitz des Museum of Natural History sind. Zu ihnen gehört auch die Abbildung des Purpurgesichtsaffen, *Semnopithecus vetulus* (rechts).

***Ein Hirscheber,*** *Babyrousa babyrussa.* Das Männchen hat aufwärts gerichtete, gebogene Eckzähne, die an Geweihe erinnern, daher der Name (im Malaiischen heißt »babi« Eber und »rusa« Hirsch). Diese Tiere waren auf Celebes und auf den Sula-Inseln heimisch, auch auf den Buru-Inseln, wo sie wahrscheinlich erst später eingeführt wurden. Nachdem de Bevere mit Johan Gideon Loten 1757 nach Batavia (heute Jakarta) gezogen war, wird er auf einer dieser Inseln wohl einen Hirscheber gesehen haben.

***Ein Hirschferkel*** oder Fleckenkautschile, *Moschiola meminna* (Seite 88/89). Es sieht zwar auf den ersten Blick aus wie ein Reh, gehört aber zur Familie der *Tragulidae* (Tragos ist griechisch und heißt »Ziege«). Die Gattung lebt in Sri Lanka und Indien.

# Schmetterlinge in Surinam 1699–1701

## Maria Sibylla Merian

***In ihren zwei Jahren*** auf Surinam illustrierte Maria Merian die Lebenszyklen von Insekten, vor allem von Schmetterlingen. In dieser Darstellung ernähren sich Raupen des Kleinen Nachtpfauenauges gerade von den Blättern des Korallenbaums *Erythrina fusca*.

Zu Hans Sloanes berühmter Sammlung im British Museum gehört auch ein Satz wunderschöner Aquarelle, getuscht für ein 1705 veröffentlichtes Buch über Tag- und Nachtfalter in der niederländischen Kolonie Surinam. Die Autorin: Maria Sibylla Merian. Das Werk trug ihr nicht nur die Bewunderung ihrer Zeitgenossen ein, sondern auch die Wertschätzung späterer Generationen von Entomologen und Naturmalern, denn die Bilder und Texte sind von ebenso hohem künstlerischem wie wissenschaftlichem Wert.

Maria Sibylla Merian wurde 1647 in Frankfurt a. M. geboren. Ihr früh verstorbener Vater war Kupferstecher und Verleger, zwei Stiefbrüder wurden Maler, und so ist es wohl kein Wunder, daß sich schon früh ihr Interesse an der Kunst entwickelte. 1665 heiratete sie den Maler Johann Andreas Graff, und die Familie zog nach Nürnberg, wo die junge Frau als Blumenmalerin und Kupferstecherin arbeitete.

Schon früh hatte sich die Künstlerin für die Entwicklung der Schmetterlinge und Nachtfalter interessiert, für diese erstaunliche Wandlung der Raupe zum ausgewachsenen Insekt, und 1680 veröffentlichte sie ein Büchlein über die Metamorphose der europäischen Falter mit 50 Kupferstichen und eigenem Text. Sie bezog die Verbindung der Raupe mit der Wirtspflanze ein und eröffnete so einen völlig neuen Zugang zum Verständnis des Insektenlebens. 1683 erschien ihr zweiter Band über europäische Schmetterlinge.

Bald darauf verließ Maria Sibylla Merian mit ihren beiden kleinen Töchtern ihren Mann, um sich einer protestantischen Glaubensgemeinschaft in Westfriesland anzuschließen, den Labadisten. Vergebens drängte ihr Ehemann sie zur Rückkehr; einige Jahre später wurde die Ehe geschieden.

Zu jener Zeit war es unter den Reichen Mode, ein Kabinett mit Kuriositäten und seltenen Schaustücken zu besitzen – mit Muscheln, Vogelbälgen, Mineralien oder Schmetterlingen. Auch die Familie Sommelsdijk, bei der die Labadisten Unterkunft gefunden hatten, verfügte über eine derarte Kollektion – eine Insektensammlung aus

Surinam, wo das Haupt der Familie lange als Gouverneur gewirkt hatte. Die Schmetterlinge dieser Sammlung wirkten derart exotisch, daß Maria Merian sie so bald wie möglich in ihrer natürlichen Umwelt sehen wollte.

1691 verließ sie die Glaubensgemeinschaft und zog mit ihren Töchtern nach Amsterdam, wo sie einflußreiche Bürger kennenlernte, darunter den Bürgermeister Nicolaes Witsen, der ebenfalls eine Insektensammlung aus Surinam besaß. Dank ihrer Beziehungen konnte sie eine Reise nach Südamerika arrangieren, freilich auf eigene Kosten. Im Juni 1699 brach sie mit ihrer jüngeren Tochter in die Neue Welt auf.

In Surinams Hauptstadt Paramaribo bezog die nunmehr 52jährige ein Haus und malte schon bald ihre erste »Metamorphose«. Sie hatte einige der vornehmsten Familien der Stadt kennengelernt, die ihr halfen, zurechtzukommen. Die Malerin hielt sich gar ein paar Sklaven, darunter eine Indianerin, die ihr später nach Amsterdam folgen sollte. Das Leben war beschwerlich, denn die ständige Hitze und der dauernde Wechsel zwischen trockenem und feuchtem Wetter belastete den Organismus. Und ungefährlich war der Alltag auch nicht: Neben den indianischen Ureinwohnern lebten etwa 8000 Schwarze in der Kolonie, zumeist Sklaven, und einige hundert Europäer: niederländische Protestanten, Portugiesen, deutsche Juden, Hugenotten aus Frankreich und einige Briten. Die Weißen waren fast ausschließlich mit der Bewirtschaftung ihrer Zuckerrohrplantagen beschäftigt; und die Brutalität der weißen Pflanzer führte immer wieder zu Aufständen.

Während dieser Jahre vollbrachten Maria und ihre Tochter eine kaum glaubliche Leistung. Sie beobachteten die Raupen, malten sie beim Fressen auf deren Wirtspflanzen, sahen zu, wie sie sich verpuppten und wie schließlich der ausgewachsene Schmetterling aus dem aufgebrochenen Kokon ans Licht entschwebte. Da sich das Interesse der beiden Frauen herumgesprochen hatte, wurden ihnen viele Tiere gebracht. Doch machten Mutter und Tochter auch weite Ausflüge. Im Juni 1701, nach fast zwei Jahren, segelten sie heim – im Gepäck Notizen, Skizzenbücher und Bilder auf Seide; aber auch lebende Puppen, in Branntwein konservierte Schmetterlinge und

Kästen mit gepreßten und aufgespießten Insekten sowie Flaschen mit Tierpräparaten, darunter Eidechsen und kleine Krokodile.

1705 veröffentlichte Maria Sibylla Merian ihr Hauptwerk »Metamorphosis Insectorum Surinamensium« – zu jener Zeit das beste Werk seiner Art. Einige der 60 kolorierten Stiche zeigen Frösche, Kröten, Schlangen, Spinnen; der Rest ist Schmetterlingen gewidmet. Auf jedem Blatt sind eine oder zwei Arten abgebildet: Raupen auf ihren Wirtspflanzen und die dazugehörigen Schmetterlinge. Die meisten Falter waren damals noch nicht klassifiziert, weshalb nur die Pflanzen benannt sind. Aber die Beobachtung und die Bildwiedergabe der Künstlerin waren so präzise, daß die Bestimmung später nur selten ein Problem war.

Sammler interessierten sich für die Originale ihrer Bilder, darunter der russische Zar Peter der Große, so daß einige ihrer Darstellungen in das Archiv der Russischen Akademie der Wissenschaften nach St. Petersburg gelangten. Maria Merian, eine geschickte Geschäftsfrau, stellte mehrmals ganze Sätze von den Originalen her – auch für ihr Surinam-Buch (einer gehört heute zur Sloane-Sammlung, der andere zu den königlichen Schätzen auf Schloß Windsor).

Die Geschichte ihres einzigartigen Lebens hat mindestens zehn Autoren zu Romanen inspiriert. Aber die vielleicht höchste Anerkennung zollte ihr Carl von Linné, der Vater der modernen botanischen und zoologischen Systematik. Der Schwede studierte all ihre Bücher aufmerksam und verwies immer wieder auf sie. Wie sehr Linné ihrer Beobachtungsgabe vertraute, zeigte sich in seinem großen, 1735 erschienenen Werk »Systema Naturae«, in dem er 4400 ihm bekannte Tierarten aus aller Welt auflistete, beschrieb und benannte. Manche dieser Beschreibungen beruhten allein auf Maria Sibylla Merians präzisen Darstellungen.

A New Draught of SURRANAM upon the coast of Guianna Made and Sold by John Thornton Hydrographer at the signe of England Scotland and Ireland in the Minories London
Aecooreorum Regio
A Scale of Miles
Armadillo hills
Kirton Creek
Delawar
Tomontibo
Truckeribo
Sir Robbart Harley
Sir Martin Noelius plat
Parham hill
Mapanny or Willughbys River
Country
Mor ganam
Kingsland
Toorarica
Specklewood
Erackirack
Dullen
Redrock
Serino Island
creek
Noeharwharf
Paramaribo
Fort
Wyatt
Humphres
Cashwini
Cor = mi: co
Wiampebo
Commawina
Bootiman
Cot = ti co
good fishing here
RedBanck
Pramario
Surranam River
Byams Point
Flatts
Leward bay
Windward Passage
Leward Passage
Mud Creek

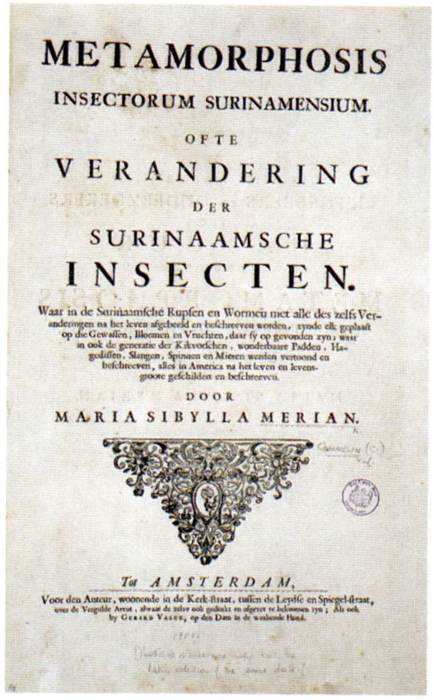
METAMORPHOSIS
INSECTORUM SURINAMENSIUM.
OFTE
VERANDERING
DER
SURINAAMSCHE
INSECTEN.
Waar in de Surinaamsche Rupsen en Wormen met alle des zelfs Veranderingen na het leven afgebeeld en beschreeven worden, zynde elk geplaatst op die Gewassen, Bloemen en Vruchten, daar sy op gevonden zyn; waar in ook de generatie der Kikvorschen, wonderbaare Padden, Hagedissen, Slangen, Spinnen en Mieren werden vertoond en beschreeven, alles in America na het leven en levensgroote geschildert en beschreeven.
DOOR
MARIA SIBYLLA MERIAN.
Tot AMSTERDAM,
Voor den Auteur, woonende in de Kerk-straat, tussen de Leydse en Spiegel-straat, over de Vergulde Arent, alwaar de zelve ook gedrukt en afgezet te bekoomen zyn; Als ook by Gerard Valck, op den Dam in de wakende Hond.

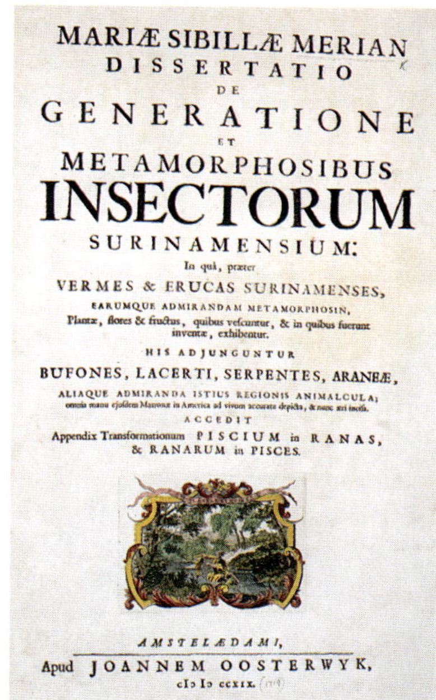
MARIÆ SIBILLÆ MERIAN
DISSERTATIO
DE
GENERATIONE
ET
METAMORPHOSIBUS
INSECTORUM
SURINAMENSIUM:
In quâ, præter
VERMES & ERUCAS SURINAMENSES,
EARUMQUE ADMIRANDAM METAMORPHOSIN,
Plantæ, flores & fructus, quibus vescuntur, & in quibus fuerunt inventæ, exhibentur.
HIS ADJUNGUNTUR
BUFONES, LACERTI, SERPENTES, ARANEÆ,
ALIAQUE ADMIRANDA ISTIUS REGIONIS ANIMALCULA;
omnia manu ejusdem Matronæ in America ad vivum accurate depicta, & nunc æri incisa.
ACCEDIT
Appendix Transformationum PISCIUM in RANAS, & RANARUM in PISCES.
AMSTELÆDAMI,
Apud JOANNEM OOSTERWYK,
cIↃ IↃ CCXIX.

***Die Titelseiten*** der Ausgaben von 1705 (links) und 1719 (rechts) von Maria Merians Hauptwerk »Metamorphosis Insectorum Surinamensium«. Die Zeichnungen für das Buch stellte sie während ihres zweijährigen Aufenthaltes in Paramaribo fertig. Daß es überhaupt veröffentlicht wurde, ist der Entschlossenheit dieser außergewöhnlichen Frau zu verdanken. »Nun, da ich nach Holland zurückgekehrt bin und verschiedene Naturliebhaber meine Zeichnungen gesehen haben, drängen sie auf Veröffentlichung«, notierte Maria Merian. »Sie glauben, dies sei der erste und ungewöhnlichste Bilderband, der je in Amerika gezeichnet wurde. Die hohen Kosten ließen mich anfangs zögern, doch schließlich entschloß ich mich dazu.« Links eine frühe englische Landkarte von Surinams Norden.

***Ein Zweig des Orangenbaums*** *Citrus aurantium* (Seite 96). Die Raupen, die Puppen und der ausgewachsene Schmetterling gehören zur Gattung *Rothschildia aurota*. »Man findet diese Raupen häufig«, schrieb Maria Merian, »sie werden dick und rund, treten dreimal im Jahr auf und spinnen einen starken Faden, aus dem sich sicher gute Seide machen läßt; ich habe einige nach Holland geschickt. Dort wurden sie für gut befunden. Wenn jemand sich die Mühe machte, sie zu sammeln, gäbe das gute Seide und einen guten Profit.«
Auf Seite 97 ist eine Wasser-Hyazinthe, *Eichhornia crassipes*, zu sehen; darüber fliegt eine *Lethocercus grandis*, die Nymphe ist unten rechts zu erkennen. Am Fuß der Pflanze liegt der Laich der *Phrynohyas venulosa*, gleich darüber sind Kaulquappen zu erkennen sowie ein junger und ein ausgewachsener Frosch.

J. Mulder Sculp.

J. Mulder Sculp.

9

*Zwei handgemalte Bildtafeln* aus dem »Neuen Blumenbuch«, das bereits 1680 erschienen war und heute Seltenheitswert besitzt. Das Buch läßt Merians künstlerische Begabung erkennen – ein Talent, das auf Surinam zu seiner Vollendung fand. Die Darstellungen geben einerseits das ästhetische Ideal jener Zeit wieder, verraten andererseits durch das mitgezeichnete Insekt bereits die Leidenschaft der Künstlerin für die Entomologie, die ihr Leben verändern sollte.

***Blätter und Früchte*** der *Citrus medica* (oben) bieten zwei Insektenarten einen Rastplatz. Die Zeichnerin kannte den Namen des »schönen, schwarzen Käfers« nicht; heute wissen wir, daß es ein Harlekin-Käfer, *Acrocinus longimanus,* war. Auf diesem Blatt ist auch der Nachtfalter *Phobetron hipparchia* im Larven- und Puppenstadium zu sehen. Rechts sind Raupe, Puppe und der ausgewachsene Nachtfalter der Gattung *Eumorpha labruscae* auf einer Weinrebe abgebildet. »Diese Pflanzen«, schrieb Maria Merian, »mit ihren blauen, grünen und weißen Weintrauben wachsen in Surinam so schnell, daß man sie sechs Monate nach dem Pflanzen ernten kann. Man könnte Wein am Ort herstellen, anstatt ihn zu importieren und den Überschuß sogar nach Holland ausführen.«

P. Sluyter sculp.

J: Mulder Sculp

***Zwei Arten von Käfern*** auf einer Pflanze, wahrscheinlich Stachelmohn (links). Oben ein Insekt der Gattung *Callipogon cinnamoneus* mit langen Fühlern, in der Mitte der Pflanze seine dicke Larve. Auf dem linken Blatt und unten sind die Larve und der ausgewachsene Schmetterling *Taeniotes farinosus* zu erkennen. Auf dem Bild oben sind die Raupe, Puppe und der Schmetterlinge der Gattung *Philaetria dido* auf einer großen Ananas abgebildet. Maria Sibylla Merian war begeistert vom Duft und Geschmack dieser Frucht: »... die Schale ist fingerdick, ungeschält bleiben scharfe Haare zurück, die der Zunge weh tun. Die Frucht schmeckt, als hätte man Trauben, Aprikosen, rote Johannisbeeren, Äpfel und Birnen miteinander vermischt und könnte sie alle auf einmal schmecken.« Raupe und Puppe rechts und die Schmetterlinge links gehören zur Gattung *Philaethria dido.*

***Raupe, Puppe und Nachtfalter*** der Gattung *Thysania agrippina* (oben). »Im April des Jahres 1700 war ich in Surinam auf Fräulein Sommelsdyks Plantage ›Providentia‹«, schrieb Maria Merian. »Dort konnte ich viele Insekten beobachten« – und entdeckte unter anderem die Raupen der *Thysania* auf dem hier abgebildeten Gummibaum. Auf der Zeichnung rechts hat sie einige nicht miteinander verwandte Insekten festgehalten: Oben ist ein fliegender Hirschkäfer, *Macrodontia cervicornis*, zu sehen; darunter hat Maria Merian den Palm-Rüsselkäfer *Rhynchophorus palmarum* als Made und ausgewachsenes Tier abgebildet; ganz unten sind eine nicht identifizierte Puppe und eine namenlose Raupe zu erkennen, die Maria Merian »Kleiderbürste« nannte und von der sie fälschlich annahm, daß sie sich zu einer »Orchideen-Biene« entwickeln würde. Die Made wurde in Surinam als Delikatesse geschätzt. »Diese Würmer werden auf Holzkohle geröstet und gelten als feiner Leckerbissen», notierte die Künstlerin.

J. Mulder Sculp
48

1.
1.
1.
2.
P. Sluyter Sculp.
46

***Eine grüne Raupe und ein Nachtfalter*** der Gattung *Erinnyis ello* auf einem Jasminzweig (links). Die Raupe ernährt sich von diesen und anderen Pflanzen. Maria Merian beobachtete, daß die Schlange *Corallus enhydris* am Fuß der Pflanze sich völlig zusammenrollte und ihren Kopf in der Rolle verbarg. Schlangen, Eidechsen und Leguane versteckten sich gern unter den dichten, stark duftenden Jasminbüschen, die überall wuchsen. Obwohl Maria Merian Insekten in deren Habitat meist sorgfältig beobachtete und beschrieb, verstand sie manche ihrer Bilder rein dekorativ, etwa die oben abgebildete Tafel, die Insekten, Pflanzen und Muscheln in einer Landschaft zeigt.

***Jede der 60 Tafeln*** in der »Metamorphosis«-Ausgabe von 1705 war ein Stich nach einem Aquarell Maria Merians. Einige dieser Platten hatte sie sogar selber hergestellt (rechts), die unten abgebildete Reproduktion desselben Motivs stammt aus einer Faksimile-Ausgabe von 1981. In den Zweigen eines Guavenbaums hängen braune Spinnen in ihren Netzen. Rechts trägt eine *Heteropoda venatoria* ihre Eier in einem Sack unter dem Körper, und man sieht frisch geschlüpfte Junge. Über die Vogelspinne *Avicularia avicularia* (unten) schrieb sie: »Finden sie keine Ameisen, so saugen sie kleine Vögel aus.« Das ist zwar unwahrscheinlich, doch hier zeigt Maria Sibylla Merian einen Kolibri als Opfer der Spinne.

P. Sluyter Sculp.

***Der Schmetterling Morpho menelaus*** (oben), den Maria Merian so beschrieb: »Er gleicht poliertem Silber, bedeckt vom herrlichsten Ultramarin, Grün und Purpur, so unbeschreiblich schön, daß man es nicht mit dem Pinsel wiedergeben kann.« Sie versuchte, mit einem feinen, spitzen Pinsel juwelengleiche Farben auf feinstes Pergament zu übertragen – ein Material, das als *carta non nata* bekannt ist, als Haut ungeborener Tiere, die viel feiner ist als Leinwand, Holz oder handgeschöpftes Papier. Rechts: Raupe und Schmetterlinge der Gattung *Heliconius ricini* auf der Rhizinuspflanze *Ricinus communis*. In Surinam wurde Rhizinusöl in Lampen und zur Wundbehandlung verwendet.

P Sluyter Sculp.

***Eine Kassawa oder Maniokpflanze,*** *Manihot esculenta*, beherrscht diese Zeichnung. »Die Wurzel wird zerrieben, dann preßt man den giftigen Saft aus, trocknet und backt die Wurzel auf einer eisernen Platte. Die restliche Flüssigkeit verdampft, das Gebäck schmeckt dann wie holländischer Zwieback …« Die gestreifte Raupe sei ein großer Schädling auf den Kassawa-Feldern, schrieb Maria Sibylla Merian. Eine riesige Boa, *Boa hortulana*, heute *Corallus hortulanus*, die zwei Meter lang werden kann, windet sich dekorativ um den Stamm.

***Raupe und Schmetterling*** der Gattung *Caligo teucer* fressen an einer Banane (oben links). Die Eidechse *Cnemidophorus lemniscatus* dient nur der Dekoration. Sie hatte in Maria Sibylla Merians Haus ein Nest gebaut und vier Eier gelegt, von denen drei auf dem Stengel zu sehen sind. Die Zeichnerin nahm die Eier mit nach Holland, wo die Tiere auch schlüpften, aber nicht überlebten. Die Blätter der Baumwollpflanze *Jatropha gossypiifolia* (oben rechts) wurden medizinisch genutzt, wie die Deutsche von den Indianern und den afrikanischen Sklaven erfuhr. Die Wurzel half gegen Schlangenbisse, die Blätter dienten als Abführmittel. *Jatropha gossypiifolia* ist die Wirtspflanze des Anteus-Falters der Gattung *Cocytius antaeus*, der hier als große grüne Raupe, als rötliche Puppe und als ausgewachsener Nachtfalter zu sehen ist. Sogar die alte Haut von einer früheren Häutung und den runden Kot auf dem Stengel hat Maria Merian gezeichnet.

***Nach der Veröffentlichung*** ihres Hauptwerks »Metamorphosis Insectorum Surinamensium« plante Maria Merian einen zweiten Band über Reptilien und Amphibien in Surinam, konnte ihn aber nicht finanzieren. So zeichnete sie unter anderem ein Tier mit seinen Jungen (links), das sie »Waldratte« nannte, das tatsächlich aber ein Opossum war, *Didelphys spp*. Darüber bildete sie drei Stadien im Leben der Gottesanbeterin *Stagmatoptera precaria* ab. Auf dem Bild oben ist unter dem Stengel des kresseähnlichen *Sesuvium portulacastrum* die Kröte *Pipa pipa* zu erkennen, die von den Einheimischen als Leckerbissen geschätzt wurde. Über die Vermehrung der Kröten schrieb Merian: »Das Weibchen trägt die Jungen auf dem Rücken, wo sich auch die Gebärmutter befindet; hier empfängt es das Sperma. Sind die Eier reif, kriechen die Jungen nacheinander aus, als kämen sie aus einem einzigen Ei. Nachdem ich das gesehen hatte, warf ich das Weibchen und ihre Jungen in Branntwein ...«

***Reptilien und Amphibien*** auf Surinam. Hier zeigt Maria Merian einen Kaiman, vermutlich *Paleosuchus palpebrosus*, der in eine Viper beißt, wie sie meinte, die wir heute aber als südamerikanische Korallenrollschlange, *Anilius scytale*, kennen. Hinter dem Reptil schlüpft eine kleine Amphibie aus, die jedoch zu einer anderen Gattung, *Caiman crocodilis*, gehört. Maria Merian staunte über das schnelle Wachstum dieser Tiere: Aus einem Ei »von der Größe eines Gänseeis« geschlüpft, war es in kurzer Zeit »sieben- oder achtmal so groß wie das Ei.«

***Tupinambis nigropunctatus,*** das Reptil auf Seite 118/119, lebte in den Wäldern von Surinam, wie Maria Merian notierte. Sonst wußte sie nichts über das Tier – außer, daß es eine Art Eidechse war, größer als ein Salamander und kleiner als Krokodil. Es schlüpfe, so schrieb sie, aus Eiern wie andere Eidechsen, und aus Erfahrung wußte sie, daß es Vogeleier fraß.

# Expedition durch Nordamerika

## 1753–1823

## William Bartram

*Diese Gattung der Blütenbäume*, die John und William Bartram auf ihrer Expedition entdeckt hatten, nannten sie *Franklinia alatamaha*, zu Ehren ihres Freundes und Mentors Benjamin Franklin.

Das Jahr 1753 war ein bedeutendes in der Geschichte der Botanik – denn es war das Jahr, in dem Carl von Linnés grundlegendes Werk »Species plantarum« erschien. Linné schuf ein neues Ordnungssystem zur Erfassung von Flora und Fauna in Klassen und Ordnungen, in Gattungen und Arten. Dank der neuen Nomenklatur hatte das alte Durcheinander nun ein Ende: Jede Art war nunmehr eindeutig definiert – mit einem lateinischen Hauptwort, das die Gattung bezeichnete, und einem Eigenschaftswort für die Art. Nirgendwo wurde Linnés Systematik dringender gebraucht als in Nordamerika, einem Kontinent, der gerade von europäischen Siedlern erschlossen wurde und auf dem nun Tausende unbekannter Pflanzen wissenschaftlich präzise zu beschreiben waren.

Viele dieser Entdeckungen sollten in den folgenden Jahren dem jungen Amerikaner William Bartram gelingen. Bartrams Vater John (1699–1777) war ein bescheidener Quäker, Farmer und Autodidakt, den ein starkes Interesse an den Naturwissenschaften auszeichnete – ein Interesse, das einige seiner Söhne teilten, so auch William. Bereits 1729 hatte John Bartram in der Nähe seiner Farm einen botanischen Garten angelegt, aus dem sich nach und nach eine Art kleine Pflanzschule entwickelte. Von hier aus versorgte Bartram zunächst Exotensammler in Europa und später auch Wissenschaftler wie Linné mit nordamerikanischen Pflanzen und Samen. Die Mühe sollte sich sehr bald auszahlen, denn seit Mitte des 17. Jahrhunderts war es vor allem unter reichen Grundbesitzern in England Mode, ihre Gärten und Parks mit exotischen Pflanzen aus aller Welt zu schmücken – und die aus Nordamerika waren besonders begehrt. Das Interesse an der Botanik der Neuen Welt wurde durch zwei illustrierte Bände von Mark Catesby noch vertieft: 1731 erschien die »Natural History of Carolina«, 1747 der Band »Florida and the Bahama Islands«.

Einer von Catesbys Förderern in England war der Quäker Peter Collinson, der eines Tages auch in eine enge Geschäftsbeziehung zu seinem Glaubensbruder John Bartram trat. Collinson machte den Amerikaner mit

2.
1.
3.
4.

***Ein Kardinalvogel**, Richmondena cardinalis cardinalis cardinalis*, den Bartram auch gelegentlich »Roten Sperling«, »Roten Vogel aus Amerika« oder »Virginia-Nachtigall« nannte. Der Zweig, auf dem der Vogel hockt, ist der eines Duftbaums, *Osmanthus americanus Catesby.* Bartram fand »diesen seltsamen, süß duftenden Strauch«, den er *Olea americana, foliis lanceolato-ellipticis, baccis atro-purpuris*, den »Purpurbeeren-Lorbeer«, nannte, am Cape-Fear-Fluß in North Carolina. Der Fisch, der so fehl am Platz durchs Bild schwimmt, ist nicht identifiziert.

potentiellen Kunden bekannt und half Bartram dabei, europäische Pflanzen nach Amerika zu importieren – gedacht für jene Siedler in der Neuen Welt, die sich nach den Bäumen, Sträuchern und Blumen der alten Heimat sehnten. Bartrams Umsatz in Europa wuchs schnell. Er verkaufte nicht nur Pflanzen aus Nordamerika, sondern auch Samen: rund 20 Kollektionen zu je 100 Sorten, jede für fünf Guineen.

Bereits 1742 war John Bartram den Hudson an der Ostküste Nordamerikas flußaufwärts gefahren, um Pflanzen in den Bergen zu sammeln; im Lauf der Jahre folgten weitere Entdeckungsfahrten. Trotz dieser Expeditionen kamen die meisten Pflanzen in Bartrams Angebot jedoch nach wie vor entweder von seiner Farm in Pennsylvania oder aus jenem schmalen Küstenstreifen an der Ostküste – von Neuengland im Norden bis nach Georgia im Süden –, der von britischen Kolonisten bis dahin in Besitz genommen worden war. Doch so recht hatten die Briten in der Neuen Welt immer noch nicht Fuß gefaßt: Sie mußten sich hier mit anderen europäischen Mächten auseinandersetzen, vor allem mit Frankreich, das in Kanada und dem Mittleren Westen stark war, und mit Spanien, das sich in Florida etabliert hatte.

Nach Ende des Siebenjährigen Krieges aber – der sich in Nordamerika als Kampf zwischen Frankreich und England um die Herrschaft am oberen Hudson und Ohio abspielte – entstand 1763 eine völlig neue Lage: Die Spanier verließen Florida, die Franzosen zogen fast überall ab. Englands König Georg III. war nun bereit, sich mehr für seine Kolonien zu engagieren. In dieser Situation schlug Peter Collinson seinem Geschäftsfreund John Bartram vor, trotz seines fortgeschrittenen Alters nun auch Floridas Pflanzenwelt zu erforschen. 1765 wurde der Farmer sogar zum Königlichen Botaniker in Nordamerika ernannt, mit einem Jahresgehalt von 50 Pfund.

John Bartram war nun schon weit über 60, und seine Sehkraft hatte nachgelassen. Dennoch ging er von Juli 1765 bis April 1766 auf eine Forschungsreise nach South Carolina, Georgia und Nordflorida. Sein Sohn William, ein sehr begabter Zeichner, begleitete seinen Vater. Die Expedition war sehr erfolgreich; die beiden

Männer erkundeten eine Reihe unbekannter Pflanzenarten. Das grandioseste Exemplar war zweifellos der wunderbare Blütenbaum *Franklinia alatamaha*. Die Bartrams fanden den Baum nur an sehr abgelegenen Stellen, und selbst dort sollte er bald verschwinden. Mehr als 200 Jahre lang hatten Botaniker dieses Gewächs nur als Zuchtprodukt gekannt (wozu auch einige Exemplare in Bartrams Garten gehörten).

Die erste Kiste mit Pflanzen von dieser Expedition wurde dem englischen König im Februar 1768 von Collinson persönlich präsentiert, die zweite von Benjamin Franklin, dem großen Naturwissenschaftler und Vorkämpfer der amerikanischen Unabhängigkeit, nach dem die beiden Expeditionsreisenden *Franklinia alatamaha* benannt hatten.

Der junge Bartram war trotz seiner zeichnerischen Begabung eine Enttäuschung für seinen Vater, der ihn gern in einem bürgerlichen Beruf gesehen hätte. William wurde zunächst bei einem Kaufmann in die Lehre gesteckt, aber das erwies sich als ebensowenig ergiebig wie danach die Arbeit bei einem Onkel in einem Handelsposten in North Carolina. William verzichtete auch auf die von Benjamin Franklin angebotene Ausbildung zum Drucker und Kupferstecher. Ein Versuch, sich als Indigo-Pflanzer in Florida niederzulassen, scheiterte ebenfalls.

Nach dem Tod des großen Förderers Collinson kam William Bartram schließlich in die Obhut eines anderen englischen Quäkers: Dr. John Fothergill, ein Arzt und Botaniker, der in Upton den größten privaten botanischen Garten Englands besaß. Fothergill beauftragte William 1768, ihn mit Pflanzen, Samen und naturwissenschaftlichen Zeichnungen zu versorgen; er finanzierte auch eine Expedition in den Südosten von Nordamerika. John Bartram war bereits über 70, und so reiste William diesmal ohne ihn. Von Philadelphia aus begab er sich im April 1773 auf dem Seeweg nach Charleston und von dort nach Savannah. Von wechselnden Stützpunkten aus unternahm er in den folgenden dreieinhalb Jahren etliche kürzere und längere Ausflüge, per Boot, zu Pferde und

zu Fuß, begleitet mal von einem, mal von mehreren Weggefährten, Weißen oder Indianern. Die Eingeborenen nannten ihn »Puc-Puggy« – den Blumenjäger. Bartram durchforschte das Küstengebiet von South Carolina, die Auen am Cape-Fear-Fluß und das Savannah-Tal. Sein Forscherdrang führte ihn auch zum St. Johns River, den er von der früheren Fahrt mit seinem Vater kannte, und in die von Seminole-Indianern bewohnte Stadt Cascowilla.

1791 veröffentlichte er ein Buch über diese Reisen: »Travels through North & South Carolina, Georgia, East & West Florida«. Das Werk ist ein erstaunliches Dokument, das Details der bereisten Landschaft, des Klimas, der Vegetation und bestimmte Pflanzen und Tiere beschreibt sowie das Erscheinungsbild, das Verhalten und die Lebensweise vieler Indianer, die er getroffen hatte. Über die Indianer waren Vater und Sohn übrigens sehr unterschiedlicher Ansicht. Erfüllten den Vater die damals unter Weißen weitverbreiteten Angst- und Haßgefühle gegenüber den Ureinwohnern (sicherlich auch dadurch begründet, daß sein eigener Vater, Williams Großvater, von Indianern grausam getötet worden war), so hatte William Achtung vor ihnen und empfand Sympathie für fast alle Stämme.

Doch einige Passagen des Buches, etwa die Schilderungen einiger Abenteuer mit Tieren oder Indianern, entsprechen nicht ganz der Wahrheit. Als Schriftsteller waren William Bartram ein paar gute, wenn auch nicht authentische Storys offenbar lieber als die bloßen Tatsachen. Kein Wunder also, daß sein Buch von der Kritik nicht besonders gut beurteilt wurde (wobei selbst solche Passagen angezweifelt wurden, in denen er sich nachweislich an die Fakten gehalten hatte – etwa bei seiner Beschreibung der Alligatoren im St. Johns River). Für den Autor war diese Reaktion eine herbe Enttäuschung, auch wenn sich bald herausstellte, daß das breite Publikum mehr Gefallen an seinem Buch fand als die Kritik.

Seinem Förderer Fothergill schickte Bartram 209 Pflanzen – viele davon gerade entdeckt – und 59 Illustrationen. Etliche waren Originalvorlagen für Bartrams Reisebuch, darunter vorzügliche Illustrationen von

*Der »Alegator« von St. John.* »Hier zeige ich dies grausige Monster, wie es im Frühling brüllt; sie stoßen das Wasser gewaltsam aus der Gurgel, und das fällt aus ihrem Maul wie ein Katarakt, und ein Dampf kommt aus ihren Nüstern wie Rauch«. So beschrieb William Bartram den Alligator im Vordergrund seiner wohl berühmtesten Zeichnung in einem Brief an Dr. Fothergill. In seinem handgeschriebenen Tagebuch »Reisen in Florida« notierte er, daß der »Alegator« den Sonnenaufgang mit »schauerlicher Stimme« begrüße. 1801 bekam der Alligator einen offiziellen Namen: *Alligator mississippiensis*, der Mississippi-Alligator.

Vögeln, Fischen, Amphibien, Reptilien und einer Reihe von Wirbellosen sowie von einigen Pflanzen. Im allgemeinen erscheint die Darstellung sehr akkurat, wenngleich bei einigen der Maßstab verrutscht wirkt: Manche Objekte erscheinen eigenartig vergrößert oder verkleinert.

Als John Fothergill 1780 starb, erwarb der wohlhabende Mäzen Sir Joseph Banks dessen Sammlung einschließlich Bartrams Zeichnungen und Pflanzen und ließ sie in seine Bestände eingliedern. Doch da der Bibliothekar Daniel Solander bis zu seinem Tod 1783 hauptsächlich mit Material aus der Südsee beschäftigt war, blieb Bartrams Hinterlassenschaft unbearbeitet – ehe sie 1827 mit der gesamten Sammlung Banks' ins British Museum gelangte. Da war William Bartram bereits vier Jahre tot.

Das Schicksal war diesem besonderen Künstler, Forscher und Entdecker nicht gerade wohlgesonnen. Die zweite Hälfte seines Lebens verbrachte William Bartram als Junggeselle bei seinem Bruder, hielt allerdings Kontakt mit den naturwissenschaftlichen Gremien Nordamerikas, zeichnete gelegentlich nach Auftrag und wurde sogar für eine Weile als Professor der Botanik an die neu organisierte Universität von Pennsylvania berufen; offenbar hat er dort aber nie Vorlesungen gehalten.

Nach seinem großen Abenteuer, über das er das Buch verfaßt hatte, ging er kaum noch auf Reisen. Vom Wesen her träge, scheint er sich in seinen letzten drei Lebensjahrzehnten damit begnügt zu haben, ruhig vor sich hin zu leben – ein Mann, der in seinem Leben erstaunlich wenig Besitztümer zusammengebracht hatte: Laut Testament besaß er am Ende zwei Kleidertruhen, ein Federbett mit Keilkissen, zwei Gläser und ein Tablett, eine Briefschatulle aus Zinn, ein paar Bücher und einen Geldbeutel mit etwas Kleingeld.

Die erhoffte Anerkennung als Entdecker vieler Pflanzen war William Bartram sein Lebtag lang versagt geblieben. Erst heute, mehr als 200 Jahre später, wird sein Werk auch in Fachkreisen zunehmend geschätzt. Trotz – oder vielleicht gerade wegen – seiner kleinen Extravaganzen.

Fig 1
2

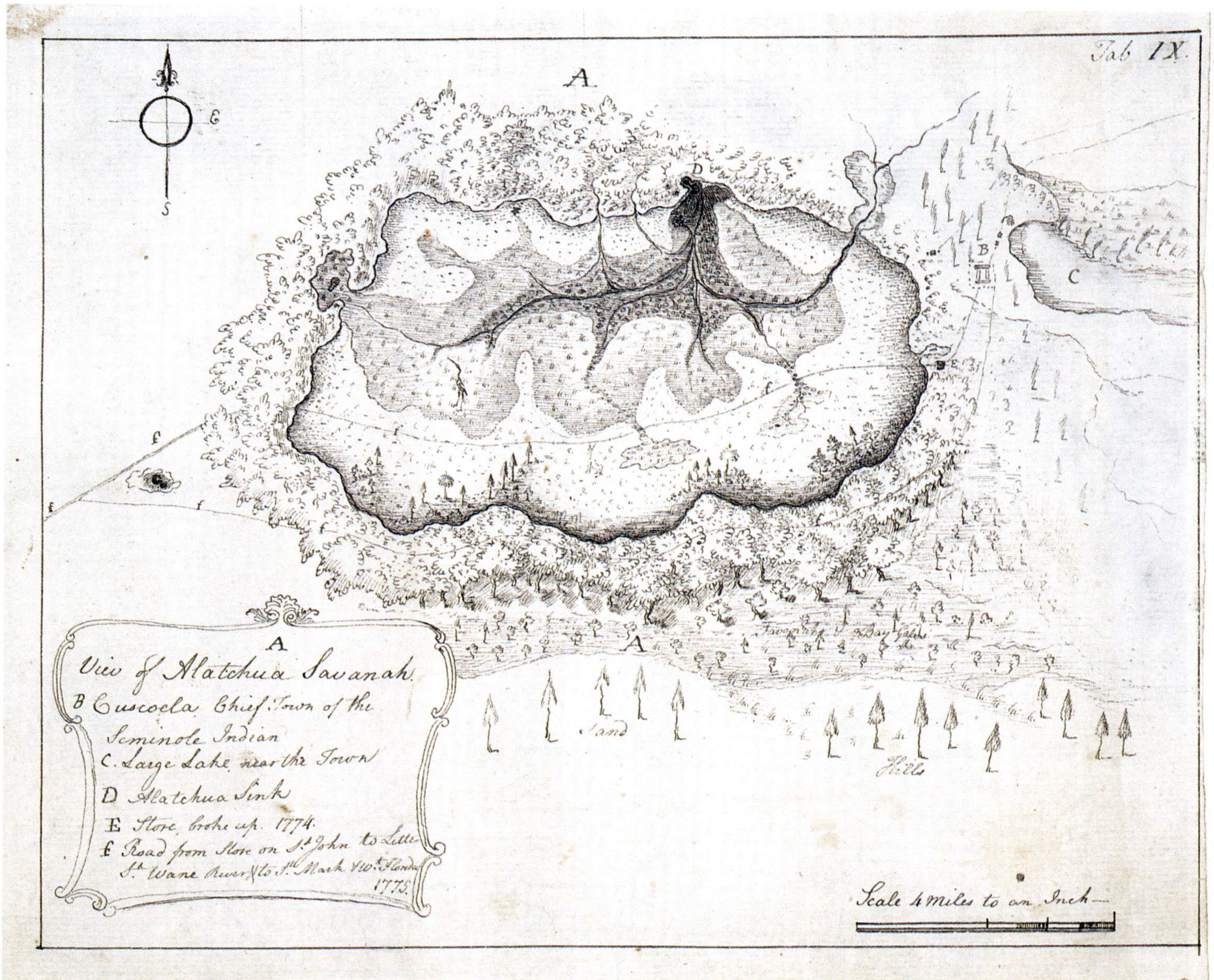


*Die Savannennelke, Sabatia bartramii* (links). »Unverwüstlich und blüht das ganze Jahr«, notierte Bartram, nach dem sie benannt wurde. »Auch eine hübsche Bewohnerin der Savannen ... Blüten in üppiger Fülle, sehr groß, ich habe manche mit 10 bis 12,5 Zentimeter Durchmesser gesehen, tiefrot mit einem wunderbaren goldenen Stern in der Mitte auf einem karminroten Bett. Die Zahl der Blütenblätter ist veränderlich, von 10 bis 20 ...« Ein Savannengebiet, das Bartram erforschte und zeichnete, heißt heute Payne's Prairie (oben); es erstreckt sich südlich von Gainesville in Alachua County, Florida, über eine Fläche von mehr als 34 Quadratkilometern.

***Die Balsambirne***, *Momordica charantia*, für diese Zeichnung (oben) erhielt Bartram vom Gärtner James Alexander, der auch seinen Vater mit Blumensamen versorgte (die Pflanze wird auch Bittergurke oder Bittermelone genannt). Die Illustration der Amerikanischen Lotosblume, *Nelumbo lutea* (rechts), ist deshalb bemerkenswert, weil sie die erste Skizze einer Venusfliegenfalle, *Dionaea muscipula*, enthält – sie verbirgt sich unter dem linken Lotosblatt. Der Vogel, der vorn durchs Bild stolziert, ist wohl ein Kanada-Reiher, *Ardea herodias*, und im Vergleich zu den Blättern und Blüten natürlich nicht maßstabsgetreu gezeichnet.

Tab. I.

II

***Wie die Zeichnung*** auf Seite 132 zeigt auch dieses Bild die Samenkapsel der Amerikanischen Lotosblume, zusammen mit *Triodopsis albolabris*, zu der William Bartram notierte: »Eine Landschnecke mit strohfarbenem, innen hellgrauem Gehäuse. Ohne Gehäuse ist die lebende Schnecke dunkelgrau mit schwarzen Streifen und Flecken«. Links ist die schwankende Blütenähre der *Pterocaulon undulatum* zu erkennen, einer Braunwurz-Art, die als Arznei gegen Wassersucht und andere Krankheiten sehr wirksam sein soll. Daneben hat der Zeichner die lanzettartigen Blätter einer Kalla festgehalten, *Peltandra virginica*, deren Wurzeln die »Leute von Florida braten und kochen«, wie Bartram Dr. Fothergill mitteilte, und die Muschelblume, *Pistia stratiotes*, die der Forscher mit anderen Pflanzen entdeckt hatte, »alle miteinander verflochten und verwachsen, große Riedgelände bedeckend«.

***In seinen Reisebeschreibungen*** erklärt Bartram, wie Insekten in die Fallen insektenfressender Pflanzen gelockt werden – *Sarracenia purpurea* und *Sarracenia flava* (unten) –, wo sie von einer Sperre abwärts gerichteter Haare an der Rückkehr gehindert werden, »eingeladen, die honigsüßen Sekrete am Grund der Röhre zu kosten ...« Die Flüssigkeit am Grund der Kanne löst die Insekten schließlich auf. Gezeichnet ist hier auch die Scharlachnatter *Cemophora coccinea*, die gerade ihre Beute verschlingt. In die Darstellung des Indischen Blumenrohrs, *Canna flaccida* (rechts), hat Bartram die Zeichnung eines steinernen Pfeifenkopfs eingefügt, den ihm angeblich ein Häuptling in Muklasa am Tallapoosa-Fluß in Alabama geschenkt hat.

N°1.

N 2

N 1.

*Wild Lemmon's*
*grow in the Province of Georgia*
*The Flowers are green the Fruite the size of a Damson Plumb*

N°2. *A very early Flowering Hawthorn*

***William Bartrams Vater John***, Botaniker am Hof von Englands König Georg III., sollte Nüsse des amerikanischen Tupelobaums, *Nyssa ogeche*, schicken. William Bartram hat einen Ableger gezeichnet (links). 1768 schrieb ihm der Pflanzenimporteur Peter Collinson aus England: »Ziemlich seltsam, daß kein verwertbares Exemplar gesandt wurde. Ich würde gern ein paar Nüsse bekommen, man könnte sie ohne weiteres anpflanzen.« Der kleinere Ableger stammt von einem »sehr früh blühenden Weißdorn«, *Crataegus sp.*, den Bartram auch in Georgia gefunden hatte. Die Zeichnung oben zeigt die Blüte einer insektenfressenden Schlauchpflanze, vermutlich *Sarracenia flava*.

***Bartrams Notizen zufolge*** zeigt die Zeichnung oben den »Roten Haubenvogel von Florida oder die Virginia-Nachtigall«. Dies ist *Cardinalis cardinalis floridanus*, nicht die gleiche Virginia-Nachtigall wie auf S. 123. Beide Vögel gehören zur gleichen Gattung, jedoch zu unterschiedlichen Untergattungen. Bartram berichtete Dr. Fothergill, daß »der Rote Haubenvogel das ganze Jahr über hier ist«. Er beschreibt den Florida-Kranich, *Grus canadensis pratensis* (rechts), als »Großen Savannen-Kranich, aschgrau, die Schwanzfedern dunkelgrau oder schwarz«. Er hatte den Vogel in Levy County, Florida, gesehen, aber seine Gefährten hatten das Tier erlegt und aufgegessen.

T. II

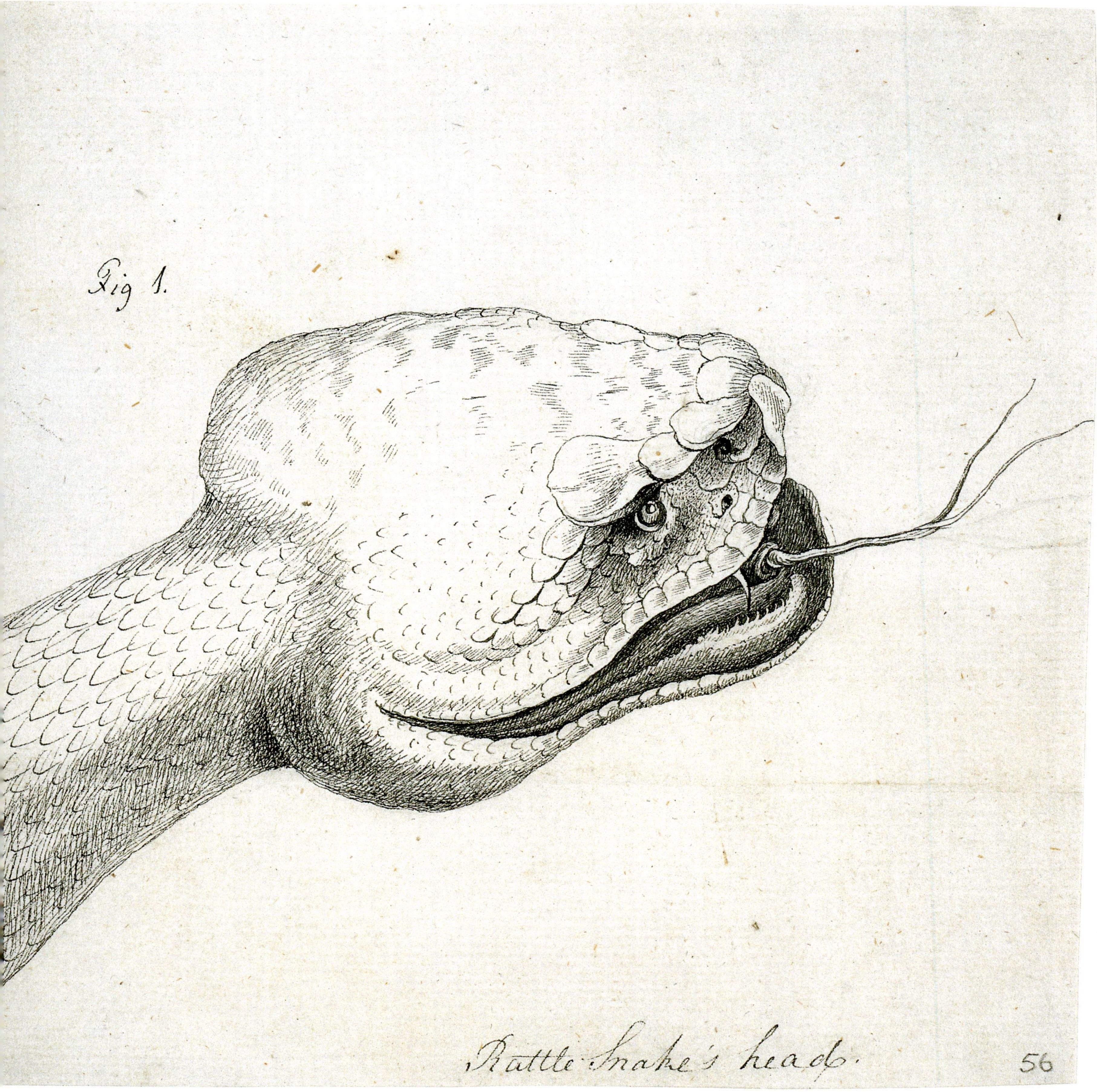
Fig 1.
Rattle Snake's head.
56

***Als Große Klapperschlange*** bezeichnete Bartram die Diamantklapperschlange des Ostens, die größte Giftschlange Nordamerikas (links). In seinem Reisebericht beschreibt er, wie er eine »sehr große Klapperschlange« in einem Lager der Seminolen getötet habe: »Ich nahm mein Messer, trennte ihr den Kopf ab und drehte mich um, und die Indianer bezeigten mir größte Zufriedenheit und Lob für meinen Mut und meine Freundschaft für sie. Den Kopf der Schlange nahm ich in der Hand als Siegestrophäe mit ...« Über die »weichbäuchigen Schildkröten von Georgia« (unten) schrieb er: »... die ungewöhnlichsten in diesem Tierstamm ... gekocht oder gebraten werden sie gegessen, und das Fleisch gilt den Einwohnern dieser Provinz als delikate und bekömmliche Nahrung.«

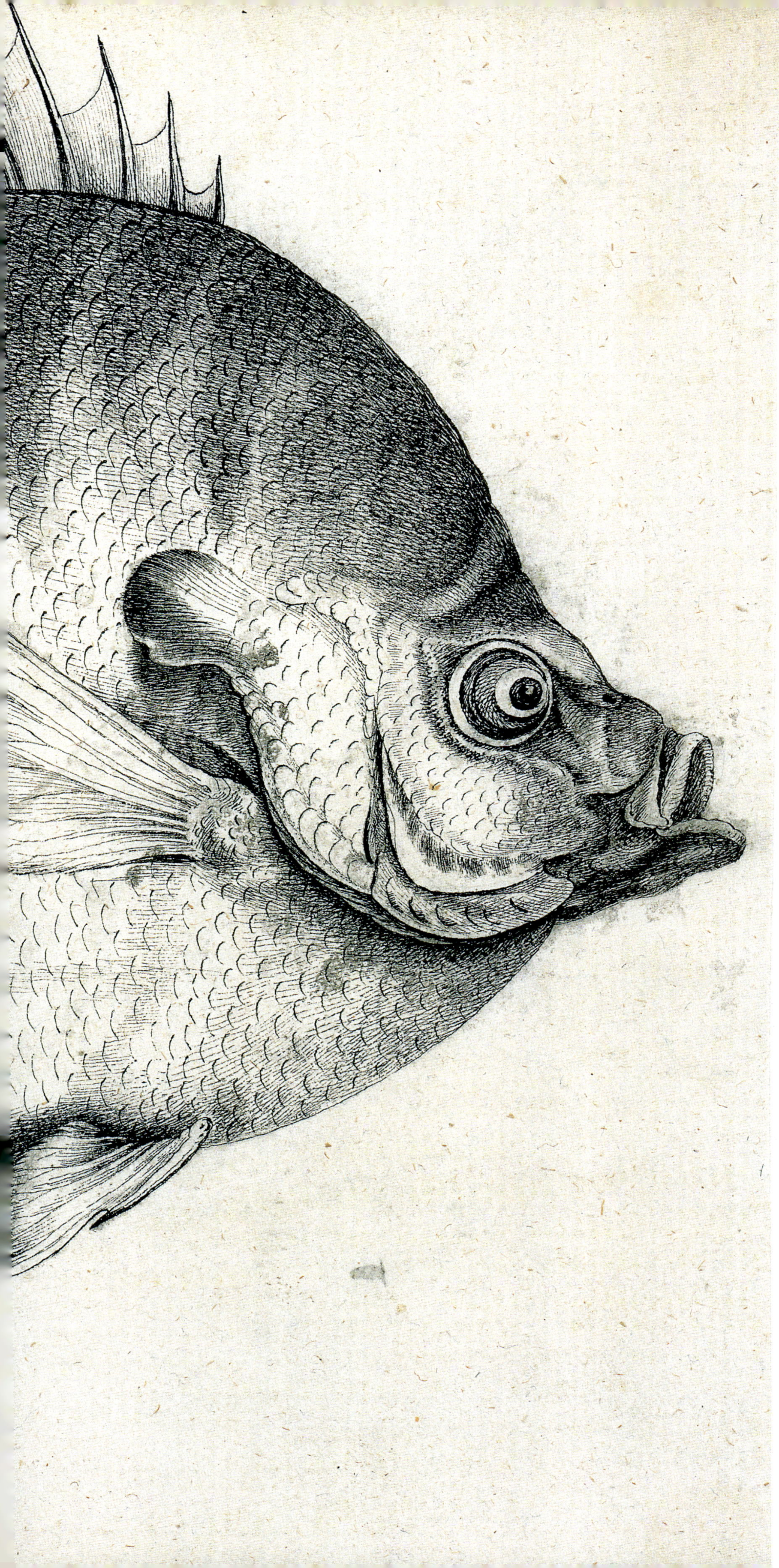

***Bartram sah diesen Fisch***, eine »große schwarze Brasse«, in Ost-Florida. Es ist ein kupfernasiger Stachelflosser, *Lepomis macrochirus purpurascens*. Bartram beschrieb ihn als tief purpurfarben, mit großen schwarzen, rot unterlaufenen Augen. »Dieser schöne rote Fisch«, notierte er, »kommt in Ost-Florida in allen Süßwasser-Gewässern vor. Das Maul scheint überaus klein, kann aber dank beweglicher Kiemenplättchen so weit aufgemacht werden, daß er junge Beutefische oder Schnecken, Würmer und Wasserreptilien schnappen kann. Er gilt allgemein als Leckerbissen.« Bartram beschreibt auch den *Chaenobryttus coronarius* oder das Großmaul (oben) als »die Große Gelbe Brasse, Altes Weib genannt«. Er hatte sie in Ost-Florida gesehen und schrieb: »Dies ist ein sehr dreister und gieriger Fisch; wie ein Leopard versteckt er sich im Dunklen, um dann plötzlich hervorzubrechen und die kleineren vorbeischwimmenden Fische zu schnappen.«

# Die Fahrt der »Endeavour« 1768–1771

## James Cook, Joseph Banks, Sydney Parkinson

*James Cooks Australienreise* machte den Weg zur Kolonisierung des Kontinents frei. Die ersten Bilder der dort lebenden Ureinwohner, wie Europäer sie sahen, gehören heute zur Sammlung des Natural History Museum. Der unbekannte Zeichner nannte sich der »Port Jackson Painter«.

James Cook war Schiffsführer in der Marine König Georgs III., als er 1768 von der britischen Admiralität das Kommando für eine außergewöhnliche Reise erhielt. Sein Auftrag lautete, den Venusdurchgang zu beobachten, also den Weg des Planeten vor der Sonnenscheibe; mit den gewonnenen Daten sollten Astronomen in die Lage versetzt werden, präzise die Entfernung von der Erde zur Sonne zu berechnen. Zuletzt war ein Venusdurchgang 1761 zu beobachten gewesen; 120 Beobachter aus neun Ländern hatten sich damals bemüht, das Ereignis zu verfolgen – jedoch mit mageren Ergebnissen. Für 1769 war nun der nächste Durchgang vorhergesagt, und Wissenschaftler aus mehreren Nationen machten sich erneut bereit.

Auf Drängen der Royal Society rüstete die britische Admiralität eine Expedition nach Tahiti aus, weil dort der Planetendurchgang günstig zu beobachten war. Daneben aber bekam Cook einen zweiten Auftrag: neue Territorien zu entdecken, sie für die Krone in Besitz zu nehmen und möglichst auch zu kartieren. Für diese Aufgabe schien der 39jährige James Cook, der zuvor zehn Jahre lang in Nordamerika Dienst geleistet und dabei den St. Lawrence River und die Gewässer um Neufundland kartiert hatte, der ideale Mann zu sein.

Ausgewählt für die Mission wurde ein etwa 30 Meter langer Kohlentransporter, ein starkes, auf der Werft von Whitby gebautes Schiff, mit großem Laderaum, aber geringem Tiefgang. Solche Segler waren nicht sehr schnell, doch wendig und ideal für Reisen in unbekannte, seichte und auch sonst gefährliche Gewässer. Die »Earl of Pembroke« war kaum vier Jahre alt, als die Marine sie erwarb, in »Endeavour« umtaufte und für den neuen Zweck ausrüstete. So ließ sie den Bug durch Planken zusätzlich verschalen und mit großköpfigen Nägeln dicht beschlagen, um die berüchtigte Schiffsbohrmuschel tropischer Gewässer abzuhalten.

Für die 85köpfige Besatzung kamen reichlich Proviant und vielerlei Gerätschaften an Bord. Doch mußte der Kapitän auch an die Bedürfnisse der mitreisenden Wissenschaftler denken. Da war vor allem der Astronom Charles Green, der den Venusdurchgang beobachten sollte. Green hatte sein Handwerk als Assistent königlicher

A Moo.. tee Ornamented after a Burial with a Club of

BRITISH MUSEUM
NATURAL HISTORY
A Native going to Dance.
A Native of New South Wales. ornamented after the manner of the

A Method used by the Natives of New South Wales of
But when on their Hostile excursions they are

A Native Woman and Her Child.

*Die Küstenlinie von Sydney*, von Botany Bay bis Port Jackson, gezeichnet von Thomas Watling, der mit der Ersten Flotte, als Fälscher verurteilt, nach Sydney geschickt wurde und für den Generalstabsarzt der Kolonie, John White, etliche Zeichnungen von der Gegend um Port Jackson machte. Watlings Bezeichnungen »Cape Banks« und »Point Solander« (an der Einfahrt in die Botany Bay) beziehen sich auf Joseph Banks und dessen Botaniker Daniel Carl Solander von der »Endeavour«. Aufgrund dieser Reise schlug Banks später vor, Australien zur Kolonie zu machen.

Astronomen erlernt und den jetzigen Amtsinhaber, Nevil Maskelyne, 1763 nach Barbados begleitet, um den neuen Chronometer des Uhrmachers John Harrison zu testen. Dieser präzise Zeitgeber sollte alsbald die seemännische Bestimmung der geographischen Länge grundlegend verbessern – doch auf dieser neuerlichen Reise mußte noch nach traditionellen, auf astronomische Beobachtungen gestützten Methoden navigiert werden – was weitaus komplizierter und weniger verläßlich war als die Orientierung per Chronometer. Und somit war Green für Cook außerordentlich wichtig.

Noch kurz vor der Abfahrt mußte der Kabinenraum neu aufgeteilt werden, denn ein »Mr. Banks mit Gefolge« hatte sich zusätzlich angesagt – ingesamt neun weitere Passagiere! Der 25jährige Joseph Banks, ein begeisterter Botaniker und Mitglied der Royal Society, erwies sich als intelligent, stellte aber auch Ansprüche, denn er war reich. Dank guter Beziehungen war ihm erlaubt worden, Cook zu begleiten – auf eigene Kosten. Banks bestand darauf, vier Diener, einen Sekretär, zwei Zeichner, einen botanischen Gehilfen, zwei Hunde und massenhaft Gepäck mitzunehmen. Solche Ansprüche sorgten auf dem kleinen, bereits vollbesetzten Schiff für Unruhe, vor allem unter den jüngeren Offizieren, die nun enger zusammenrücken mußten.

Doch sollte Banks später durchaus zum Erfolg der Reise beitragen. Viele naturwissenschaftliche und ethnographische Fundstücke wären ohne ihn nie gesammelt und heimgebracht worden, was vor allem die von Banks und seinem Botaniker Daniel Carl Solander zusammengetragenen exotischen Pflanzen betraf. Solander, ein Lieblingsschüler Carl von Linnés, war 1760 nach London gezogen, um dort die Lehren seines Meisters zu verbreiten. Er war im British Museum angestellt gewesen, um die große Sammlung Hans Sloanes zu ordnen, als ihn Banks für diese Reise anwarb.

Banks hatte darauf beharrt, die Reise auch mit Bildern dokumentieren zu lassen, und das gelang auf der »Endeavour«-Expedition mehr als überzeugend – so sehr, daß zukünftig fast immer geeignete Zeichner auf

solche Reisen mitgenommen wurden. Banks' künstlerische Begleiter auf der Reise mit Cook waren Alexander Buchan, auf die Darstellung von Menschen und Landschaften spezialisiert, und Sydney Parkinson, der Pflanzen und Tiere zeichnen sollte. Buchan war unglücklich dran – anscheinend nicht sehr gut ausgebildet und wohl schon vor der Reise gesundheitlich angeschlagen, denn er starb bald nach der Ankunft in Tahiti. So blieb sein Beitrag zur Dokumentation der Reise gering

Nach Buchans Tod sah sich Parkinson, unterstützt von Banks' schwedischem Sekretär Herman Spöring, vor der gewaltigen Aufgabe, sämtliche Illustrationen anzufertigen (auch diese beiden Männer sahen ihre Heimat nicht wieder: Sie starben kurz hintereinander auf dem Rückweg). Parkinson hatte bereits im Jahre 1766 für Banks Zeichnungen angefertigt, unter anderem Kopien von de Beveres zoologischen Illustrationen aus Ceylon. Doch noch niemals hatte er auf einem schlingernden Schiff gearbeitet – und sich schon gar nicht auf Inseln im Südpazifik mit den Widrigkeiten des tropischen Klimas und den Insektenschwärmen abplagen müssen.

Diese erste Reise Cooks und dessen großartige navigatorische Leistungen sind so oft beschrieben worden, daß hier Stichworte genügen sollen: Abfahrt im August 1768, Zwischenlandung in Funchal, im November Ankunft in Rio de Janeiro, dort drei Wochen Aufenthalt. Dann um Südamerika herum, über die Küste Feuerlands an Kap Hoorn vorbei. Ankunft in der Südsee im Januar 1769. Am 13. April lief die »Endeavour« auf Tahiti in die Matavai-Bucht ein, sieben Wochen vor dem Venusdurchgang, den der Astronom Charles Green dann erfolgreich beobachten konnte.

Danach, Mitte Juli, rüstete sich die Mannschaft für die Suche nach der legendären *Terra australis*, jenem legendären »Südland«, das Geographen damals in der südlichen Hemisphäre vermuteten. Angesichts der Bedingungen auf Seglern jener Zeit ist es bemerkenswert, daß bis dahin auf der »Endeavour« nur sechs Menschen ums Leben gekommen waren – vier durch Unfall, einer durch Selbstmord, einer durch Krankheit. Dies gilt heute als

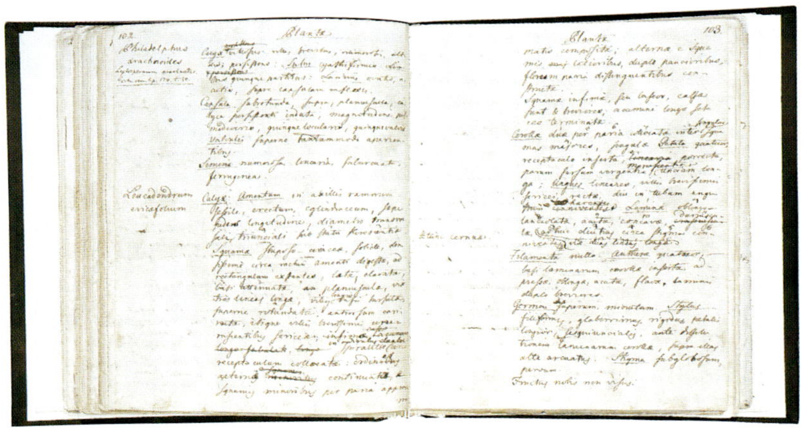

Beweis für Cooks Umsicht: Der Kapitän bestand immer auf frischen Nahrungsmitteln, so schwer sie auch zu beschaffen und aufzubewahren waren, um die Mannschaft vor Skorbut zu schützen.

Von Tahiti führte der Kurs zunächst nach Süden, dann nach Nordwesten, darauf nach Südwesten und schließlich nach Westen zur Ostküste von Neuseeland, das der Niederländer Abel Tasman 1642 entdeckt hatte. Cook umrundete die Spitze der Nordinsel. Danach wurde, nach der Passage der später nach Cook benannten Meeresstraße, die Südinsel angesteuert. Zwar machte die Crew auch Landausflüge – die bemerkenswert akkurate Vermessung der Küste aber wurde von Bord aus vorgenommen: im Vorbeisegeln und anhand der Positionsbestimmung Tausender von Landmalen und Hunderter astronomischer Beobachtungen.

Im März 1770 verließ Cook Neuseeland, ohne *Terra australis* gefunden zu haben. Er hätte rund um Südamerika oder aber um Afrika herum heimwärts segeln können. Aber für die Ost-Route war es zu dieser Jahreszeit bereits zu spät. Auf der Weststrecke würde er dagegen möglicherweise die Ostküste »Neuhollands« – wie es damals genannt wurde – kartieren und in Besitz nehmen können – und zwar nordwärts jenes Punktes, wo Abel Tasman 130 Jahre zuvor abgedreht hatte. Also steuerte Cook nach Westen. Damit begann eines der aufregendsten Kapitel in der Geschichte der Navigation und Vermessung, und als Nebenprodukt dieser Entscheidung fielen einige der besten Illustrationen Parkinsons sowie eine großartige naturwissenschaftliche Sammlung an.

Von Mitte April an segelte Cook von der Südspitze »Neuhollands« aus für mehr als fünf Monate durch das Insellabyrinth an der Ostküste und nahm die Küste als »New South Wales« für Großbritannien in Besitz. Dabei mußte er auch die gefährlichen Untiefen des Großen Barriereriffs überwinden (einmal saß die »Endeavour« 36 Stunden lang auf Grund, wobei das Schiff beinahe auseinandergebrochen wäre). Neben der schwierigen Navigation und den Vermessungsarbeiten standen auch Expeditionen an Land auf dem Programm – unter anderem in der »Botany Bay«, nahe dem heutigen Sydney, wo viele unbekannte Pflanzen entdeckt wurden.

***Tagebuchaufzeichnungen*** von Daniel Carl Solander, dem Botaniker der »Endeavour«. An Bord verzeichnete er systematisch, welche Pflanzen auf der Reise gesammelt wurden. Damit beeindruckte er Joseph Banks derart, daß dieser ihn für den Rest seines Arbeitslebens bei sich beschäftigte.

Sydney Parkinson, auf dessen Schultern längst alle Verantwortung für das zeichnerische Ergebnis der Reise ruhte, hatte von Anfang an auf seinem Block eifrig Seetiere und erlegte Vögel festgehalten sowie – während der Landausflüge – Pflanzen und Tiere. Nun schleppten Banks und Solander täglich neues Material herbei, und Parkinson arbeitete oft bis in die Nacht, beim flackernden Schein von Kerzen oder Öllampen. Er skizzierte mehr als 400 Pflanzen, vollendete indes nur wenige Zeichnungen, sondern konzentrierte sich auf wenige, wichtig erscheinende Details, um später anhand der getrockneten Präparate die Zeichnung zu komplettieren.

Dagegen brachte er viele seiner Tierbilder schon fertig mit heim, vor allem die Fisch- und Vogel-Zeichnungen vom ersten Teil der Reise – nicht aber seine später berühmt gewordenen Känguruh-Skizzen vom Juni 1770. Parkinson konterfeite nur wenige Säugetiere, weil diese schwer zu konservieren waren und dem Zeichner also nicht die für seine Arbeit erforderliche Muße blieb – anders als bei den Pflanzen, die er in feuchten Tüchern frisch halten konnte, anders auch als bei den kleinen Wirbellosen und Fischen, die lange genug frisch blieben. Zudem verrichteten die Forscher und Zeichner ihre wesentlichen Arbeiten unter Deck, wo die Mannschaften schliefen und aßen – da wären stinkende Säugetierkadaver auch fehl am Platze gewesen.

Vor der Nordostspitze »Neuhollands« waren Bug und Takelage der »Endeavour« derart reparaturbedürftig, daß Cook beschloß, das niederländische Batavia (heute Jakarta) auf Java anzulaufen. Das Schiff lag dort von Mitte Oktober bis Ende Dezember vor Anker, durch widrige Winde länger als geplant festgehalten. Das schaffte ein neues Problem, das sich in Cooks Bericht so liest: »Ich bin sicher, Batavia bringt mehr Europäern den Tod als irgendein anderer Ort gleicher Größe auf diesem Globus. Wir kamen her mit einer Besatzung, die so gesund war wie keine, die je zur See gefahren ist, und glichen bei der Abfahrt kaum drei Monate später einem Hospitalschiff, sieben Mann hatten wir hier verloren.« 23 weitere Männer sollten sterben, ehe sie am 15. März 1771 Kapstadt erreichten, vor allem an Malaria und Ruhr, darunter Spöring, der Astronom Green – und Parkinson.

*Selbstporträt* des Zeichners Sydney Parkinson, aus der Bildersammlung des Museum of Natural History in London. Parkinson hatte zwar keinerlei künstlerische Ausbildung, malte aber dennoch und stellte seine Bilder in Galerien aus – wo Joseph Banks auf ihn aufmerksam wurde.

In Kapstadt erholten sich die Männer einen Monat lang, und neue Seeleute wurden angeworben. Dann, Mitte April, segelte die »Endeavour« heimwärts und konnte nach ruhiger Reise am 12. Juli 1771 in Plymouth Anker werfen.

Die weitgereisten Männer wurden begeistert begrüßt, unter anderem, weil man sie daheim schon aufgegeben hatte. Cook wurde von der Admiralität und der Royal Society hoch gelobt und bald darauf zum Commander befördert. Auch Banks wurde als wahrer Held gefeiert. Carl von Linné, überwältigt von der botanischen Ausbeute (mehr als 1000 in Europa unbekannte Pflanzen), schlug sogar vor, New South Wales in »Banksia« umzutaufen.

Joseph Banks hatte eigentlich vorgehabt, umgehend Berichte über die vielen neuen Pflanzenarten zu veröffentlichen. Aber zuviel hielt ihn davon ab, etwa sein Amt als Präsident der Royal Society, das er insgesamt 41 Jahre bekleidete. Nach seinem Tod wurden die botanischen Präparate aller drei Cook-Reisen samt den meisten Illustrationen dem British Museum übereignet.

An den zoologischen Präparaten war Banks, der begeisterte Botaniker, weniger interessiert gewesen; sie wurden verschenkt und verkauft, viele wurden beschädigt oder gingen ganz verloren. Insgesamt 7000 Pfund hatte Banks an 18 Kupferstecher gezahlt, die von Parkinsons Originalen 753 Platten herstellten – doch die 318 Lithographien der australischen Pflanzen wurden erst Anfang des 20. Jahrhunderts veröffentlicht; erst 1973 ging eine Auswahl der bemerkenswertesten Illustrationen in Druck, und 1980 erschien dann Banks' Pflanzenwelt in einem prächtigen Band.

Damit wurde die künstlerische und wissenschaftliche Bedeutung Sydney Parkinsons, 200 Jahre nach dessen tragischem Ende, doch noch angemessen gewürdigt. Und manche seiner wenigen zoologischen Bilder dienten Fachleuten später als Grundlage für die Beschreibung neuer Arten.

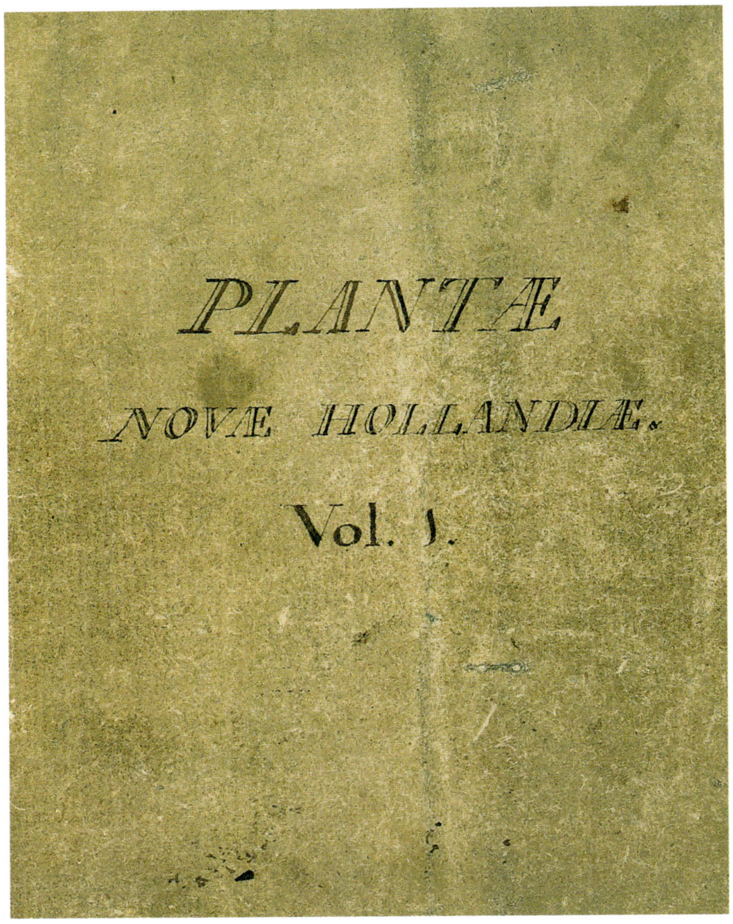

***Daniel Carl Solander*** wurde 1768 von Joseph Banks für ein Jahressalär von 400 Pfund als Botaniker auf der »Endeavour« engagiert. Zu seinen Aufgaben gehörte die Konservierung der gesammelten Pflanzen, etwa der *Marsilea polycarpa* (rechts), die Banks gepflückt hatte. Solanders Anmerkungen sind in seinem Band »Plantae Novae Hollandiae« (oben) enthalten.

Marsilea polycarpa Hook. & Grev.
Det. E. Launert 1968
Otaheite. 1769. M.
Sir Joseph Banks.
Marsilia polycarpa, Hook. Grev.

Xylomelum pyriforme Smith
[J. E. Smith's hand?]

***Nach seiner Rückkehr*** plante Banks die Herausgabe eines Buchs mit Stichen jener Pflanzen, die Sydney Parkinson gesammelt und gezeichnet hatte. Dazu bedurfte es bei jedem Bild mehrerer Schritte, wie das Beispiel der *Xylomelum pyriforme* zeigt. Das Original, auf der »Endeavour« teilweise von Parkinson koloriert (oben links), wurde in London kopiert und von einem Zeichner vervollständigt, hier von John Frederick Miller mit Wasserfarben (links). Davon wurde eine gravierte Platte gefertigt und von dieser ein einfarbiger Probedruck gezogen (oben rechts), bevor das farbige Bild gedruckt wurde. Auf den Seiten 154 und 155 sind das fertige Aquarell und ein Probeabzug der *Deplanchea tetraphylla* zu sehen.

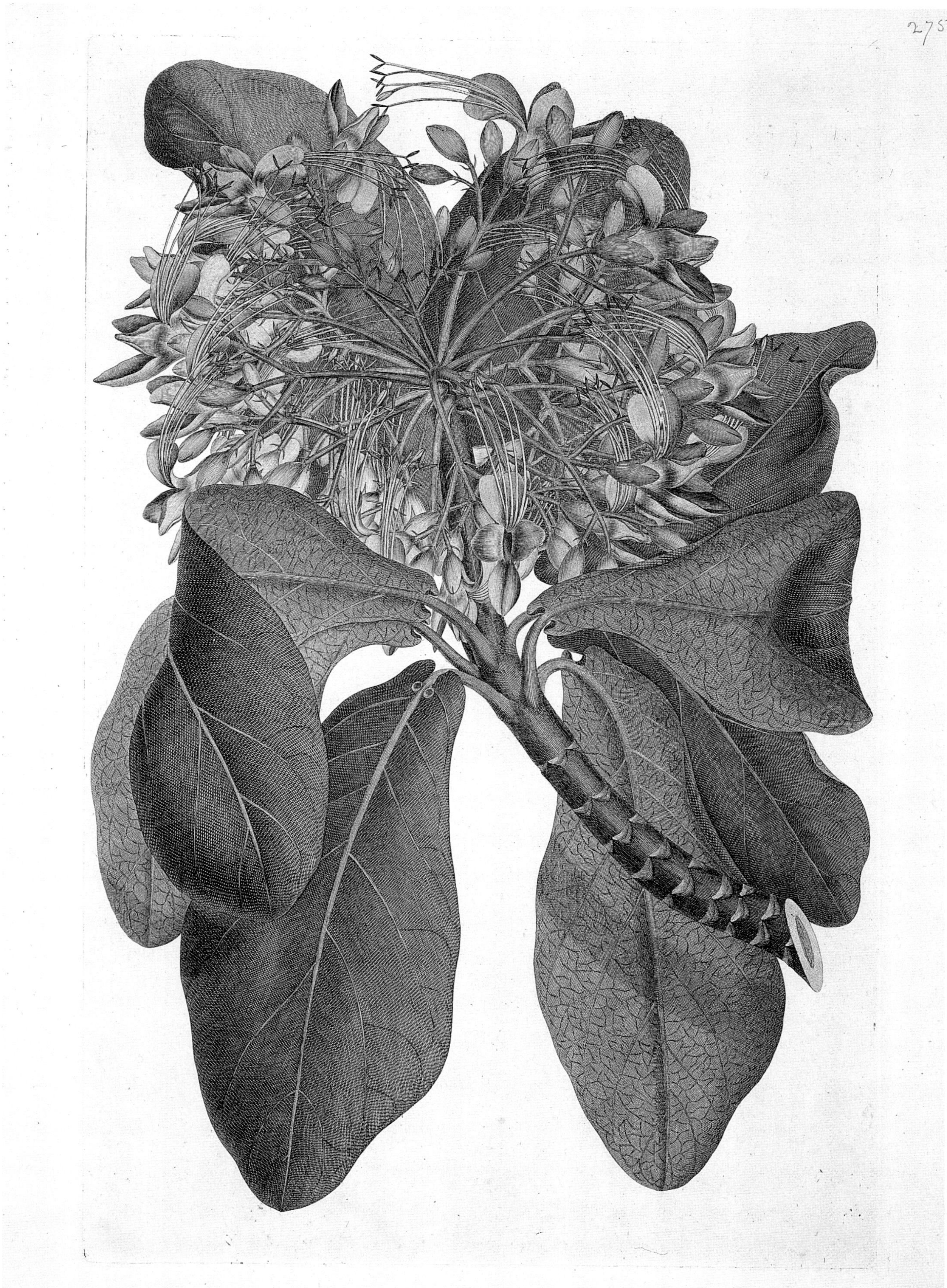
275

*Ophioglossum scandens*, Linn. Sol. Flora Indic. p 125
*Lygodium volubile* Sw

***Dieser Kletterfarn aus Brasilien*** (links), den Solander einst *Ophioglossum scandens* genannt hatte, heißt heute *Lygodium volubile.* Aus der Pflanze wurden Körbe, Garne, Matten und Fischreusen hergestellt. Die unsignierte Zeichnung stammt vermutlich von Sydney Parkinson. Etwa 690 der ihm zugeschriebenen Illustrationen sind unsigniert, doch die Beschreibungen von seiner Hand lassen den Schluß zu, daß diese Originale (nicht die späteren Kopien von Nodder und Miller) sein Werk sind. Ein signiertes Aquarell (oben), gezeichnet »Sydney Parkinson pinxit 1769«, zeigt eine *Marsilea polycarpa*, eine auf Tahiti gefundene Wasserpflanze; während der Arbeit fraßen Insekten die Farbe so gierig von der Leinwand ab, daß die Staffelei mit einem Moskitonetz geschützt werden mußte.

*Viele Zeichner* waren für das von Banks geplante Buch tätig. Die Stiche wurden entweder von Sydney Parkinsons Originalzeichnungen (zum Beispiel beim Adlerfarn *Pteridium aquilinum*, oben links) oder von Bildern unbekannter Künstler gemacht (oben rechts). Viele der Aquarelle führten John Frederick Miller und dessen Bruder James aus. Das fertige Aquarell einer Zeichnung von Parkinson von der (nach Banks benannten) *Banksia ericifolia* (rechts) ist folgendermaßen signiert: »John Frederick Miller pinxit 1773«.

324

Banksia ericifolia

John Frederich Miller pinx^t 1773.

*Das Aquarell* (links) nach einer Zeichnung von Sydney Parkinson ist mit »Fredk Polydore Nodder pinxit 1778« signiert und zeigt die Samtmalve *Abutilon indicum*; sie wächst im tropischen Teil Australiens und in Südostasien, wo sie als »Laternenbusch« bekannt ist. Bei einem dreiwöchigen Aufenthalt in Rio de Janeiro sammelten Banks und Solander etliche Pflanzen, darunter *Stigmaphyllum ciliatum*, eine schnellwachsende, immergrüne Kletterpflanze, die Parkinson anschließend malte (oben). Auf der Rückseite jeder Zeichnung und jedes Bildes von Parkinson vermerkte Solander Gattung und Art der Pflanze und, wo Banks sie gefunden hatte.

*Zwei Aquarelle* nach Zeichnungen von Parkinson. Das Bild der *Ficus superba* (rechts) ist signiert: »Fredk Polydore Nodder pinxit 1782«. Dem Maler Frederick Polydore Nodder wird auch das Bild der *Astelia nervosa* (oben) zugeschrieben. Wie üblich hatte Parkinson Farbanmerkungen auf der Rückseite seiner Skizze gemacht – Anweisungen, denen Nodder folgen konnte; sie lauteten beim *Ficus superba*: »die junge Frucht blaßgrün mit weißen Flecken, wenn älter weißlich grün und rot getönt mit weißen Flecken, wenn reif dunkel purpur mit weißen Flecken«.

RAJA testacea.

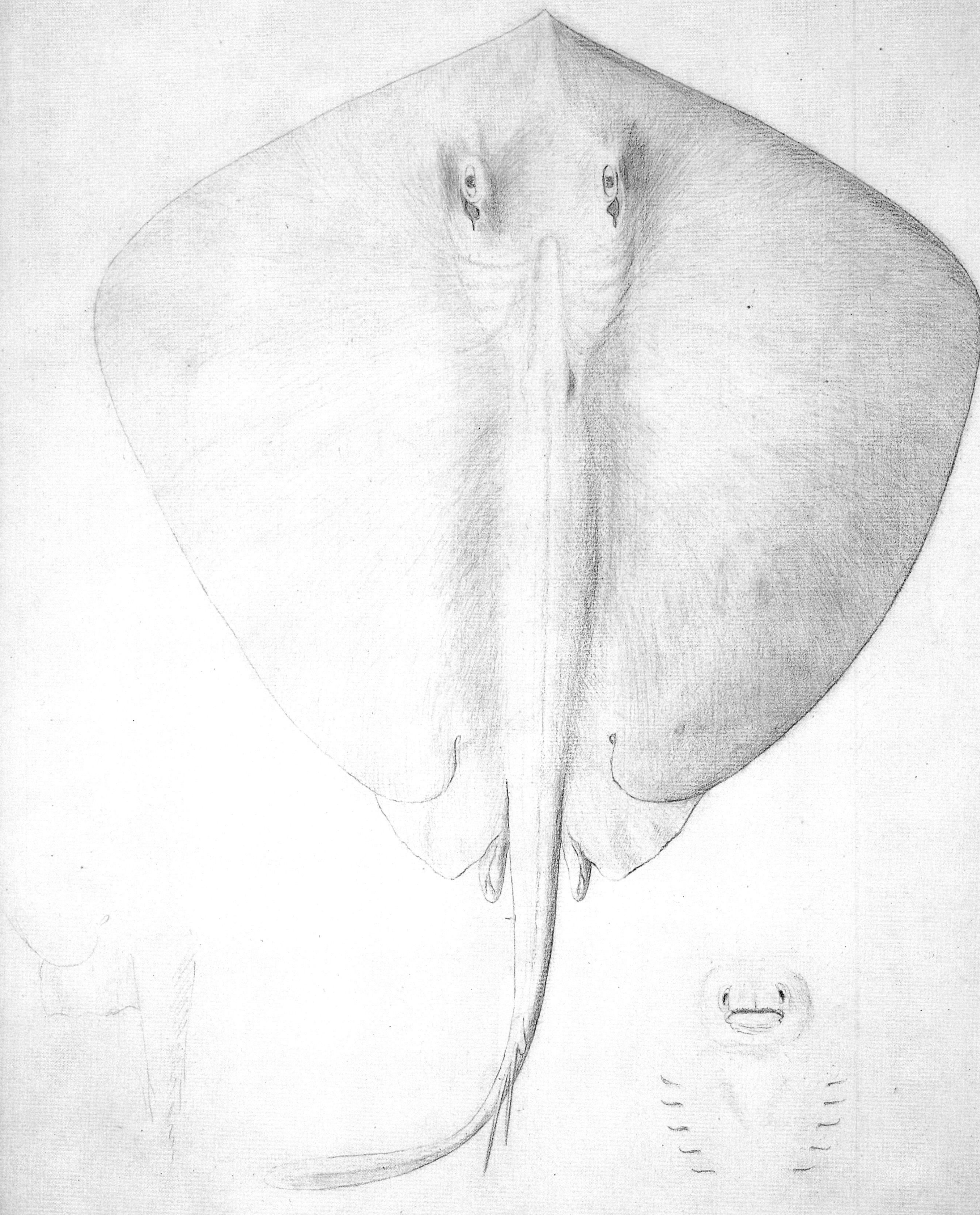

***Nur vier Zeichnungen*** und Bilder, die auf der Expedition der »Endeavour« gemacht wurden, zeigen Säugetiere, darunter ein Känguruh. Parkinson skizzierte es im Juni 1770 am Endeavour-Fluß nahe dem heutigen Cooktown in Queensland. Den Rochen, *Raja testaca*, heute als *Urolophus testaceus* bekannt, zeichnete Herman Spöring, ein Sekretär von Banks. Das Datum auf der Zeichnung: 30. April 1770. Den Fisch hatten die Forscher in der Botany Bay gefunden, die Banks und Solander damals Stingray Bay (»Rochenbucht«) nannten.

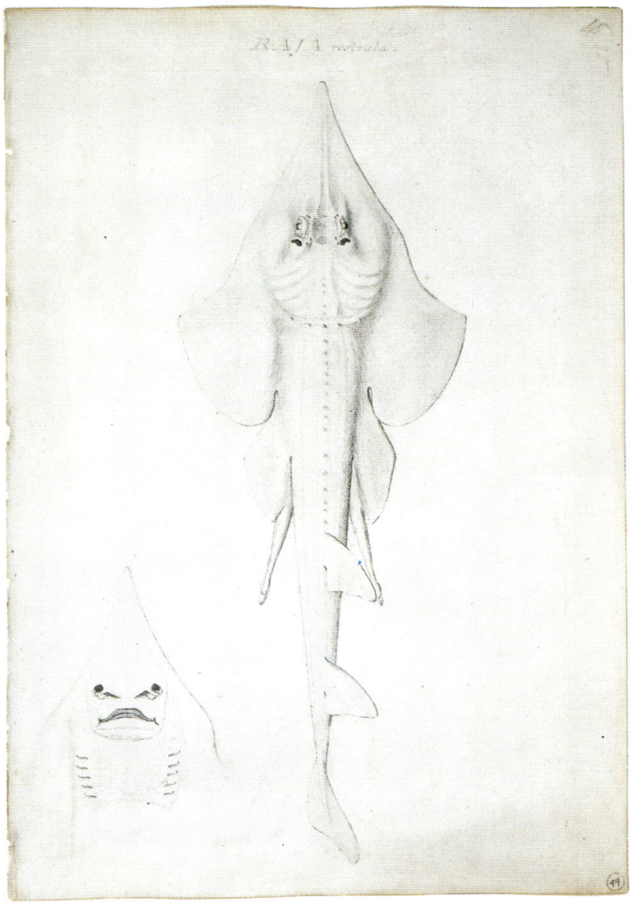

***Ein Drachenkopf*** (rechts), von Sydney Parkinson 1768 auf Madeira gemalt. Zu diesem Zeitpunkt war der Künstler noch nicht unter Druck und konnte das angefangene Werk vollenden. Auf Neuseeland hatten die Zeichner der »Endeavour« 19 Zeichnungen von Küstenfischen gemacht, doch längst nicht mehr so viele in australischen Gewässern. Parkinson brachte nur drei fertig, Herman Spöring gelangen immerhin sieben Bleistiftskizzen von Haien und Rochen. Eine davon zeigt diesen Knorpelfisch *Aptychotrema banksii* (oben). Wo er gefunden wurde, ist nicht notiert, aber das Datum vom 29. April 1770 weist auf die Botany Bay hin.

Scorpæna Patriarcha.
Sydney Parkinson pinxt 1768–

*Im April* 1769 erreichte die Expedition Tahiti, wo Parkinson einen Hornhecht malte (unten). Solander nannte ihn *Esox rostratus*, der wissenschaftliche Name heute ist *Platybelone argala*. Die Gegend um Tahiti lieferte den Zeichnern der »Endeavour« besonders viel Stoff; von den 148 gemalten Fischen stammten 66 aus dem Meeresgebiet um die Südseeinsel. Parkinson malte auch zwei Napfschnecken, die er »Patella« nannte und die man heute unter dem Namen *Scutus breviculus* kennt. Den *Chaetopdipterus faber* (rechts) malte Parkinson 1769; er wurde vor Rio de Janeiro gefangen und zunächst *Chaetodon Gigas* genannt.

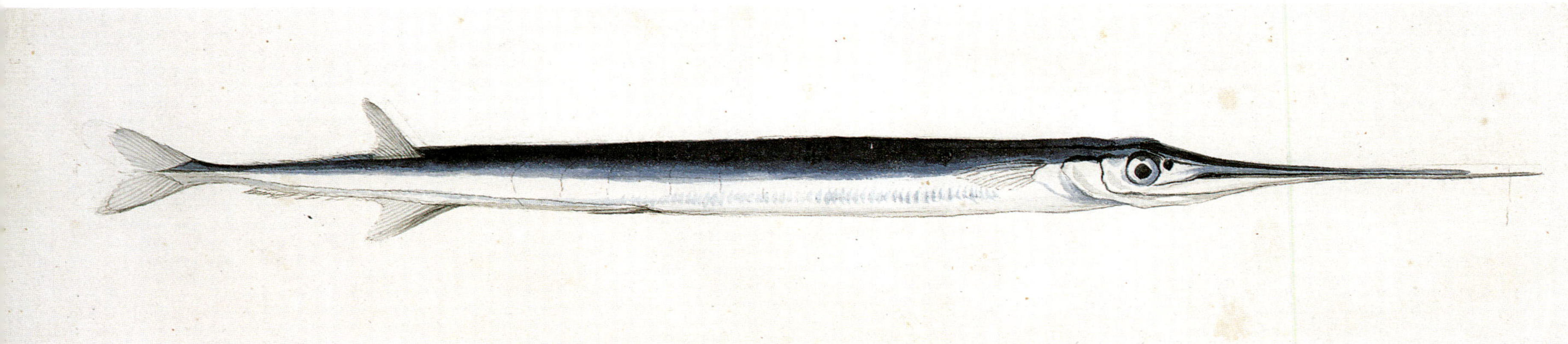

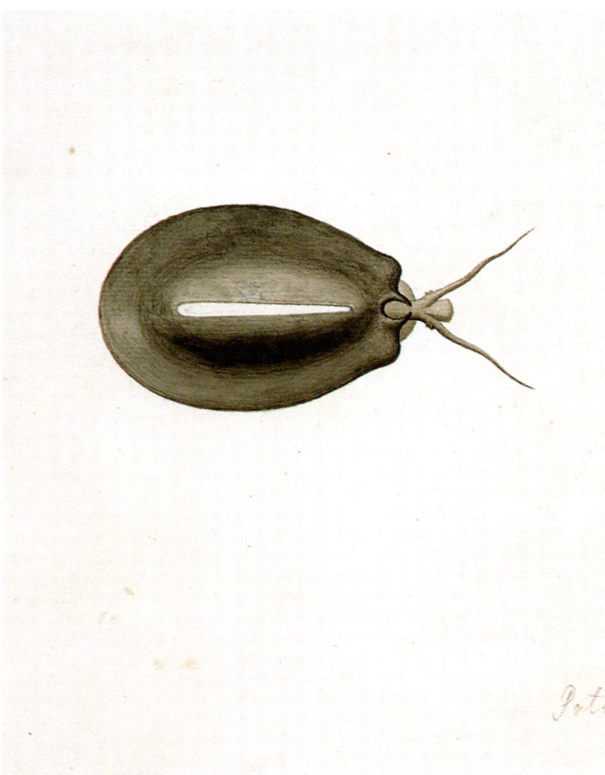

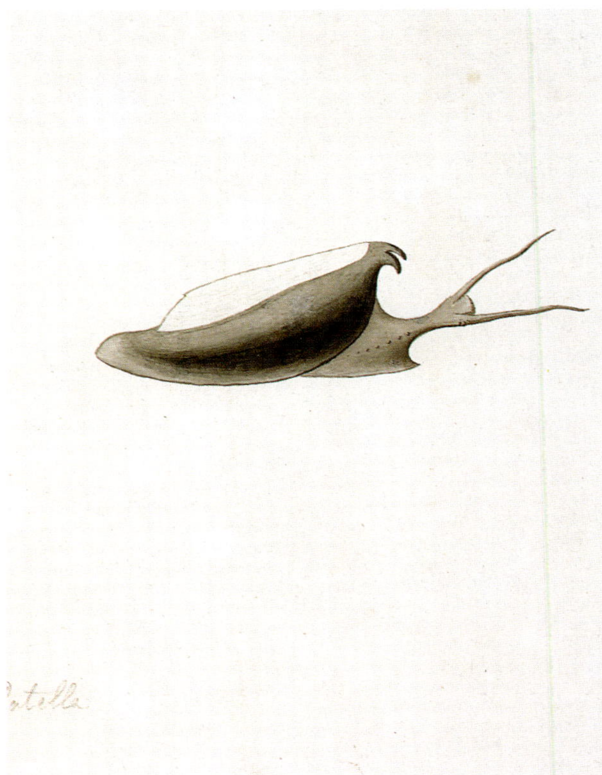

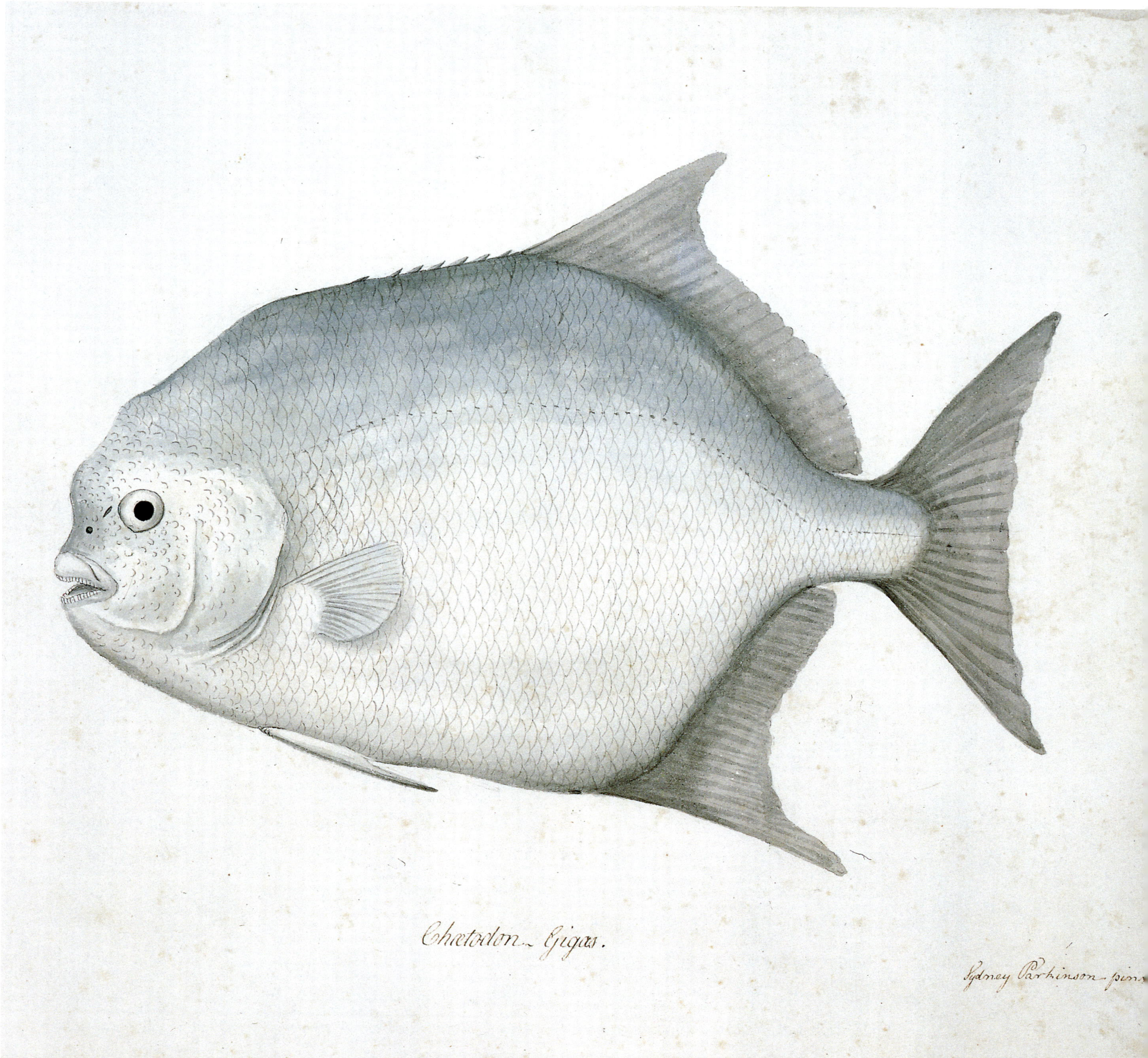
Chætodon Gigas.
Sydney Parkinson pinx

# Die Suche nach »Terra australis« 1772–1775

## James Cook, Johann & George Forster

***Bei einem kurzen Aufenthalt*** auf Tahiti hatten Johann und George Forster im August 1773 genügend Zeit, bisher unbekannte Pflanzen zu sammeln und zu malen, darunter die *Barringtonia speciosa* (rechts), heute *Barringtonia asiatica.*

Nach der ersten grossen Weltreise mit der »Endeavour« schlugen Kapitän James Cook und der wohlhabende und einflußreiche Mäzen Joseph Banks eine weitere Expedition vor, um ein für allemal die Frage nach der *Terra australis* zu klären, der legendären Landmasse im Süden – doch diesmal mit zwei Schiffen. Die britische Admiralität stimmte diesem Plan zu, und so wurde das Marineamt Ende September 1771 angewiesen, unter der Aufsicht Cooks zwei passende Schiffe zu kaufen. Der Kapitän entschied sich wieder für Bauten der Whitby-Werft. Die »Resolution«, die unter seinem Kommando segeln sollte, benötigte eine Besatzung von 112 Mann. Die »Adventure«, befehligt von Tobias Furneaux, wurde mit 80 Matrosen bemannt.

Zu Cooks wissenschaftlichen Begleitern berief die Admiralität unter anderen den Deutschen Johann Reinhold Forster (1729–1798) und als Assistenten und Zeichner dessen 18jährigen Sohn George. Der ältere Forster, Abkömmling schottischer Flüchtlinge, die es einst an die ostpreußisch-polnische Grenze verschlagen hatte, war nach seinem Studium der Theologie und Naturgeschichte in Halle zwölf Jahre lang Dorfpfarrer in der Nähe von Danzig gewesen. Im Auftrag der Zarin Katharina II. hatte er als Wissenschaftler russische Provinzen bereist und war 1766 mitsamt seiner Familie nach England gezogen, wo er an der angesehenen Dissenter's Academy in Warrington Mineralogie und Entomologie lehrte.

Forster war schwierig im Umgang, dogmatisch, humorlos und streitsüchtig, und wurde von der Academy bald entlassen. In London erwarb er sich dennoch ein gewisses Ansehen als Naturwissenschaftler und Altertumskenner. Durch Empfehlung kam er nun auf die »Resolution«. Doch sein Temperament machte ihn auch während der Reise zum Ärgernis, er ging jedermann an Bord auf die Nerven. Die ausgleichende Rolle übernahm sein Sohn.

George Forster (der sich selbst meist deutsch Georg nannte) fielen trotz seiner Jugend noch viel größere Verdienste um das Ergebnis der Expedition als seinem Vater zu. Forster junior – sowohl künstlerisch als intellektuell hochbegabt – zeichnete und malte während der Reise viele der an Land oder auf See gesammelten Pflanzen und

191
See Trans. Linn. Soc 2 S. 1. 58
Barringtonia speciosa. Fl. Austr. p. 47. n. 255.
published in Cook's voyage vol. 1. tab. 24.

*Zwei Seiten* aus Johann Forsters handschriftlichem Katalog (rechts), in denen er Pflanzen, die er während der dreijährigen Reise auf der »Resolution« gesammelt hatte, benannte und beschrieb. Nur an 290 Tagen lag das Schiff vor Anker, und diese Zeit wurde genutzt, um an Land so viele Pflanzen wie möglich zu sammeln und zu malen.

Tiere. Zwei nach der Reise veröffentlichte Bände enthalten 361 Pflanzenbilder aus seiner Hand und zwei weitere Bände 268 Tierbilder, hauptsächlich Vögel und Fische.

Am 13. Juli 1772 stach Cook von Plymouth aus in See. Die Route hatte er selber vorgeschlagen: über Madeira zum Kap der Guten Hoffnung und dann in großem Bogen mit den Westwinden der hohen Breiten ostwärts und so weit südlich wie möglich, um den geheimnisvollen Kontinent zu finden. Sollte die Jahreszeit dies nicht zulassen, würde er Gebiete in niederen Breiten erkunden.

Während der ersten Etappe zur Südspitze Afrikas beschrieben und zeichneten die Forsters eine große Anzahl von Seetieren und Wasservögeln, deren Bälge sich schon bald in ihren Kabinen häuften. Drei Wochen Aufenthalt am Kap (und weitere fünf Wochen drei Jahre später, auf dem Heimweg) gaben Vater und Sohn Gelegenheit, die afrikanische Fauna kennenzulernen, zum Teil in der Menagerie von Kapstadt; manche Arten wurden bei dieser Gelegenheit überhaupt zum erstenmal gezeichnet. Als die Forsters den jungen schwedischen Arzt Anders Sparrmann trafen, einen Schüler Linnés, überredeten sie Cook, ihn als Assistenten mitzunehmen.

Im November 1772 ließ der Kapitän am Kap der Guten Hoffnung Segel setzen und versuchte, das vom französischen Seefahrer Lozier Bouvet 1739 erwähnte Kap der Beschneidung bei 54 Grad südlicher Breite zu entdecken – in der Hoffnung, es könne die Spitze der gesuchten großen Landmasse sein. Aber er fand nichts; offenbar hatte sich Bouvet von Wolken und Eisbergen täuschen lassen. Cook segelte weiter nach Süden und traf am 10. Dezember auf die ersten Eisberge, die alsbald die Weiterfahrt blockierten. Einen Monat lang steuerten die Schiffe erst westwärts, dann ostwärts am Eis entlang, ohne Land zu sichten.

Erst Mitte Januar war das Meer nach Süden hin wieder offen – und zum erstenmal in der Geschichte überquerten Schiffe den südlichen Polarkreis. Am 67. Breitengrad gebot ihnen schließlich massives Eis Halt, nur 75 Seemeilen vom noch unentdeckten antarktischen Kontinent entfernt. Nun segelte Cook in Richtung

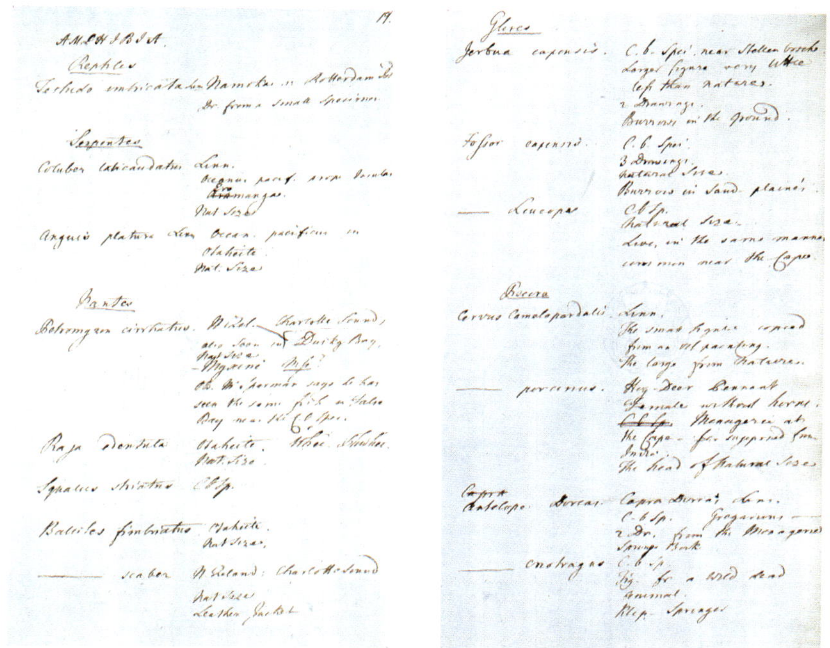

Norden und Nordosten in den Indischen Ozean, verlor aber im dichten Nebel das Begleitschiff »Adventure« aus den Augen. Für diesen Fall hatten die Kapitäne als Treffpunkt den Queen Charlotte Sound in Neuseeland verabredet.

Die »Resolution« fuhr nordostwärts, dann südostwärts weiter, bis sie abermals von riesigen Eisbergen umgeben war. Am 24. Februar 1773 erkannte Cook, daß er nicht weiter nach Süden vorankam. Fast einen Monat lang segelte er deshalb nach Osten, am 60. Breitengrad entlang, in heftiger Kälte, bis er sich etwa 900 Seemeilen vor Tasmanien befand, ohne oberhalb von 60 Grad Land gesehen zu haben.

Gegen Mitte März gab Cook schließlich die Suche in den höheren Breiten auf und steuerte die Südinsel Neuseelands an. Dort nahm die »Resolution« frisches Wasser und Lebensmittel auf; Besatzung und Begleiter konnten in aller Ruhe die Natur in den vielen Buchten erforschen und lernten die Einheimischen kennen.

Anfang April hatten die Forsters und ihr schwedischer Freund 19 Vögel, 3 Fische sowie 6 Pflanzen gesammelt und dokumentiert; im Mai, als sie Neuseeland verließen, waren es insgesamt 25 von den 38 neuseeländischen Vogelarten, die Johann erstmals beschrieb und Georg zum großen Teil mit dem Zeichenstift festhielt. Doch die Verhältnisse an Bord wurden für die Wissenschaftler unerfreulich; der ältere Forster jammerte, seine Kabine sei »ein Magazin aller möglichen Pflanzen, Fische, Vögel, Muscheln, Samen usw. – vollgestopft, feucht, schmutzig und voller schädlicher Dünste«.

Cook segelte nun die Westküste der Südinsel entlang, erreichte den Queen Charlotte Sound und fand dort wie verabredet die »Adventure« vor. Deren Kapitän, Furneaux, hatte ebenfalls keine Landmasse gesichtet, so daß sie übereinstimmend zu dem Schluß kamen, in weiten Teilen der südlichen Meere sei die gesuchte Terra australis nicht existent. (41 Jahre später schlug der Leutnant zur See und Kartograph Matthew Flinders [siehe nächstes Kapitel] vor, Neuholland in Australien umzubenennen.)

Eine längere Ruhepause, wie es sich Furneaux und die meisten Seeleute erhofft hatten, gab es jedoch nicht. Cook wollte sofort einen anderen unerforschten Teil des Pazifik durchqueren, von Neuseeland aus ostwärts bis 135 Grad West und zwischen 41 und 46 Grad Süd – eine ziemlich hohe Breite für Schiffe in dieser Jahreszeit. Dann wollte er sich nach Norden wenden und über Tahiti und einige kaum erforschte Inselgruppen nach Neuseeland zurückkehren.

Die beiden Schiffe lichteten Anfang Juni die Anker, kamen aber weiter als vorgesehen nach Osten ab, ohne Land zu sichten. Sie steuerten nordwärts zu den Tuamotu-Inseln und schließlich westwärts nach Tahiti. Voll beladen mit frischem Proviant und neuen Objekten für die bereits sehr umfangreichen naturwissenschaftlichen und ethnographischen Sammlungen, fuhren sie einen Monat später weiter, diesmal nicht auf direkter Route zum vertrauten Queen Charlotte Sound, sondern mit einer Zwischenstation auf den Tonga-Inseln. Gegen Ende Oktober gerieten die Schiffe kurz vor der Cook-Straße in schwere Stürme und wurden getrennt. Erst Anfang November konnte die »Resolution« in Sicherheit ankern – die »Adventure« aber blieb verschwunden.

Die »Adventure« war in jenen Stürmen schlimm zugerichtet worden und leckgeschlagen. Nach zahllosen Abenteuern, einschließlich eines Scharmützels mit kannibalischen Maori, segelte Furneaux im Dezember von Neuseeland ab und kam im Juli 1774 in England an. Cook startete derweil seine zweite Erkundung des südlichen Pazifik mit Abstechern über den Polarkreis hinaus. Vergebens suchte er noch eine Weile alle nur denkbaren Ankerbuchten an der Küste Neuseelands nach der »Adventure« ab. Am 12. Dezember traf er bei 62 Grad 10 Minuten südlicher Breite auf einen Eisberg; seine Position war um 11 Grad 30 Minuten südlicher als ein Jahr zuvor nach der Abreise aus Kapstadt, als sie zum erstenmal auf die weißen Riesen getroffen waren. Trotz aller Gefahren querte Cook abermals den Polarkreis und kreuzte nach vier eiskalten Tagen zurück in Richtung Norden – genau am Heiligen Abend, den er der Besatzung zu feiern erlaubte, wie üblich mit viel Alkohol.

Der ältere Forster hielt diese schier endlosen Seestrecken für Zeitverschwendung, da er keine bedeutenden Entdeckungen machen konnte. Er notierte mäkelnd in seinem Tagebuch: »In 18 mühevollen Monaten haben wir nichts gesehen, was wir nicht schon kannten; die paar Pflanzen und Tiere, die wir auf kurzen Landgängen untersuchen konnten, sind gewiß alle schon von Mr. Banks und Dr. Solander abgehandelt worden.«

Anfang Januar verließ die »Resolution« den Eisgürtel und hielt zunächst Kurs auf Kap Hoorn. Die Besatzung freute sich schon auf die Heimfahrt, aber da kannte sie ihren Kapitän schlecht. Denn schon bald bog er nach Süden ab und querte erneut den Polarkreis. Diesmal kamen sie fast bis 72 Grad Süd. Eis und dichter Nebel zwangen sie zur Umkehr.

Cook wandte sich nun nach Norden, auf der Suche nach Land, von dem der Schiffsführer Juan Fernandez behauptete, er habe es auf 38 Grad Süd entdeckt. Doch die Suche war vergeblich, und auf dem Kurs zur Osterinsel wurde Cook ernsthaft krank; wegen einer Gallenblasenentzündung mußte er fast eine Woche lang das Bett hüten. Da sie an Bord kein Frischfleisch hatten, schlachtete Johann Forster einen Hund aus Tahiti und kochte ihn. Der Kapitän kam nur langsam wieder zu Kräften.

Vier Tage verbrachten die Männer auf der Osterinsel, dann segelte Cook mit neuen Vorräten weiter zu den Marquesas, dann nach Tahiti, weiter durch die später nach ihm benannte Inselgruppe und die Eilande von Tonga am Fidschi-Archipel vorbei zu Inseln, die der Portugiese Quiros 1606 entdeckt hatte. Cook gab ihnen den Namen »Neue Hebriden«. Er segelte die Küsten ab und kartierte dabei die ganze Gruppe.

Weiter südwestlich traf Cook auf die viertgrößte Insel des Pazifik, die er »Neukaledonien« nannte. Den ganzen September wandte er auf, um allein die trügerische, nur hundert Seemeilen lange Nordostküste zu kartieren. Wegen heftiger Winde und Brandung war das der gefahrvollste Abschnitt der Expedition; nur höchste navigatorische Kunst – und Glück – bewahrten das Schiff einmal davor, an einem Riff zu zerschellen. Dennoch

***Zwei Ansichten*** einer Seenessel, *Medusa pelagica*. Medusa heißt auch ein weibliches Ungeheuer aus der griechischen Mythologie, deren Haupt mit zuckenden, bissigen Schlangen bedeckt war, eine Anspielung auf die haarfeinen, stechenden Tentakel der Seenessel; »pelagica« bezeichnet einfach das offene, tiefe Meer.

wagten sich Cook und seine Wissenschaftler an Land und untersuchten mehr als 30 Meter hohe Kiefern mit nur zwei Meter langen Zweigen. Der alte Forster hatte vom Schiff aus um zwölf Flaschen Wein gewettet, daß es sich bei diesen merkwürdigen Gebilden um Basaltsäulen handele – und verlor zur allgemeinen Freude. Mitte Oktober 1774 erreichte die »Endeavour« wieder den Queen Charlotte Sound.

Schließlich nahm Cook Kurs Richtung Heimat auf und konnte am 30. Juli 1775 in Spithead vor der Küste Englands Anker werfen. Er war »drei Jahre und 18 Tage fern von England gewesen, hatte dabei nur vier Mann verloren und nur einen durch Krankheit«. Nun wollte er die Ergebnisse der Expedition auswerten. Dabei kam es zum Zwist mit Johann Forster, der behauptete, laut Abmachung stehe nur ihm die Niederschrift des Reiseberichts zu. Das war zwar nicht richtig, doch einigten sich beide auf einen Kompromiß: Sie wollten das Buch gemeinsam schreiben.

Doch auch daraus wurde nichts – weshalb schließlich drei abschließende Berichte veröffentlicht wurden. Die beiden von Cook verfaßten Bände, mit zwölf Karten und 51 Stichen, erschienen im Mai 1777. Sechs Wochen zuvor waren George Forsters zwei Bände herausgekommen. Und im Jahr darauf publizierte Johann Forster seinen einbändigen Bericht. Doch da weder Vater noch Sohn genügend Geld und Zeit für die aufwendige Reproduktion ihrer Zeichnungen hatten, wurden beide Forster-Berichte ohne Illustrationen gedruckt.

Erst 1844, 46 Jahre nach Johann Forsters Tod, erschienen dessen Beschreibungen von Tieren und Pflanzen, geschmückt mit den wundervollen Bildern seines Sohnes George. Auch wenn die meisten Objekte inzwischen von anderen beschrieben und benannt worden sind, so werden die Sammlungen und Illustrationen der beiden Forsters wegen ihres historischen, wissenschaftlichen und künstlerischen Wertes bis heute hoch geschätzt.

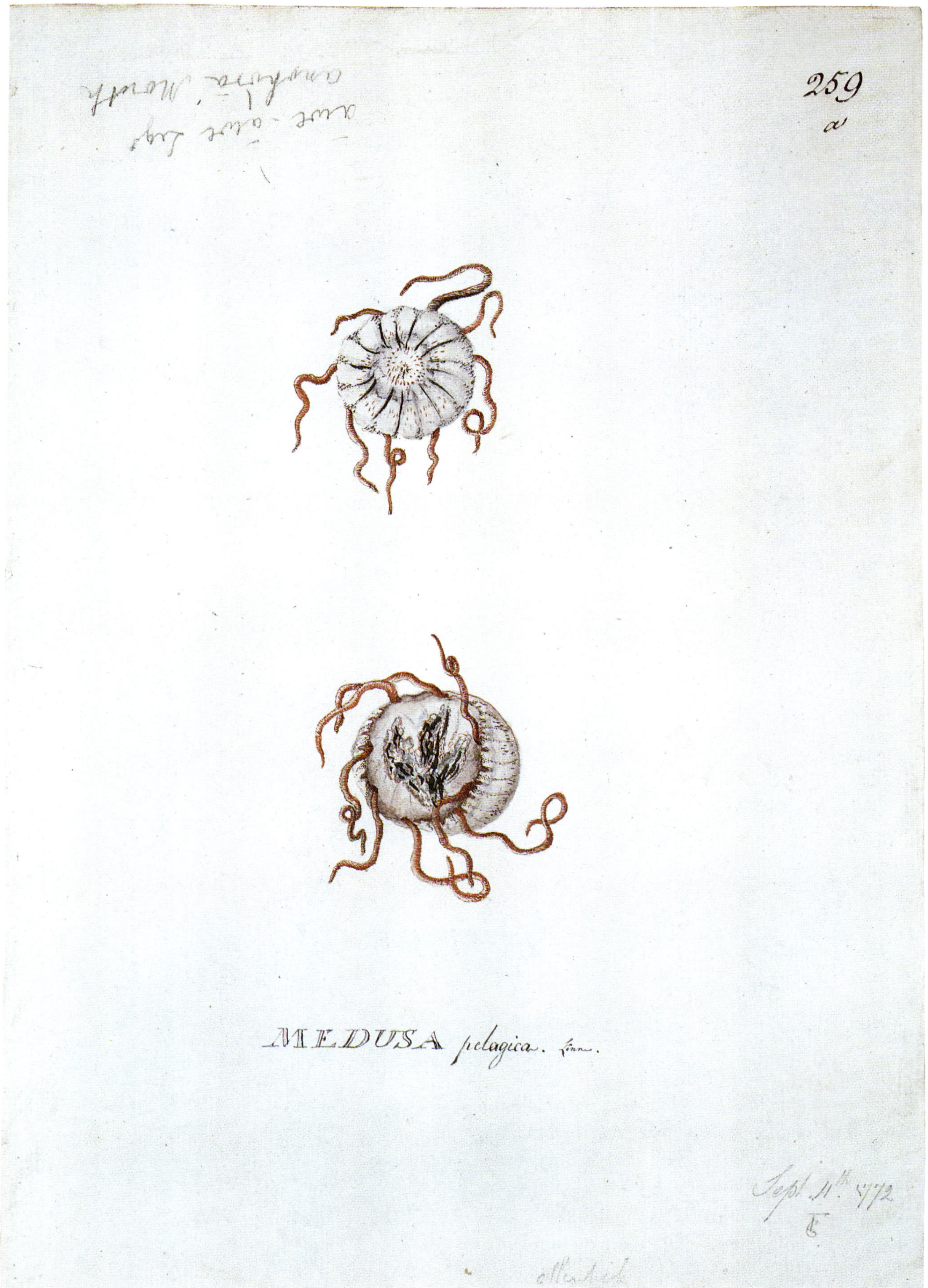
259
a
MEDUSA pelagica. Linn.
Sept. 11th 1772

***Zweimal besuchte die »Resolution«*** das Kap der Guten Hoffnung, und dabei machte George Forster diese Bleistiftskizzen. Weder George noch sein Vater hatten Zeit zu weiteren Forschungen über das Kap hinaus und beschränkten sich deshalb darauf, gekaufte Tiere und solche aus der Kap-Menagerie zu malen. Das Weißschwanzgnu oder Schwarze Wildebeest, *Connochaetes gnou* (gegenüber), ist eine Kuhantilope, die es nur in Südafrika gibt. Die Giraffe (oben) zeichnete George von einem Ölbild ab, das dem Gouverneur der Kapprovinz, Joachim van Plettenberg, gehörte.

Bos Connochetes. Mas.
Antilope Gnu S.N. XIII. 189. 2. 25

***In seinen Notizen*** beschreibt Johann Forster eine Elenantilope (rechts), eine südafrikanische Spezies, die er 1772 in der Menagerie des Kaps gesehen hatte. Er kannte sie unter dem Namen *Antilope Oryx*, heute heißt sie *Taurotragus oryx-tauro* von dem lateinischen *taurus* für Stier. Die signierte und ausgemalte Illustration der Kaffernralle, *Rallus caerulescens* (oben), war auch erst nach einem Besuch in der Menagerie möglich geworden. In Freiheit lebt sie im Moor oder Ried, was George Forster in seinem Bild anzudeuten versuchte.

30.

***George Forster malte den Schneesturmvogel*** *Pagodroma nivea* (oben) am 30. Dezember 1772 im südlichen Eismeer. Nach Johann Forsters Notizen wurden diese Vögel noch südlich des 52. Breitengrads gesichtet, vorzugsweise in der Nähe von Eis. Nach und nach konnten die Naturforscher der »Resolution« Eissturmvögel beobachten (rechts), Antarktissturmvögel, Möwensturmvögel sowie die Kaiser- und Königspinguine.

81.
36 inches high
Aptenodytes patachonica J.R. Forster in Comm. Gotting. 3. p. 137.
published by Mr Pennant in his genera of birds tab. 14.

***Bereits beim ersten Abstecher*** der »Resolution« in die subantarktischen Gewässer hatte Johann Forster im Dezember 1772 Königspinguine gesehen, aber die Größe der Vögel, die er 1775 in South Georgia sah (links), verblüfften ihn und Kapitän James Cook auch diesmal ungemein. Sie sahen so viele Tiere auf South Georgia und den Nachbarinseln, daß es wirkte, als wäre die Schneefläche in einen schwarzen Teppich verwandelt. Die beiden Seefahrer sichteten dort auch »gesellige Robben«, denen Forster den Namen *Phoca antarctica* gab (unten). Es war das letzte Mal, daß Cook und seine Besatzung solche Tiere beobachten konnten, denn der Kapitän hatte die Suche nach dem sagenhaften »Südland« endgültig aufgegeben.

*Das Bild des Rochens* *Raja edentula,* heute als *Aetobatus nariniri* bekannt (rechts), trägt das Datum vom 10. Mai 1774, ist also während des zweiten Besuchs der »Resolution«-Crew auf Tahiti entstanden. Es war nur eine der vielen naturhistorischen Studien, die Johann Forster dort mit der künstlerischen Unterstützung seines Sohnes machte. Doch er untersuchte nicht nur die Flora und Fauna der Insel, ihn interessierten auch die dort einheimischen Menschen; Forster machte anthropologische Studien auf Tahiti und anderen südpazifischen Inseln und wurde so eine Art Pionier auf diesem neuen Forschungsgebiet. In seinen Aufzeichnungen über Meerestiere beschreibt er auch den Kugelfisch *Tetrodon hispidus* (ganz oben), der bei Raiatea, einer der Gesellschaftsinseln, gefangen wurde. Bei Gefahr bläht sich dieser Fisch auf, um seine giftigen Stacheln aufzurichten. Der *Blennius superciliosus*, heute bekannt als *Clinus superciliosus* (oben), wurde vor dem Kap der Guten Hoffnung aufgefischt, als die »Resolution« auf der Heimfahrt nach England war.

*Raja edentula.*

*Tahiti. May 16th. 1774.*

***Unausgeführte Bilder:*** *Prosopeaia tabuensis* (oben links), der »rotglänzende Papagei« von den Tonga-Inseln, und *Ninox novaeseelandiae* oder auch Boobook, ein kleiner australischer Kuckuckskauz (oben rechts). Die eifrigen Sammler Forster und Sparrmann entdeckten im Queen Charlotte Sound noch weitere Vogelarten, darunter den neuseeländischen Regenpfeifer, den Piopio, den Kokado (einen Graulappenvogel), einige Papageienarten, den gefleckten Kormoran und die Weka. Manche der von ihnen entdeckten Gattungen waren ein Jahrhundert später schon ausgestorben. Das Bild vom Graukopfliest, *Halcyon leucocephala acteon* (rechts), von den Kapverden, wo Cook auf der Fahrt zum Kap der Guten Hoffnung kurz ankerte, ist eines der wenigen, die George Forster mit Landschaft malte.

60.
Alcedo senegalensis β. S.N. XIII. 456.

Forstera sedifolia Fl. Austr. p. 61. n. 324.

published by Dr. Ge. Forster in Nova Acta Upsal. 3. tab. 9.

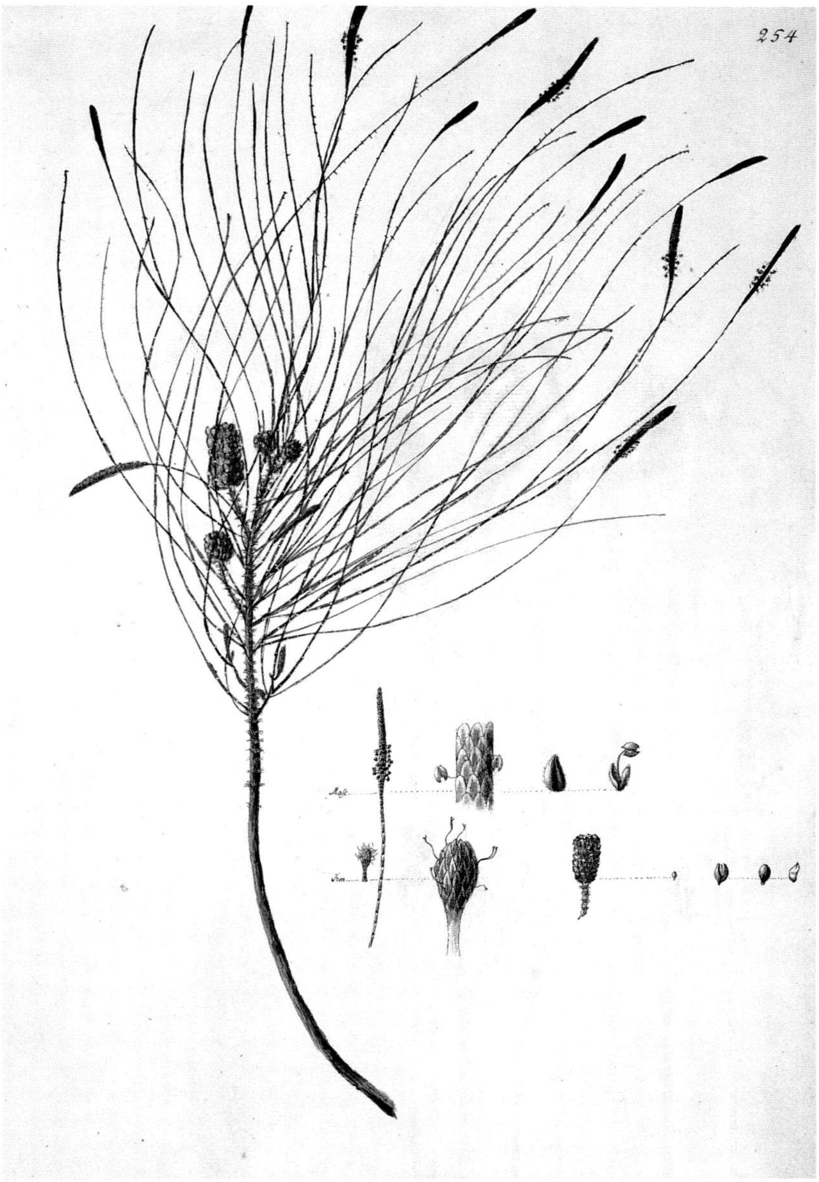

***Die Forstera sedifolia*** (links) wurde am Dusky Sound gefunden, wo die »Resolution« beim ersten Besuch auf Neuseeland ankerte. Es war nur ein Exemplar aus der großen Tier- und Pflanzensammlung der Forsters und Sparrmanns; die von Sir Joseph Banks und dem Botaniker Solander nach Cooks früherem Besuch in Neuseeland erstellte Liste wurde durch diese Ausbeute bei weitem übertroffen. *Casuarina equisetifolia*, oben abgebildet mit Details von Rinde, Samenkopf und Samen, stammt aus Tahiti. Die Art gehört zu einer kleinen Gattung laubloser Bäume mit hartem Holz, bekannt als Keulen- oder Känguruhbaum. Der Beiname »equisetifolia« bezieht sich auf die Ähnlichkeit mit Pferdeschwänzen.

248
Passiflora aurantia Fl. Austr. p. 62. n. 326.

***Dieses Aquarell einer Passionsblume**, Passiflora aurantia* (links), trägt das Datum vom 8. September und nennt als Fundort Neukaledonien; das Jahr müßte demnach 1773 gewesen sein. Eine unvollendete und undatierte Zeichnung einer Pflanze (oben) vom Queen Charlotte Sound in Neuseeland trägt die Aufschrift *Trichilia spectabilis*, der heutige Name ist *Dysoxylum spectabile*. Die Crew der »Resolution« suchte den Sund erstmals im Mai 1773 auf und kam ein Jahr später, im Oktober 1774, dorthin zurück. Die Botaniker konnten bei beiden Aufenthalten Pflanzen sammeln.

***Zwei jener etwa*** 300 botanischen Illustrationen, die George Forster auf der insgesamt 113 000 Kilometer langen Reise gemacht hat. *Melaleuca astuosa* (oben) heißt heute *Metrosideros collina*. Von nahem betrachtet ist dieses Exemplar aus Tahiti der *Melaleuca* zwar recht ähnlich, doch sind botanische Illustrationen oft irreführend, weil sie keinen Maßstab angeben. Während einige Arten der *Melaleuca* bis zu 12 Meter hoch werden können, erreichen die *Metrosideros* Höhen von 25 Metern – ein Unterschied, der aus einzelnen Abbildungen nicht ersichtlich wird. Rechts eine *Jatropha gynandra* mit Samenkapseln und Samen, signiert »G. E. Forster«, die wahrscheinlich eher eine *Jatropha curcas* ist.

*JATROPHA gynandra.* S^t. Jago E.

*Curcas? Pl. Atlant. in Commentat. Gotting. 9. p. 70. u. 148.*

curcas (C. Humphries BM 16/7/73)

***Die distelähnliche Carthamus lanatus*** (rechts) skizzierte Forster im August 1772 auf Madeira, stellte die Zeichnung aber erst im Februar und März 1773 fertig. So ging er auch bei den Abbildungen anderer Pflanzen vor, etwa bei *Convolvulus digitalis* (oben links). Die Notiz am unteren Rand der Zeichnung besagt, daß es sich hierbei möglicherweise auch um die Art *C. althaeoides* handelt. Die Pflanze oben rechts, gefunden am Queen Charlotte Sound, wurde ursprünglich *Leptospermum callistemon* genannt; später wurde der Name der Art in *Metrosideros scandens* geändert. Doch in jüngster Zeit hieß es nun, es könnte sich auch um *Melaleuca florida* handeln.

Sketched Aug. 1. 1772.
CARTHAMUS lanatus. LINN.
Gotting. 9. p. 66. n. 131.
Fl. Atlant. in Comment. J. Forster. 1773.

# Die Fahrt der »Investigator« 1801–1805

## Matthew Flinders & Ferdinand Bauer

***Die kleine Helmorchidee*** *Corybas unguiculatus* (rechts) wächst im Südosten von Australien und wird nur drei Zentimeter groß. Das abgebildete Exemplar wurde wahrscheinlich 1804 in Woolloomooloo gefunden.

Im November 1778 wurde Joseph Banks zum Präsidenten der Royal Society und damit zum höchsten naturwissenschaftlichen Berater der britischen Regierung gewählt – ein Posten, den er bis zu seinem Tod 1820 innehaben sollte. Und schon bald machte er der Regierung einen folgenreichen Vorschlag: Da die früheren nordamerikanischen Kolonien nach dem Gewinn ihrer Unabhängigkeit als Abschiebeplatz für Kriminelle aus dem Mutterland ausgefallen waren, schlug Banks als Alternative die junge Kolonie »Neuholland« – wie Australien damals noch hieß – vor, insbesondere die Botany Bay, die er von seiner Reise mit Cook kannte.

Die Idee wurde angenommen, und so segelten im Mai 1787 elf Schiffe mit 443 Mann Besatzung und 800 Häftlingen los, um in Australien die neue Strafkolonie zu gründen. Sie kamen im Januar 1788 in der Botany Bay an, doch Flottenkommandeur Arthur Phillip beschloß, lieber etwas weiter nördlich, in Port Jackson, zu landen, nahe dem heutigen Sydney.

In den ersten Jahren der Kolonie gab es nur wenige Anstrengungen, die Küstenregion zu vermessen. Als im Jahre 1795 der 21jährige Leutnant zur See Matthew Flinders mit der »Reliance« in Australien ankam, waren erst 100 Meilen der Küste kartiert, und die nicht einmal sehr genau. Während der nächsten fünf Jahre führte Flinders diese Aufgabe mit den beschränkten Hilfsmitteln vor Ort weiter und machte nach seiner Rückkehr im August 1800 Joseph Banks folgenden Vorschlag: Eine fachlich kompetent besetzte und technisch bestens ausgerüstete Expedition solle die 30 Jahre zuvor von Cook begonnenen Vermessungen fortführen, sich aber auch um eine Fortsetzung der naturwissenschaftlichen Erkundungen von Banks und Solander bemühen.

Die Admiralität stimmte zu, zumal die Franzosen gerade eine Expedition nach Australien geschickt hatten; deren Schiffe »Géographe« und »Naturaliste« waren im Oktober 1800 unter dem Kommando von Nicolas Baudin aufgebrochen. Viele Staaten konkurrierten zu dieser Zeit um neue Kolonien im pazifischen Raum, und man glaubte, daß »Neuholland« eine geteilte Landmasse sei, mit einer Nord-Süd-Passage mitten durch den

***Matthew Flinders' Bericht*** über die Expedition mit der »Investigator« – »A Voyage to Terra Australis« – enthält auch topographische Karten von der australischen Südküste, etwa von der Landzunge von Cape Catastrophe (rechts) und den Bergen um Spencer's Gulph (S. 201).

Kontinent. Um unter anderem auch dies zu klären, sandten nun Frankreich und Großbritannien zugleich Expeditionen aus. Beiden sollten bedeutende geographische und naturwissenschaftliche Entdeckungen gelingen – doch waren beide auch vom Unglück verfolgt: Die Franzosen wurden von persönlichem Zwist, von Desertionen und Todesfällen, darunter dem des Kapitäns, heimgesucht; die Briten von Schiffbruch und der langjährigen Gefangenschaft ihres Anführers Flinders auf Mauritius.

Ende November 1800 wurde eine 30 Meter lange Korvette auf den Namen »Investigator« getauft und dem Kommando von Matthew Flinders, der jetzt Kapitänleutnant war, unterstellt. Zu 80 Mann Besatzung kamen als wichtigste Passagiere der Landschaftsmaler William Westall, der Astronom John Crosley; dazu auf Banks' Empfehlung der Mineraloge John Allen, ferner der Botaniker Robert Brown sowie ein Maler naturwissenschaftlicher Objekte.

Robert Brown, ein 27jähriger Schotte, hatte Medizin studiert und seit 1795 als Fähnrich und Assistenzarzt in einem nordirischen Miliz-Regiment gedient. Nach London versetzt, wurde er mit Banks bekannt, den er durch sein umfängliches botanisches Wissen beeindruckte. Nach der Rückkehr von der »Investigator«-Expedition sollte er eine beachtliche Karriere machen: 1805 wurde er Leiter der Linné-Bibliothek, später Bibliothekar bei Banks, der ihm seine Bücher und Sammlungen vermachte. Brown übereignete sie dem British Museum 1827 und blieb dort Leiter der Botanik-Abteilung bis kurz vor seinem Tod 1858.

Ein Londoner Gärtner namens Peter Good und der Österreicher Ferdinand Bauer, der als der beste Pflanzenmaler seiner Zeit galt, sollten Brown bei der Arbeit helfen. Bauer stammte aus dem böhmischen Feldsberg. Er hatte das künstlerische Talent seines Vaters, eines Hofmalers des Fürsten von Liechtenstein, geerbt und schon früh am liebsten Pflanzen gezeichnet. Im Botanischen Garten von Wien, wo er angestellt war, hatte er 1784 John Sibthorp kennengelernt, einen Professor für Botanik in Oxford, der ihn mit nach Griechenland nahm. Nach

10.

18 Monaten kehrte Bauer mit mehr als 1500 Skizzen zurück, aus denen er in jahrelanger Arbeit Abbildungen für Sibthorps Werk »Flora Graeca« verfertigte. Aufgrund dieser Arbeit hatte Banks ihn für diese Reise vorgesehen.

Die »Investigator« verließ England im Juli 1801 und erreichte nach zwei Zwischenlandungen im Dezember Kap Leeuwin in Südwest-Australien. Flinders blieb zwei Wochen im King George Sound, um seinen Begleitern Gelegenheit zu geben, sich mit der örtlichen Flora vertraut zu machen. Binnen weniger Tage hatten sie 500 Pflanzen gesammelt, fast alles unbekannte Arten, und eine Anzahl von Tieren: der Grundstock für Bauers große Skizzensammlung. Danach begann Flinders mit der Vermessung der Südküste, mit Ausflügen zu den Recherche-Inseln, und kartierte im Vorbeisegeln die Große Australische Bucht, ehe er in Port Lincoln anlegte. Dort verlor er einen Bootsführer, einen Leutnant sowie sechs Matrosen, die mit einem Beiboot frisches Wasser suchen sollten und kenterten.

Nach der Erforschung des Spencer Gulf und der Känguruh-Insel begegnete die »Investigator« Anfang April 1802 in der Encounter Bay der französischen »Géographe«, denn Baudin kartierte die Küste in entgegengesetzter Richtung. Nach Abstechern auf die King-Insel in der Bass Strait und in die Port Phillip Bay (heute Melbourne) rundete die »Investigator« die Südostspitze des Kontinents am 1. Mai und segelte weiter nach Norden. Einen Monat später ankerte sie in Sydney. Flinders blieb hier wegen dringender Reparaturen zehn Wochen, die Brown und Bauer zu ergiebigen Ausflügen nutzten. Brown schrieb an Banks, sie hätten bereits 300 unbekannte Pflanzen entdeckt und Bauer habe mehr als 500 Skizzen angefertigt.

Mit seeklarem Schiff und gestärkter Besatzung setzte Flinders die Umsegelung des Kontinents fort, auch mit dem Ziel, an der Nordküste die vermutete Passage durch die Landmasse nach Süden zu finden. Nach gefahrvoller Fahrt durch das Große Barriereriff, kleineren Abstechern an Land (und einigen recht freundlichen Begegnungen mit Aborigines) umrundete er Kap York, die Nordostspitze Australiens, und lief im November 1802 in

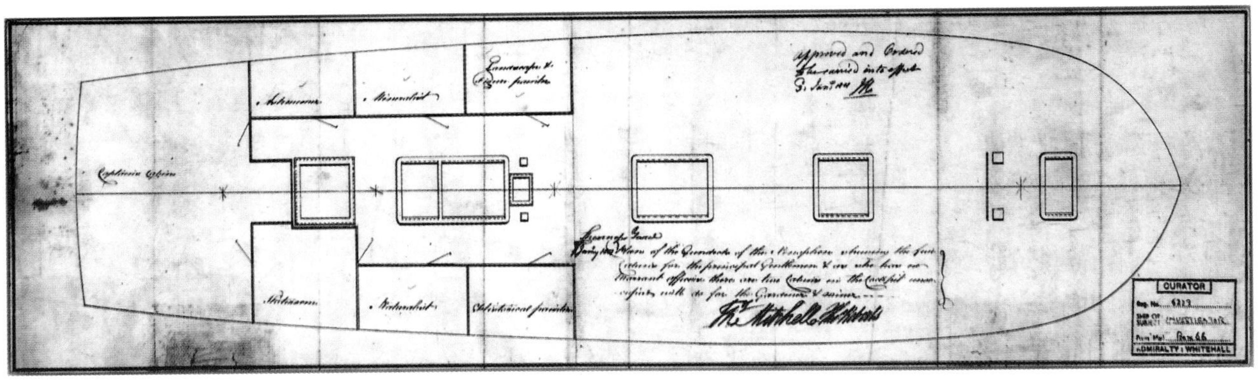

den Golf von Carpentaria ein. Vier Monate lang erforschte er dessen Küste sowie die des angrenzenden Arnhemlandes, fand aber keinen Weg nach Süden – Australien war also eine einzige Landmasse.

Hier waren die Begegnungen mit den Einheimischen weniger friedlich – einer der Aborigines kam bei einem Streit zu Tode. Auch die Flora machte ihnen nun zu schaffen: Brown, Bauer und Good aßen Früchte der Farnpalme und wurden sofort schwer krank – was Bauer allerdings nicht daran hinderte, die schöne Pflanze sowie viele andere mit dem Zeichenstift festzuhalten.

Wieder zwang Flinders der marode Zustand der Korvette, das Programm zu kürzen; er mußte zur Überholung nach Sydney zurück. Doch widrige Winde drängten das Schiff nach Timor ab, wo aber immerhin der Proviant ergänzt werden konnte. Die nun folgende zwei Monate lange Rückreise nach Sydney war ungemein schwer; viele an Bord wurden krank. Ruhr brach aus; sechs Männer starben, darunter der Gärtner Peter Good. In Sydney erwies sich ein weiterer Einsatz der »Investigator« wegen der Schäden am Schiff als unmöglich.

Flinders und etliche Expeditionsmitglieder sollten nun nach England zurückkehren und ein Ersatzschiff für die weiteren Erkundungen auf den Weg bringen. Aber der Segler, auf dem Flinders die Reise antrat, zerschellte nach nur einer Woche Fahrt am 17. August 1803 an einem Korallenriff. Flinders rettete sich in einem Beiboot, ließ einige der Schiffbrüchigen am Wrack zurück und kam mit dem Boot nach vier Wochen wieder in Sydney an. Hier organisierte er eine Rettungsflotte von drei Schiffen, kehrte zu den Überlebenden zurück und ließ sie nach Sydney bringen.

Er selbst machte sich mit dem nur 29 Tonnen schweren Segler »Cumberland« auf in Richtung England. Doch das schwach gebaute Schiff nahm bei der Umsegelung Nord-Australiens derart Schaden, daß Flinders beschloß, die französische Besitzung Mauritius anzusteuern; allerdings hatte er keine Ahnung davon, daß England und Frankreich wieder einmal Krieg gegeneinander führten. Der Gouverneur der Insel ließ ihn deshalb

*Ein Teil des Bauplans* von Matthew Flinders' »Investigator«, einem Schiff, auf dem mehr als 80 Mann untergebracht waren. Dieser Teil des Schiffs war dem Kapitän und seinen Gästen vorbehalten, dem Astronomen, dem Mineralogen, den Landschafts- und den Objektmalern sowie den Naturforschern.

unter Spionageverdacht festnehmen, und trotz englischer und sogar französischer Proteste blieb Flinders sechseinhalb Jahre in Gefangenschaft, bis er endlich im Oktober 1810 heimkehren konnte.

In Sydney hatten drei der Schiffbrüchigen – Robert Brown, der Botaniker, Ferdinand Bauer, der Pflanzenmaler, und der Mineraloge John Allen – beschlossen, in Australien zu bleiben und ihre Arbeit dort fortzusetzen. Sie unternahmen zunächst gemeinsam Forschungsreisen in die Umgebung. Im November 1803 beschloß Brown, allein für ein paar Wochen Tasmanien zu besuchen. Daraus wurden dann neun Monate, in denen er vieles sammeln konnte und manche Entdeckung machte, etwa den Tasmanischen Beutelwolf, den man für ausgestorben gehalten hatte (freilich rächte sich jetzt, daß er keinen Zeichner mitgenommen hatte).

Bauer unternahm inzwischen eigene Streifzüge, einen sogar bis zur neuen Siedlung Newcastle, 150 Kilometer nördlich von Sydney. Mitte des Jahres 1804 ließ sich er sich 1000 Kilometer weiter nördlich auf Norfolk Island absetzen. Dort sollte ihn die inzwischen völlig überholte »Investigator« nach ein paar Wochen abholen, doch mußte er fast acht Monate auf der kleinen Insel ausharren.

Da ihm nichts anderes zu tun blieb, erforschte er Norfolk Island mehr als gründlich, sammelte Pflanzen und Tiere und zeichnete alle Präparate. 1833, sieben Jahre nach Bauers Tod, wurden diese Illustrationen Grundstock für Stephan Endlichers »Prodromus Florae Norfolkicae« mit den Beschreibungen von 152 Pflanzen der Insel. Manche von ihnen sind nach Bauer benannt, aus Verehrung für dessen Sammlerleistung und künstlerische Perfektion.

Im Februar 1805 holte die »Investigator« Bauer endlich ab und nahm in Sydney auch Brown und Allen an Bord. Ende Mai traten sie die Heimreise an, mit 36 Kisten voller Präparate, den Zeichnungen Ferdinand Bauers sowie einem lebenden Plumpbeutler von den Kent-Inseln. Die Rückfahrt verlief ereignislos, und am 13. Oktober 1805 segelten sie in den Hafen von Liverpool.

*Matthew Flinders* kehrte im Oktober 1810 nach England zurück und begann sofort mit seiner Arbeit an seinem Bericht. »A Voyage to Terra Australis« erschien im Juli 1814 – einen Tag vor seinem Tod.

Browns Kollektion umfaßte rund 4000 Pflanzen (von denen 1700 noch unbekannt waren), etwa 150 Vogelbälge, etliche präparierte Wirbeltiere und Wirbellose und viele Mineralien. Bauer brachte mehr als 2000 Skizzen von Pflanzen und Tieren mit. Alles wurde in das Haus von Joseph Banks geschafft, wo Brown das Material zehn Jahre lang auswertete, während Bauer seine Skizzen zu Hunderten von kolorierten Bildern umsetzte. Offiziell gehörten die meisten Illustrationen der Admiralität, die sie erst 1843 dem British Museum übereignete.

Brown publizierte nur einen Band von mehreren geplanten über die australasiatische Botanik und verkaufte selbst von den 250 gedruckten Exemplaren lediglich 26. Zur Illustration hatte Bauer mehrere Tafeln beisteuern wollen, aber keinen geeigneten Kupferstecher gefunden. So mußte er sich selbst an die Arbeit machen, aber auch er konnte von den 15 Tafeln, die er fertigstellte, nur ein paar wenige Drucke verkaufen (1982 erzielte ein Exemplar dieser Drucke 25000 Dollar).

Immerhin sahen Brown und Bauer noch zu Lebzeiten einige ihrer Arbeiten veröffentlicht. Matthew Flinders machte sich nach der Rückkehr von seiner jahrelangen Gefangenschaft umgehend an die Arbeit an seinem offiziellen Expeditionsbericht. »A Voyage to Terra Australis« erschien 1814 – genau einen Tag vor seinem Tod. Außer Flinders' Tagebuch enthielt es einen 80 Seiten langen botanischen Anhang von Brown, Küsten-Panoramen von Westall sowie zehn Pflanzen-Tafeln von Bauer.

Noch im selben Jahr kehrte Bauer enttäuscht in seine Heimat Österreich zurück, im Gepäck seine Sammlungen, die meisten der auf der »Investigator« entstandenen Skizzen und einige fertig ausgearbeitete Bilder. Er arbeitete weiter als Pflanzenmaler und starb 1826 in Wien.

Bauers Skizzen sind heute im Besitz des Wiener Naturhistorischen Museums. Die Gemälde kamen dagegen – zum Teil auf merkwürdigen Umwegen – ins British Museum und später in dessen Museum of Natural History, wo sie heute als eine der weltbesten Sammlungen von Tier- und Pflanzendarstellungen gehütet werden.

**CAPTAIN FLINDERS. R.N.**

Autograph Copy of Parole on his release from six years Captivity in the Isle of Mauritius.

I undersigned, captain in his Britannic Majesty's navy, having obtained leave of his Excellency the captain-general to return in my country by the way of Bengal, Promise on my word of honour not to act in any service which might be considered as directly or indirectly hostile to France or its Allies, during the course of the present war

Port Napoleon, Isle de France, 7th June 1810

(Signed) Matthw. Flinders

Published by HARGROVE SAUNDERS 24 Tichborne St. LONDON W



LITHO PHOTOGRAPHIC INST. 492, NEW OXFORD STREET

**_Ferdinand Bauers_** überaus detailreiche Bilder sind allein schon deshalb erstaunlich, weil ihm an Land stets nur wenig Zeit für seine Skizzen blieb. Er entwickelte eine eigene Methode: Während Sydney Parkinson auf der »Endeavour« seine Entwürfe für die späteren Bilder stets nur teilweise koloriert hatte, machte Bauer nur Bleistiftskizzen und erfand einen Farb-Code, nach dem er später feinste Farbnuancen herausarbeiten konnte. Besonders prächtig sind ihm die Abbildungen der gelben Klettenpflanze *Calotis lappulacea* (links), der Kohlpalme *Linistona humilis* (oben) und von *Velleia pubescens* (folgende Doppelseite) gelungen.

***Leptorhynchos scaber,*** eine von Hunderten von Pflanzen vom King George Sound an der Westküste Australiens. Am 22. Mai 1802 schrieb Ferdinand Bauer seinem Bruder Franz: »Nach einer fünfwöchigen Reise vom Kap der Guten Hoffnung aus ankerten wir am 8. Dezember im King-George-Sund und blieben bis zum 4. Januar 1802 dort. Auf kurzen Landausflügen fanden wir eine Menge bis dahin unbekannter Pflanzen.«

*Cephalotus follicularis:* Auch diese Pflanze wurde am King George Sound gefunden. Biologen nennen sie gewöhnlich Albany-Kannenpflanze; sie blüht im Sommer. Die Blüten sitzen auf langen, schlanken Stengeln über einem Büschel von tückischen Kesselfallen, in denen gefangene Insekten durch die Verdauungsenzyme der Pflanze aufgelöst werden.

***Die Ottelia ovalifolia*** (oben links), eine Art Sumpflilie, wurde im November 1803 in Parramatta, Hawksbury und Richmond in New South Wales von Robert Brown entdeckt. Drei Monate zuvor hatte Brown in Shoalwater Bay, Queensland, eine fruchttragende Pflanze, *Mackinlaya macrosciadea*, gefunden (oben rechts), die nach dem Entdecker John McKinley (1819–1872) benannt wurde. Ein anderes Exemplar dieser Art ist die *Banksia coccinea* (rechts), benannt nach Joseph Banks.

***Die gelbe Blüte*** der *Grevillea pteridifolia* (S. 214). Robert Brown hatte diese Gattung, die viele Pflanzenarten umfaßt, eigentlich *chrysodendron* genannt. Doch ein Jahr früher, 1809, hatte Joseph Knight für sie den Gattungsnamen *pteridifolia* geprägt – und entsprechend der internationalen Nomenklatur mußte dieser Name bleiben. In Queensland ist die Pflanze als Goldener Papageienbaum bekannt, weil seine gelben Blüten Papageien und andere Vögel anlocken. *Lomandra hastilis* (links), eine Art Binse, wächst im südwestlichen Australien. Das deutet darauf hin, daß dieses Exemplar im Dezember 1801 oder Januar 1802 gefunden wurde, als die »Investigator« im King George Sound ankerte.

***Der männliche Cycas-Baum,*** *Cycas media*, mit seinem Zapfen (oben links), den Nüssen und den hochgiftigen Samen und Blatt- und Stengelteilen (oben rechts). Rechts ist der weibliche Zapfen zu sehen. Alle Cycadeen sind zweigeschlechtlich, mit pollentragenden männlichen Zapfen und samentragenden weiblichen. Captain Cooks Mannschaft hatte den Baum bereits 1770 auf einer Australienreise entdeckt. Joseph Banks schrieb: »Einige unserer Leute hatten trotz aller Warnungen von den Samen gegessen und mußten oben und unten dafür leiden.« Die Einheimischen aßen die Samen trotz deren Giftgehalts – allerdings erst, nachdem sie sie zuvor gemahlen, gewässert und gekocht hatten.

***Auf den Torres Strait Islands*** vor Queenslands Nordküste entdeckten die Männer von der »Investigator« eine Pflanze, die sie für einen Kapokbaum hielten, *Cochlospermum gillivraei*. Bauer malte die Schoten (oben). Matthew Flinders schrieb in sein Tagebuch, daß auf den Inseln »eine Art von Seidenbaumwollpflanzen überaus häufig vorkam. Die Samenhaare in den Schoten sind stark, haben einen matten Glanz und könnten vermutlich industriell verarbeitet werden…«. Der gezeigte Baum unterscheidet sich allerdings von anderen Kapokbäumen, wie zum Beispiel *Ceiba pentandra*, einer Spezies, die im tropischen Amerika und Afrika wächst und Kapok als Polstermaterial und zur Schalldämpfung liefert. Links zwei von Bauer gemalte Palmwedel.

***Der kleine Fetzenfisch*** (links), *Phyllopteryx taeniolatus*, wurde offenbar bei einem größeren Fischzug am King George Sound erbeutet. In Matthew Flinders' Tagebuch heißt es am 3. Januar 1802, daß dabei eine Menge kleiner Fische aufgebracht worden seien: »Sie waren als Nahrung untauglich; aber mit den Algen, Muscheln und Korallen boten sie den Malern und Naturwissenschaftlern eine amüsante Abwechslung. Eine hübsche Art oft vorkommender Seepferdchen wurde allgemein bewundert ...« In den Gewässern Australiens ist auch die Seespinne, *Gasteracantha mimax*, heimisch (oben).

***Eine Schwimmkrabbe,*** *Portunus pelagicus* (oben), auch Blaukrabbe genannt. Sie ist die am häufigsten vorkommende eßbare Krabbe. Ferdinand Bauers komplexes System des Malens nach Zahlen, bei dem jeder Farbtönung ein- bis vierstellige Zahlen zugeordnet wurden, erlaubte ihm, Objekte präzise festzuhalten, noch ehe deren Farben verblaßt waren. So konnte er später die feinsten Farbnuancen des Originals auf sein Aquarell übertragen.

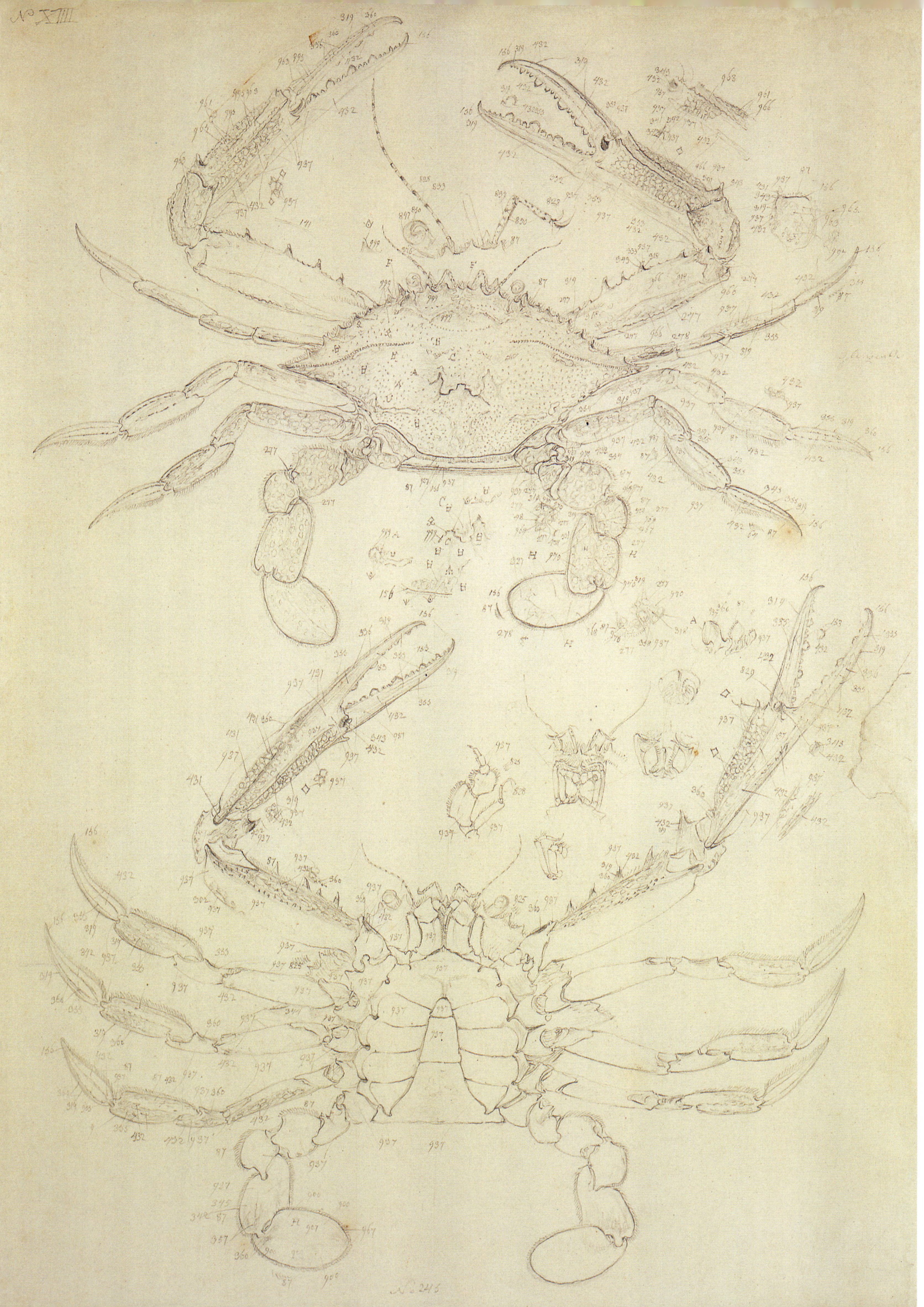
N° XIIII

***Das schwarzfüßige Fels-Wallaby,*** *Petrogale pencillata* (links), gezeichnet von Ferdinand Bauer. Flinders beschrieb das Wallaby so: »Ein kleines Känguruh einer bisher unbekannten Art ...«. Neu entdeckt wurde auch die Eidechsenart *Egernia cunninghami* (unten), die in Australien *Egernia kingii* heißt, nach dem Seefahrer Philipp Parker King. Robert Brown schrieb am 22. Dezember 1801 im King George Sound in sein Tagebuch: »Sie fanden viele *Aptynidotes miner* & eine Art von bisher unbekannten Eidechsen ...«

***Acanthaluteres Brownii*** (rechts unten), nach Robert Brown benannt, im Volksmund »Browns Lederjacke«. Bauers Zeichnung ist die einzige Unterlage für die Beschreibung der Art. Der darüber abgebildete Fisch erhielt den Namen *Brachaluteres baueri*, ohne daß einem Experten auffiel, daß dieselbe Art zuvor schon unter dem Namen *Balistes jacksonianus* beschrieben worden war. Ein anderer Fisch, den Bauer gemalt hat (unten), gehört zur Familie der *Pterois*, der Feuerfische. Er wurde wahrscheinlich am 28. August 1802 in der Strong Tide Passage, Queensland, gefangen.

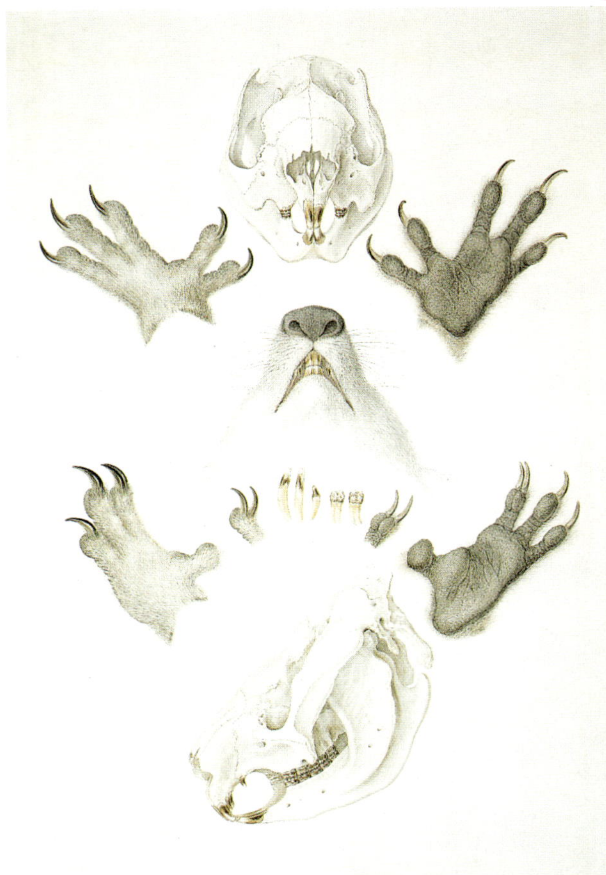

***Die ersten Europäer***, die einen »Wombat« genannten Plumpbeutler, *Vombatus ursinus*, gesehen haben (oben links), waren vermutlich die Schiffbrüchigen auf Preservation Island in der Bass Strait im Jahre 1797. Wie die Einheimischen ernährten auch sie sich von ihnen. Matthew Flinders, der die Männer später rettete, fing einen lebenden Wombat und schenkte ihn Gouverneur Hunter in Sydney (allerdings starb das Tier sechs Wochen später und wurde zu Banks nach London geschickt). Joseph Banks hoffte auch auf ein Paar lebender Koalas, *Phascolarctos cinereus* (oben rechts), die Robert Brown ihm versprochen hatte, doch das erwies sich wegen der speziellen Nahrungsgewohnheiten der Tiere als unmöglich.
Banks glaubte nicht an die Existenz des Schnabeltiers *Ornithorhynchus anatinus* (rechts), doch im Jahr 1800 schickte ihm Gouverneur King ein konserviertes Exemplar zu. Bauer zeichnete es zwei Jahre später in Port Jackson, New South Wales.

# Die Reise auf der »Beagle« 1831–1836

## Charles Darwin

***Darwin sah diesen*** kaktusfressenden Vogel, ursprünglich *Tanagra darwinii* jetzt *Thraupis bonariensis* genannt, bei Maldonado an der Mündung des Rio de la Plata in Brasilien. Der junge Forscher war schon lange vor der Entdeckung der Galapagos-Finken an der Vogelwelt interessiert.

Die fünf Jahre dauernde Weltumseglung Charles Darwins auf der »Beagle« unter Kapitän Robert FitzRoy ist eine der berühmtesten Reisen der Forschungsgeschichte. Darwins umfangreiche Sammlungen und seine in zahllosen Notizbüchern niedergelegten Beobachtungen führten ihn schließlich zur Theorie der Evolution durch Selektion, die er in seinem Buch »The Origin of Species« beschrieb, das allerdings erst 1859 erschien, 23 Jahre nach Ende seiner Reise.

Als die »Beagle« im Dezember 1831 in See stach, war Charles Darwin ein unauffälliger 22jähriger Student der Medizin, der bis dahin lediglich einen theologischen Grad erworben hatte und später Landpfarrer werden wollte. Er war zwar naturwissenschaftlich interessiert, kannte auch viele Wissenschaftler, doch nichts deutete darauf hin, daß er einer der bedeutendsten Biologen der Geschichte werden würde.

Kommandant Robert FitzRoy stammte dagegen aus einer aristokratischen Familie, die ihre Herkunft angeblich einem Seitensprung König Charles' II. verdankte, und hatte nach einem glänzenden Studium an der Marineakademie schnell Karriere gemacht. Mit 19 Jahren war er bereits Kapitänleutnant. Er wurde 1828 nach Rio de Janeiro geschickt, um dort das Kommando zu übernehmen, denn der vorherige Kapitän der »Beagle« hatte sich das Leben genommen – ein tragisches Schicksal, das 40 Jahre später auch FitzRoy selbst ereilen sollte.

Nach zweijähriger Vermessungsfahrt vor südamerikanischen Küsten war er 1830 zurückgekehrt; mit an Bord waren vier Indianer aus Feuerland, die er mit der englischen Zivilisation vertraut machen wollte – damit sie nach ihrer Heimkehr ihren Leuten nützlich seien. Obwohl einer der Indianer an den Blattern starb und die Admiralität das ganze Vorhaben nicht guthieß, bekam der erst 27jährige erneut das Kommando über die »Beagle« und den Auftrag, die Vermessungen in Südamerika fortzusetzen und über den Pazifik und das Kap der Guten Hoffnung zurückzukehren.

*Tanagra Darwini*

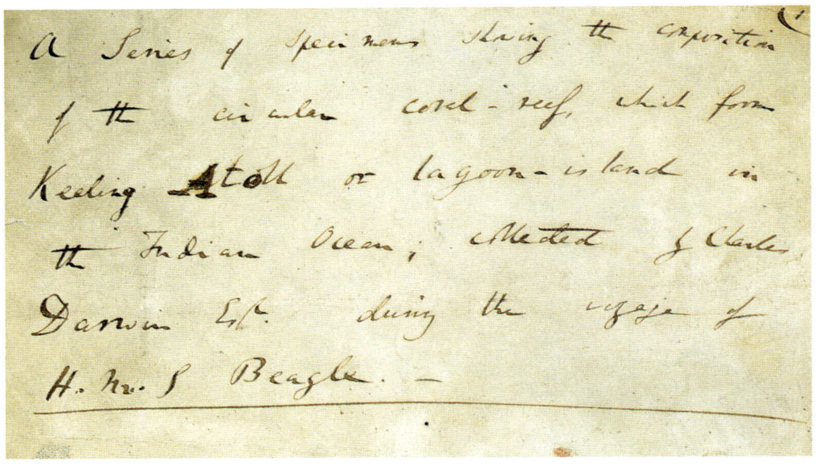
A Series of Specimens showing the composition of the circular coral-reef, which form Keeling Atoll or lagoon-island in the Indian Ocean; collected by Charles Darwin Esq. during the voyage of H. M. S Beagle. —

Seinem Seekartenzeichner trug Kapitän FitzRoy auf, »einen wohlerzogenen Wissenschaftler« zu finden, »der willens ist, eine Unterbringung, wie ich sie bieten kann, zu akzeptieren, und dabei ferne, kaum bekannte Länder zu sehen«. Der Zeichner stieß auf den jungen Darwin, der mit den Konditionen einverstanden war: Er wurde von der Marine untergebracht und beköstigt, hatte aber für alles andere selber aufzukommen. Er sollte FitzRoy beim Essen Gesellschaft leisten und wirkte – wie sich schon bald herausstellte – dank seiner unbeschwerten Art oft als eine Art Puffer zwischen der Mannschaft und dem respektierten, aber launischen, oft sogar jähzornigen Kapitän.

Die »Beagle« war ein kleiner Zweimaster, nur 30 Meter lang und etwa sechs Meter breit; sie beherbergte 74 Mann, darunter Darwin, die drei Indianer, die FitzRoy jetzt wieder heimbringen wollte, und den nun obligatorisch gewordenen offiziell bestellten Zeichner, der schon deswegen wichtig war, weil Darwin keinerlei Zeichentalent hatte. Dieser Grafiker, Augustus Earle, war 38 Jahre alt, einer der ältesten an Bord, und war in den vergangenen 20 Jahren weit in der Welt herumgekommen – hatte schon in Südamerika, Australien und Neuseeland Landschaften gemalt; er war zudem ein ausgezeichneter Porträtist.

Im ersten Jahr ihrer Reise mit der »Beagle« entlang der Ostküste Südamerikas malte er etliche Panoramen und Aquarelle vom Leben an Bord und zeichnete all jene Fundstücke, die Darwin aus dem Meer und an Land sammelte. Darwin hatte in dieser Zeit reichlich Gelegenheit, sich an Land umzusehen, unter anderem mehrere Wochen lang in Rio de Janeiro, wo er und Augustus Earle sich ein Haus teilten, und später, als sie in den Häfen von Montevideo und Bahia Blanca ankerten. Doch der Zeichner war kränklich und mußte in Montevideo zurückbleiben, als die »Beagle« im Dezember 1832 nach Feuerland segelte. Earle war noch in Bahia, als die Crew im April 1833 zurückkam, aber nicht mehr kräftig genug, um mitzufahren. Schließlich kehrte er auf eigene Faust nach London zurück, wo er 1838 starb.

*Darwins Notizen* über Korallen, die er 1836 bei der Untersuchung der Riffe vor den Kokos-Inseln bei Perth gesammelt hatte. Der Engländer erkannte, daß die Korallenrücken das Ergebnis eines langsamen Absinkens vorgeschichtlicher Vulkaninseln und des gleichzeitigen Wachstums der Korallenbauten an den Seitenhängen waren. Sein berühmter Beitrag »The Structure and Distribution of Coral Reefs« ist in seinem großen, 1842 veröffentlichten Bericht enthalten. Zu seiner Zeit war diese Theorie über die Korallenbildung umstritten, doch die spätere Tiefseeforschung hat sie bestätigt.

Während dieses ersten Aufenthalts in Südamerika unternahm Darwin zwei lange Landausflüge: 600 Meilen von Carmen bis Buenos Aires und dann weitere 600 Meilen den Paranà flußaufwärts bis nach Santa Fé und zurück, alles ohne Begleitung eines Zeichners. Als er in Montevideo wieder zur »Beagle« stieß, hatte man als Ersatz für Earle den 32jährigen Landschaftsmaler Conrad Martens angeheuert.

Im Dezember 1833 ließ FitzRoy die Segel zur nächsten großen Etappe setzen, um über Feuerland – wo er die Indianer absetzte – und rund um Kap Hoorn an der pazifischen Küste Südamerikas entlang Valparaiso anzusteuern. Während dieser neun Monate war Martens äußerst produktiv. Seine Bleistiftzeichnungen und Aquarelle bildeten den größten Teil der Bildausbeute der Reise, doch bereits in Valparaiso verließ er die Expedition, weil sein Aufenthaltsraum dringend gebraucht wurde, und es kam kein neuer Zeichner an Bord.

Von Valparaiso aus segelte die »Beagle« weiter nach Norden, und FitzRoy vermaß ein Jahr lang die südamerikanische Küste, während Darwin weiterhin oft gefahrvolle Landausflüge machte, um zu sammeln, zu beobachten und zu beschreiben. Nach vollendeter Kartierung lief das Schiff im September 1835 zunächst die Galapagos-Inseln an – jenen zauberhaften Archipel, der Charles Darwin erst sehr viel später zu seiner epochalen Erkenntnis der Evolutionstheorie bringen sollte.

Die Heimfahrt nach Europa dauerte länger als ein Jahr. FitzRoy legte kurze Zwischenlandungen in Tahiti, Neuseeland, Australien, Tasmanien ein, ankerte vor den Kokos-Inseln, in Kapstadt, St. Helena und Ascension und segelte über Bahia Blanca nach Falmouth, wo Darwin am 2. Oktober 1836 mit seinen gesammelten Schätzen an Land ging.

Längst hatte er eingesehen, daß der Beruf eines Pfarrers nicht für ihn taugte. Finanziell war er gesichert, er brauchte nichts zu verdienen. Er beschäftigte sich also sofort mit der Aufbereitung des gewonnenen Materials, um das Ergebnis zu veröffentlichen, aber darüber hinaus immer intensiver mit dem Thema der Evolution.

*Die »Beagle«*, ein Bild von Owen Stanley aus dem Jahr 1841. Kapitän FitzRoy, der die Küste Südamerikas kartieren sollte, fürchtete sich vor der geisttötenden Einsamkeit der langen Reise und lud Darwin deshalb unter anderem auch als seinen »Passagier-Begleiter« an Bord. Seither ist der Name des Schiffes mit Darwin und dieser Reise, die zur Evolutionstheorie führte, eng verknüpft. Es ist eine kleine Ironie der Geschichte, daß der fromme FitzRoy jede Abweichung von der biblischen Schöpfungsgeschichte für glatte Ketzerei hielt.

Inzwischen nämlich hatte er, auch schon in Südamerika, genug gesehen, um zu erkennen, daß die Erde samt allen ihren Lebewesen enorme Veränderungen erlebt haben mußte: Gebirge waren aufgestülpt worden und dann wieder erodiert; freigelegter Meeresboden war zu Land geworden; Inseln und Landmassen waren aufgetaucht und wieder versunken. Fossilienfunde zeigten, daß manche Pflanzen und Tiere über riesige geologische Zeiträume mehr oder weniger gleich geblieben waren, während sich andere verändert hatten oder von anderen Arten verdrängt worden waren. Und alle diese Lebewesen, die er genau studierte, hatten sich den mitunter harten Gegebenheiten ihrer Umgebung auf wunderbare Weise angepaßt.

Das alles war keine neue Beobachtung, nicht einmal die Idee von der Evolution der Tiere und Pflanzen war neu, aber all diese Erkenntnisse waren immer wieder Gegenstand erregter Tischgespräche zwischen Darwin und FitzRoy, dessen Weltanschauung unerschütterlich von der Bibel bestimmt war: Gott hat alles erschaffen, wie es ist, und geographische Umwälzungen sowie Massensterben gründen sich auf biblische Ereignisse wie zum Beispiel die Sintflut.

Aber: An die Evolution zu glauben war die eine Sache – sie zu beweisen eine andere (und noch wichtiger war es, sie auch erklären zu können). Es kostete Darwin 20 Jahre mühseliger Arbeit, bevor er der Öffentlichkeit seine Theorie des Wandels durch natürliche Zuchtwahl vorstellen konnte. Sein fünfwöchiger Aufenthalt auf den Galapagos-Inseln indes hatte ihm entscheidende Informationen geliefert.

Seit er die kleinen Eilande des Archipels durchwandert hatte, ließen ihn zwei besonders bemerkenswerte Phänomene nicht mehr los. Zum einen gab es da eine einzigartige Fauna: Viele Arten gab es ausschließlich auf diesen Inseln – von den riesigen Elefantenschildkröten bis zu den Meeresechsen, von den Leguanen bis zu den kleinen Wirbellosen. Zwar waren manche dieser Arten mit denen des südamerikanischen Festlands verwandt, hatten sich aber dennoch ganz anders entwickelt. »Es ist verblüffend«, notierte Darwin, »neue Vögel, neue

Reptilien, neue Muscheln, neue Insekten, neue Pflanzen um sich herum zu sehen und dennoch, aufgrund kleinster Einzelheiten der Gestalt, sogar der Laute und des Gefieders der Vögel, die gemäßigten Ebenen Patagoniens oder die heißen Wüsten Nord-Chiles ganz lebhaft vor Augen zu haben.«

Das zweite Phänomen, das noch erstaunlicher war: Auf manchen Inseln hatten sich bei einigen Arten einzigartige Formen entwickelt, die sich von denen der Nachbarinseln, die nur zehn oder 20 Meilen entfernt lagen, deutlich unterschieden. Das galt zum Beispiel für Schildkröten, wurde aber besonders anschaulich bei Vögeln, vor allem bei jenen 13 Abarten eines kleinen, unauffälligen Finken: Die waren sich zwar alle äußerlich ähnlich, hatten aber sehr unterschiedliche Schnabelformen, die die Aufnahme nur ganz spezieller Nahrung zuließen – entweder Körner oder Insekten oder Früchte. Diese ganze Gattungsgruppe wurde später als Musterbeispiel für evolutionäre Veränderung und Anpassung unter dem Namen »Darwinfinken« berühmt, aber während jenes Aufenthaltes auf den Inseln war dem jungen Forscher die tiefere Bedeutung seiner Beobachtungen noch gar nicht bewußt.

Mangels eines professionellen Illustrators wurde die Galapagos-Fauna während Darwins Aufenthalt nicht im Bild festgehalten. Der Zeichner, der sich später mit den Vögeln der Inseln befaßte, John Gould, hat die »Beagle« nie gesehen – doch war er, im Gegensatz zu Darwin, ein kundiger Ornithologe und erkannte sofort die Besonderheit jener Finken. Gern nahm Darwin die Hilfe eines solchen Experten bei der Aufarbeitung seines Materials an, und im Januar 1837 schaffte er seine gesamte Sammlung zur Londoner Zoologischen Gesellschaft, wo Gould arbeitete.

Gould hatte ohne irgendeine besondere Vorbildung sein Berufsleben als Gärtner-Volontär in Windsor begonnen und dabei die Kunst des Ausstopfens von Bälgen erlernt, die viele Gärtner damals beherrschten. Mit 20 Jahren hatte er sich als Präparator in London selbständig gemacht und etliche Tiere für die Gemächer König

*Vier Galapagos-Finken* mit unterschiedlich ausgebildeten Schnäbeln, aus Darwins Forschungsbericht. Der Evolutionstheoretiker bestritt, daß jede Art für sich und unveränderlich von Gott geschaffen sein sollte: »Da von jeder Art viel mehr Einzelgeschöpfe geboren werden, als überleben können, und da infolgedessen ein fortwährender Überlebenskampf stattfindet, folgt daraus, daß jedes Geschöpf, das auch nur den kleinsten Unterschied aufweist, der ihm einen Vorteil bringt, eine bessere Überlebenschance hat und also auf natürliche Weise auserkoren wird. Das Fortbestehen der vorteilhaften Abweichungen des einzelnen und andererseits die Vernichtung der Benachteiligten habe ich ›natürliche Selektion‹ oder das ›Überleben der Tüchtigsten‹ genannt.« Die vier Finken wurden mit der »Beagle« (folgende Doppelseite) nach London gebracht.

Georgs IV. ausgestopft. 1827 bekam er die Stelle als Konservator in der Zoologischen Gesellschaft. Sechs Jahre später war er Direktor der Ornithologischen Abteilung, und es blieb sein Leben lang sein größtes Vergnügen, üppig illustrierte (und sehr erfolgreiche) Vogelbücher herauszubringen.

Gould war auch als Zeichner hoch begabt, aber viele Bilder in den Büchern stammen offensichtlich von anderen Künstlern, vor allem von Goulds Frau Eliza. Er selbst brillierte lieber als Herausgeber und als Ornithologe. Gould studierte Darwins Notizen sorgfältig und sah sich alle Vögel genau an, um die vielen neuen Arten fachlich zu benennen und erstmals wissenschaftlich zu beschreiben – vor allem jene kleinen, ziemlich unauffälligen Vögel von den Galapagos-Inseln.

Aufgrund der von ihm beobachteten Lebensweise hatte Darwin geglaubt, daß sie ganz unterschiedliche Gattungsgruppen verkörperten – Finken, Zaunkönigartige, »Dickschnäbler« und Amselartige. Aber bereits nach sechs Tagen Analyse konnte Gould ihm nun verkünden, daß sie trotz der unterschiedlichen Schnabelformen allesamt zu den Finken gehörten. Auch da allerdings war beiden die wirkliche Bedeutung dieser Erkenntnis nicht sofort klar. Bescheiden nahm Gould nie für sich in Anspruch, diesen Schlüssel zur Darwinschen Theorie der Entstehung der Arten gefunden zu haben.

Ganz allmählich auch erst wurde Darwin gewahr, daß diese Vielfalt jener Finkenvögel das Ergebnis eines bedeutsamen »natürlichen Experiments« der Evolution bildete: Irgendwann in ferner Vorzeit war es einigen Exemplaren ihrer Ausgangsform gelungen, auf die Inseln zu kommen, vermutlich vom südamerikanischen Festland. Ohne die Konkurrenz anderer kleiner Vögel hatten sich diese Finken-Ahnen den beschränkten neuen Lebensraum friedlich geteilt, indem sie sich auf unterschiedliche Nahrung spezialisierten. Damit waren neue Arten entstanden. Dies wurde zum überzeugenden, wenngleich ungewöhnlichen Beispiel für die Anpassung durch natürliche Selektion.

1. Geospiza magnirostris.
3. Geospiza parvula.

2. Geospiza fortis.
4, Certhidea olivacea.

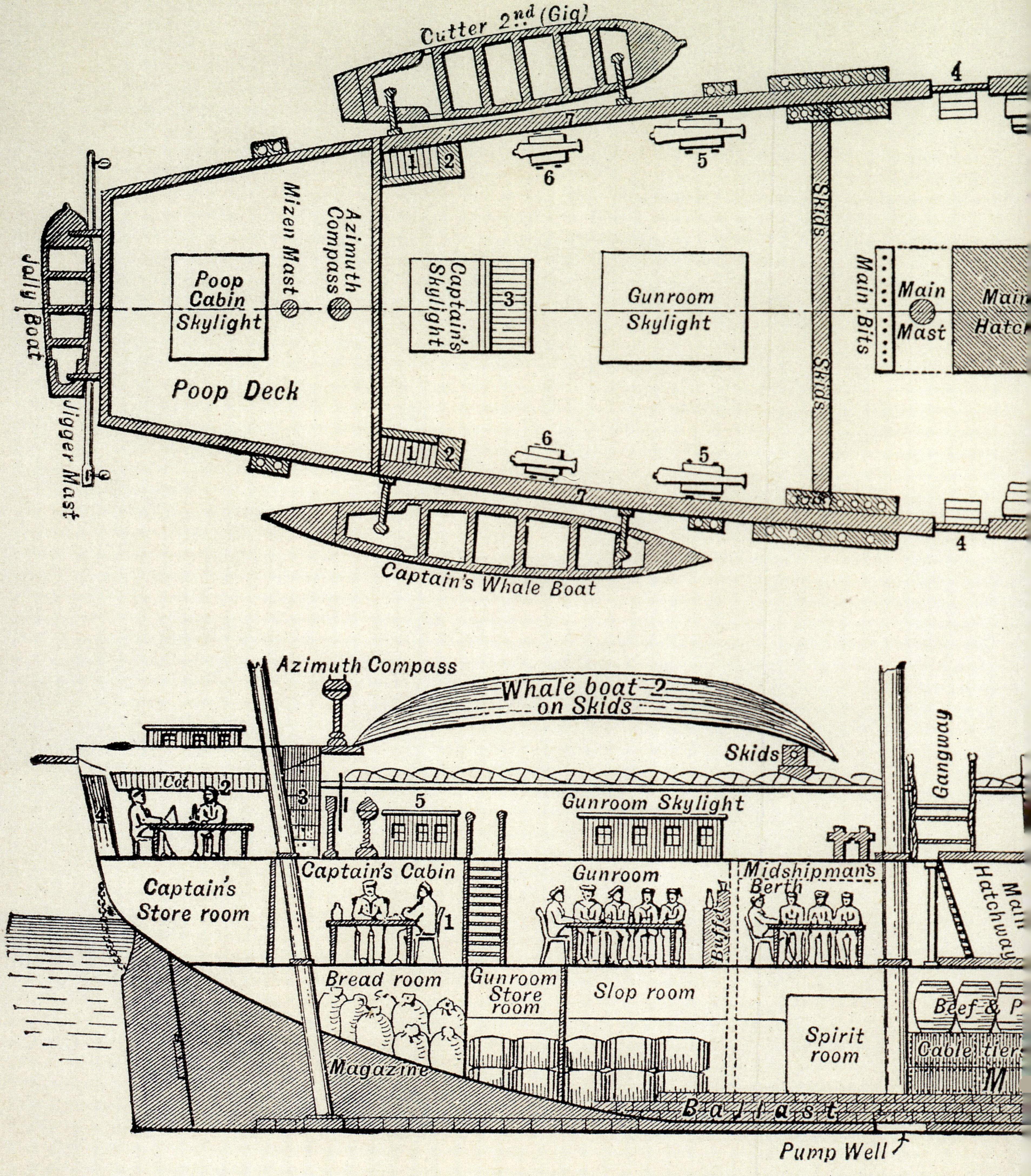
Cutter 2nd (Gig)
Jolly Boat
Jigger Mast
Poop Cabin Skylight
Mizen Mast
Azimuth Compass
Captain's Skylight
Gunroom Skylight
Skids
Main Bits
Main Mast
Poop Deck
Captain's Whale Boat
Azimuth Compass
Whale boat 2 on Skids
Skids
Gangway
Cot
Gunroom Skylight
Captain's Store room
Captain's Cabin
Gunroom
Midshipman's Berth
Buffet
Bread room
Gunroom Store room
Slop room
Spirit room
Magazine
Ballast
Pump Well

DIAGRAMS OF

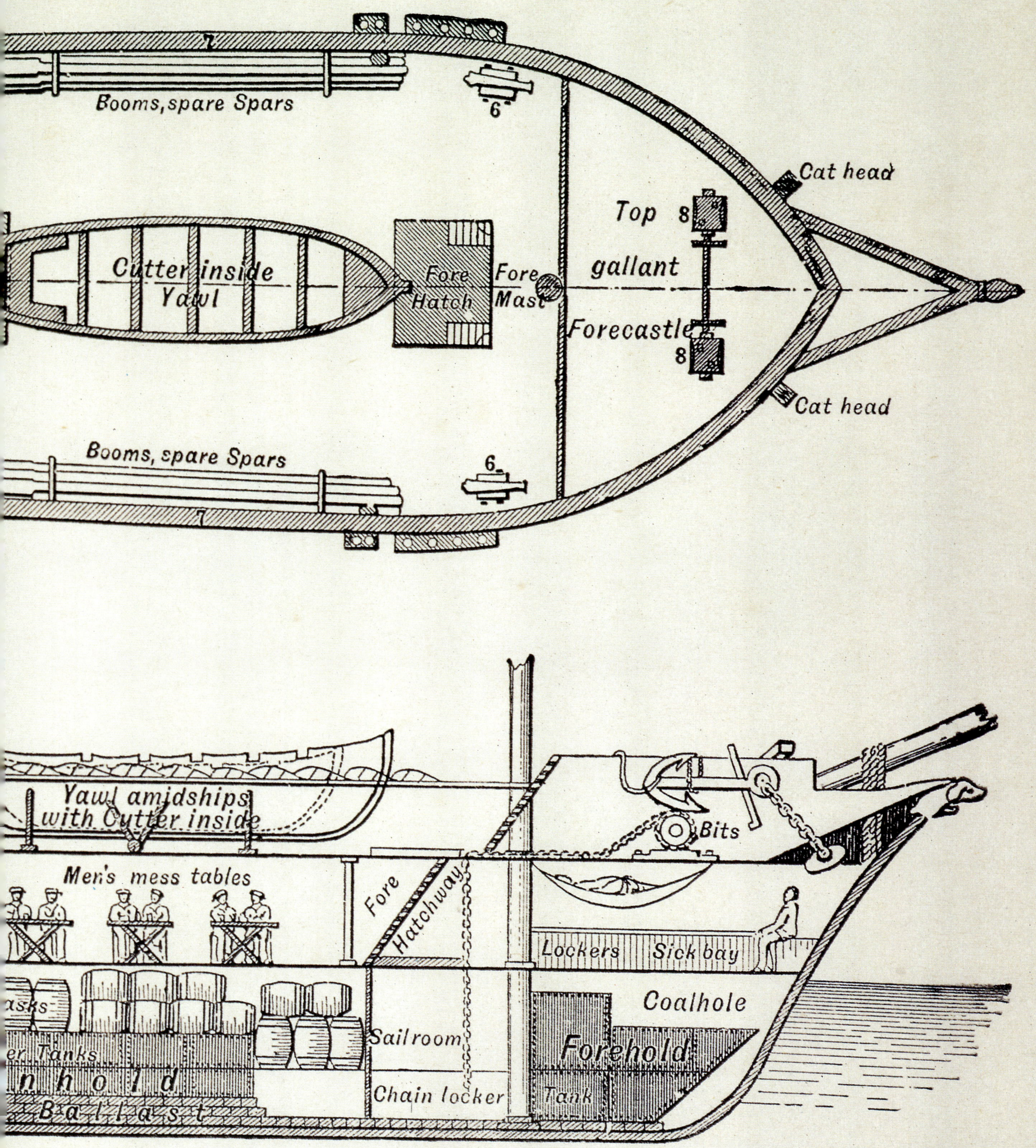


"BEAGLE."

[To face p. 1.

Mammalia Pl. 2.
Phyllostoma Grayi.

***Darwin fand diese Fledermaus*** (oben und links) im brasilianischen Pernambuco. Ihre wissenschaftliche Bezeichnung ist *Phyllostoma grayi*. Er schrieb: »Diese Gattung scheint in Pernambuco häufig vorzukommen ... Als ich mitten am Tag einen alten Kalkofen betrat, scheuchte ich eine Menge von ihnen auf; das Licht schien sie nicht sehr zu stören; normalerweise suchen sich diese Tiere viel dunklere Schlafplätze aus.« Die Körperlänge dieser Fledermaus maß nur fünf Zentimeter, ihre Flügelspanne betrug dagegen 25 Zentimeter.

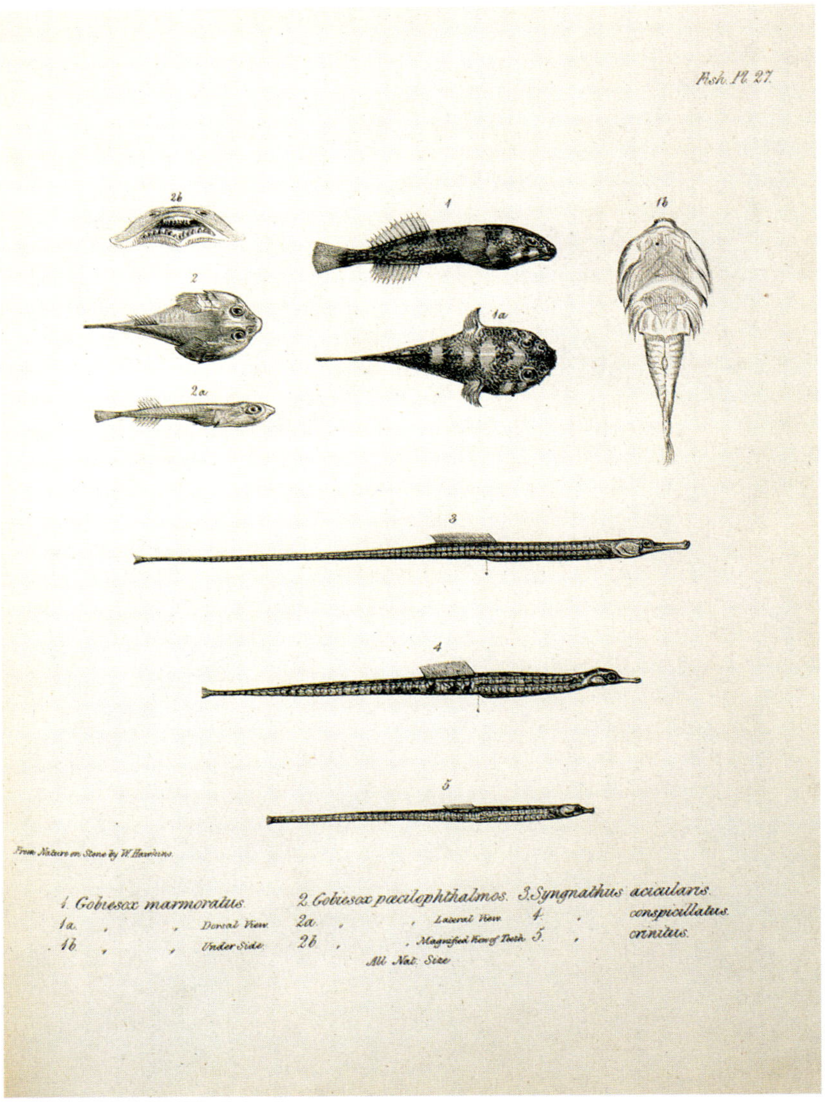


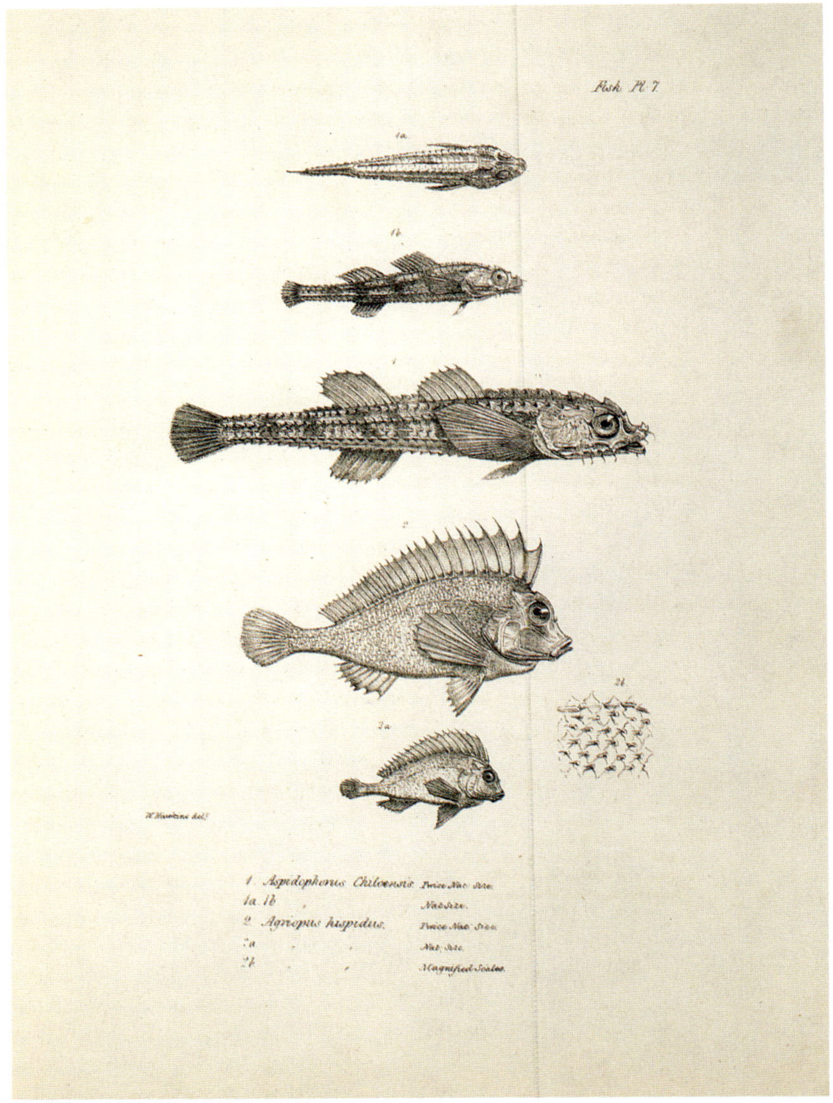


***Fische aus Gewässern vor Südamerika und Tahiti*** (oben links), darunter: *Gobiesox marmoratus*, von Darwin bei der Chiloé-Inselgruppe vor Chile gefunden; *Gobiesox poecilophthalmus*, aus einem Tidebecken auf der Insel San Cristobal der Galapagos-Gruppe; *Leptonotus blainvilleanus* aus Valparaiso; *Halicaimpus crinitus* aus Tahiti; *Corythoictithys flavofasciatus* aus Bahía Blanca. Oben rechts zwei sehr kleine Exemplare von der Chiloé-Inselgruppe, *Agonopsis chiloensis* und *Agriopus hispidus*, Abbildungen 1a, 1b und 2a in natürlicher Größe. Auf der rechten Seite sind südamerikanische Froscharten abgebildet, darunter *Pleuroderma bufonina* aus Port Desire in Patagonien (Zeichnung oben links). Darwin war erstaunt über die Anpassungsfähigkeit dieser Art: »Sie wächst auf und lebt in Wasser, das viel zu salzig ist, um noch trinkbar zu sein.«

Drawn from Nature on Stone by B. Waterhouse Hawkins.

C. Hullmandel Imp.

1. 1 a. *Leiuperus salarius.*
2. 2a. 2b. 2c. *Pyxicephalus Americanus.*
3. 3 a. 3b. *Alsodes monticola.*
4. 4a. *Litoria glandulosa.*
5. 5 a. 5b. *Batrachyla leptopus.*

1

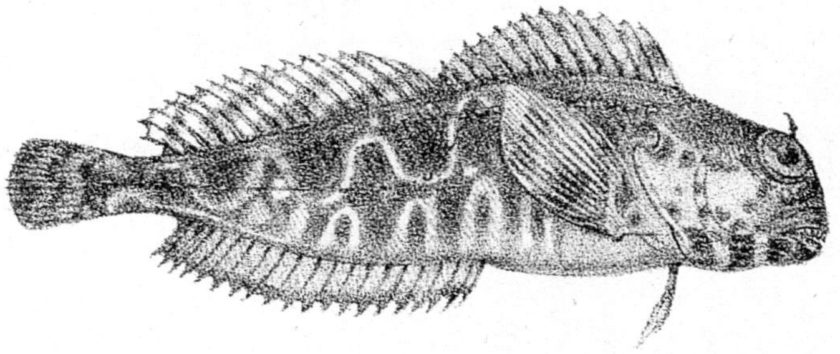

1 a

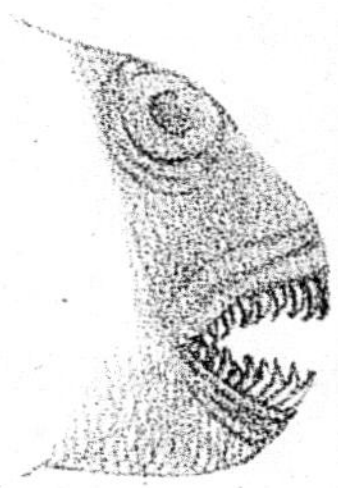

2

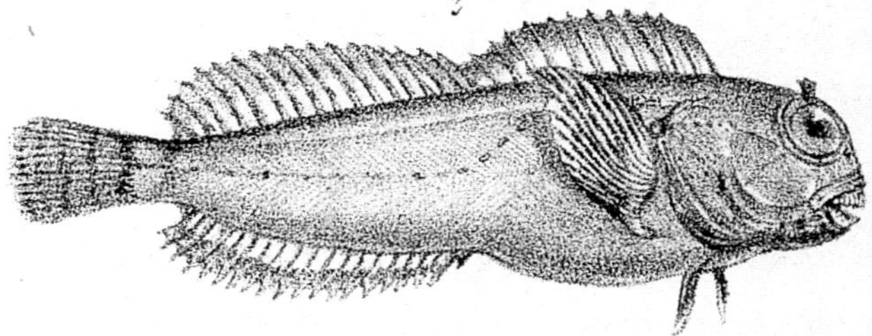

3

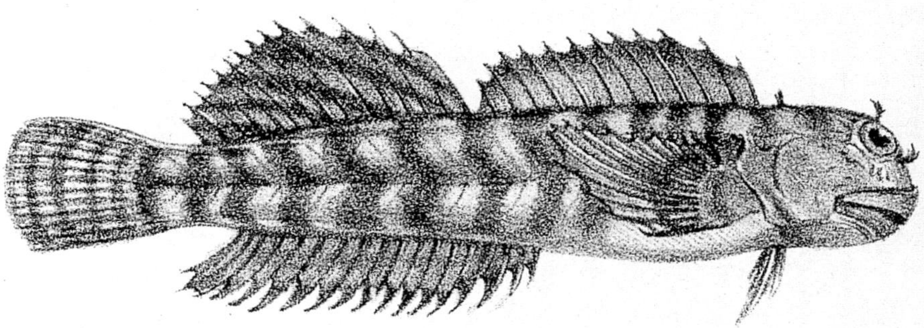

Waterhouse Hawkins del[t]

1. *Blennechis fasciatus.* Nat. Size.

1 a. " " Teeth magnified.

2. *Blennechis ornatus.* Nat. Size.

3. *Salarias Vomerinus.* Nat. Size.

*Drei Fischarten,* darunter *Salarias vomerinus* (links unten), der am Anfang der Expedition nach Porto Praya auf den Kapverden gefangen wurde. Seine zwei langen, scharfen Eckzähne im Unterkiefer konnten schlimme Wunden reißen – einem Offizier der »Beagle« biß er durch die Finger. Zu Darwins Sammlung der Frösche und Kröten Südamerikas gehörte auch die Art *Phryniscus nigricans* (oben, Mitte), die heute als *Melanophryniscus stetcheri* bekannt und ausgesprochen wasserscheu ist. Darwin warf ein Tier in einen Süßwasserteich, aber da es nicht schwimmen konnte, mußte man es herausholen. Ein bedeutender Fund war *Scorpaena histrio* (folgende Doppelseite), ein völlig aus der Art geschlagener Fisch, eine Drachenkopf-Varietät, die zuvor nur an der Ostküste Amerikas und Ostindiens gefunden worden war.

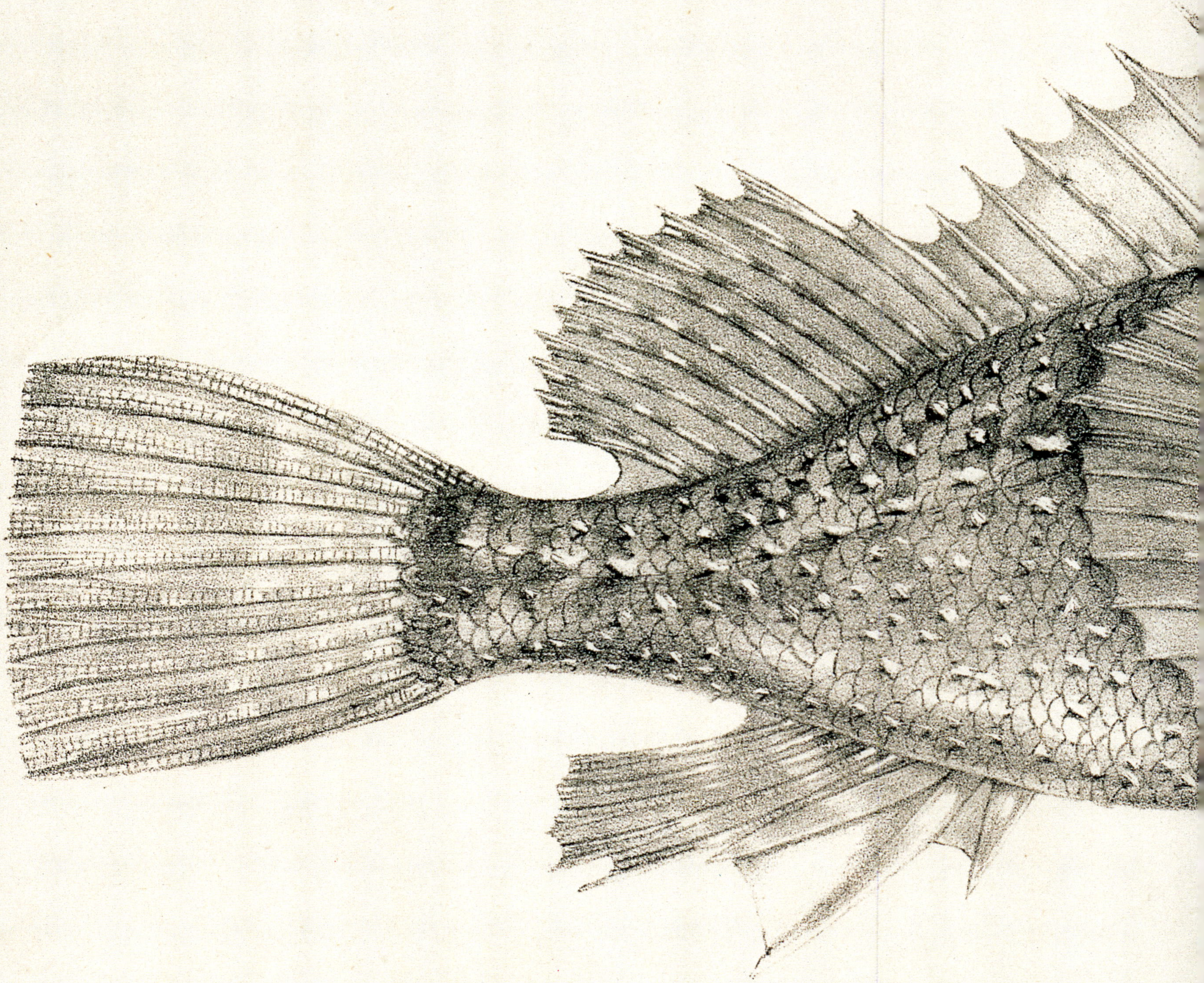

*Scorpæna Hi-*

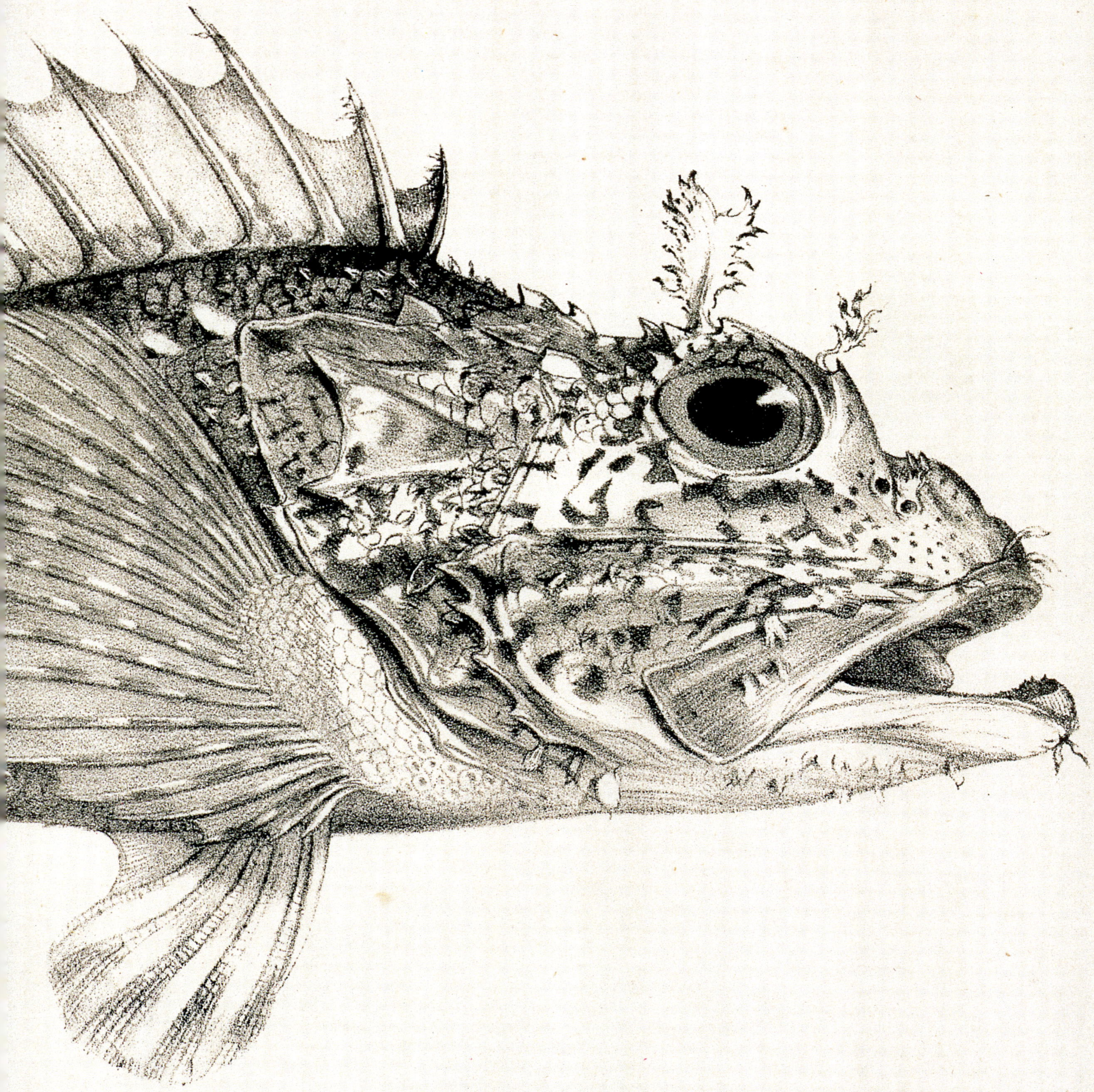

*O. Nat: Size.*

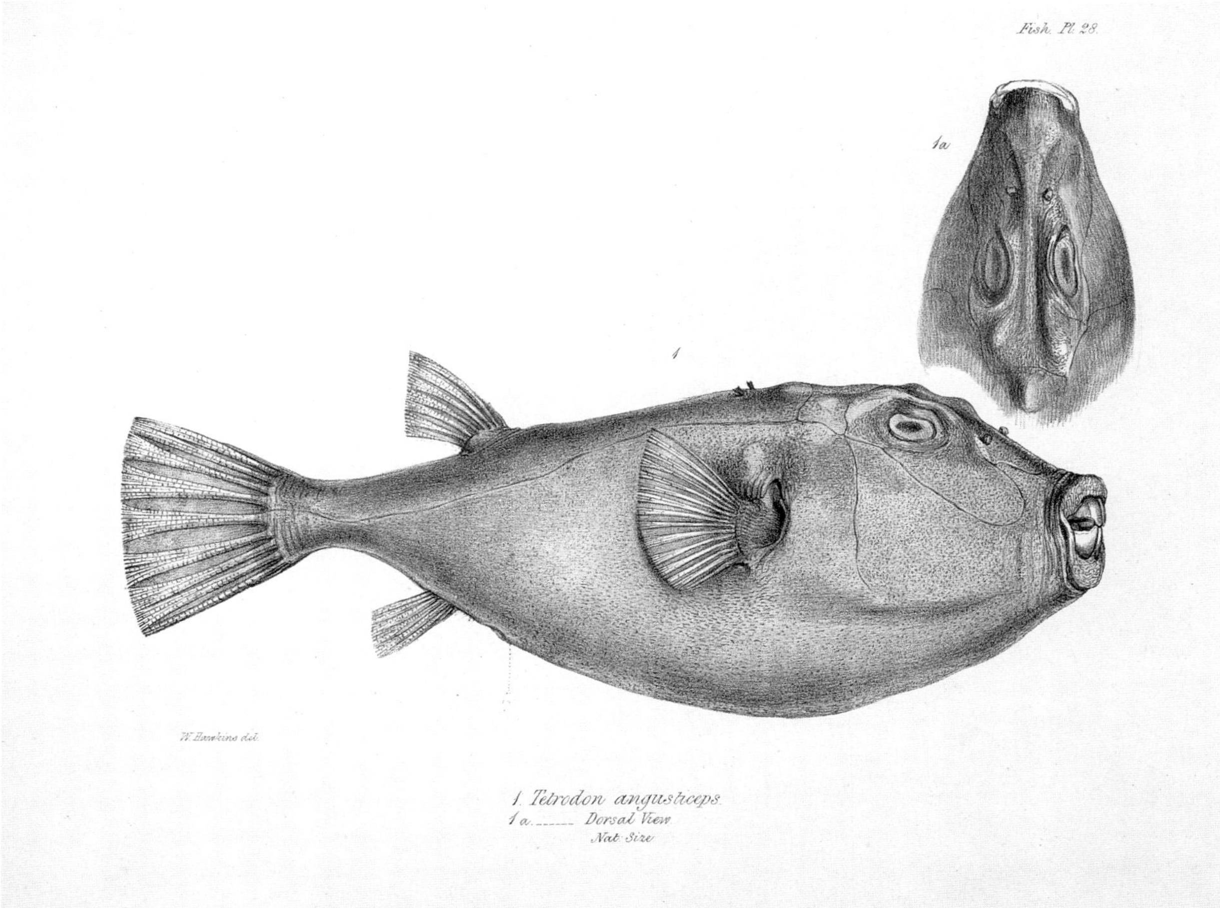
Fish. Pl. 28.
1a
1
W. Erskine del.
1 Tetrodon angusticeps
1 a ...... Dorsal View
Nat. Size

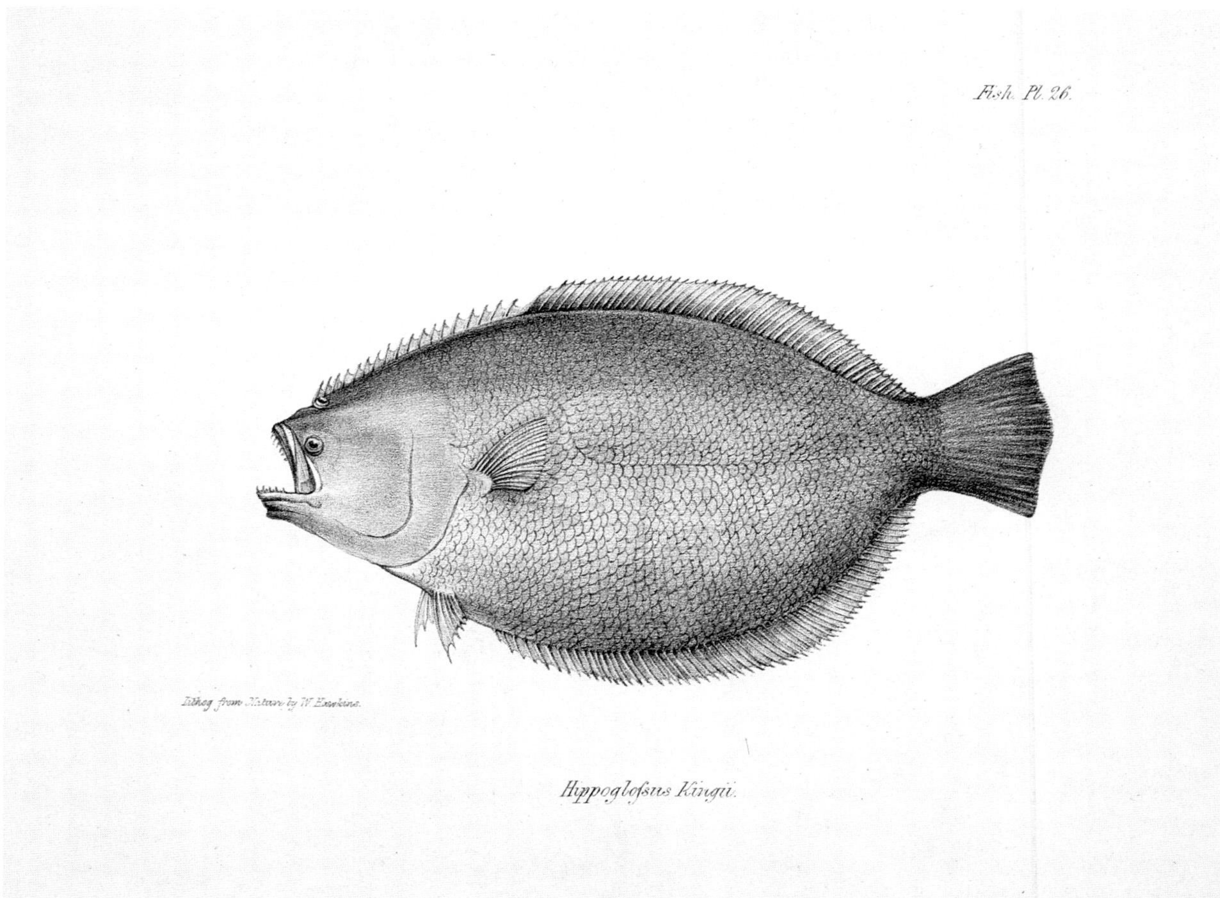
Fish. Pl. 26.
Lithog. from Nature by W. Erskine.
Hippoglossus Kingii.

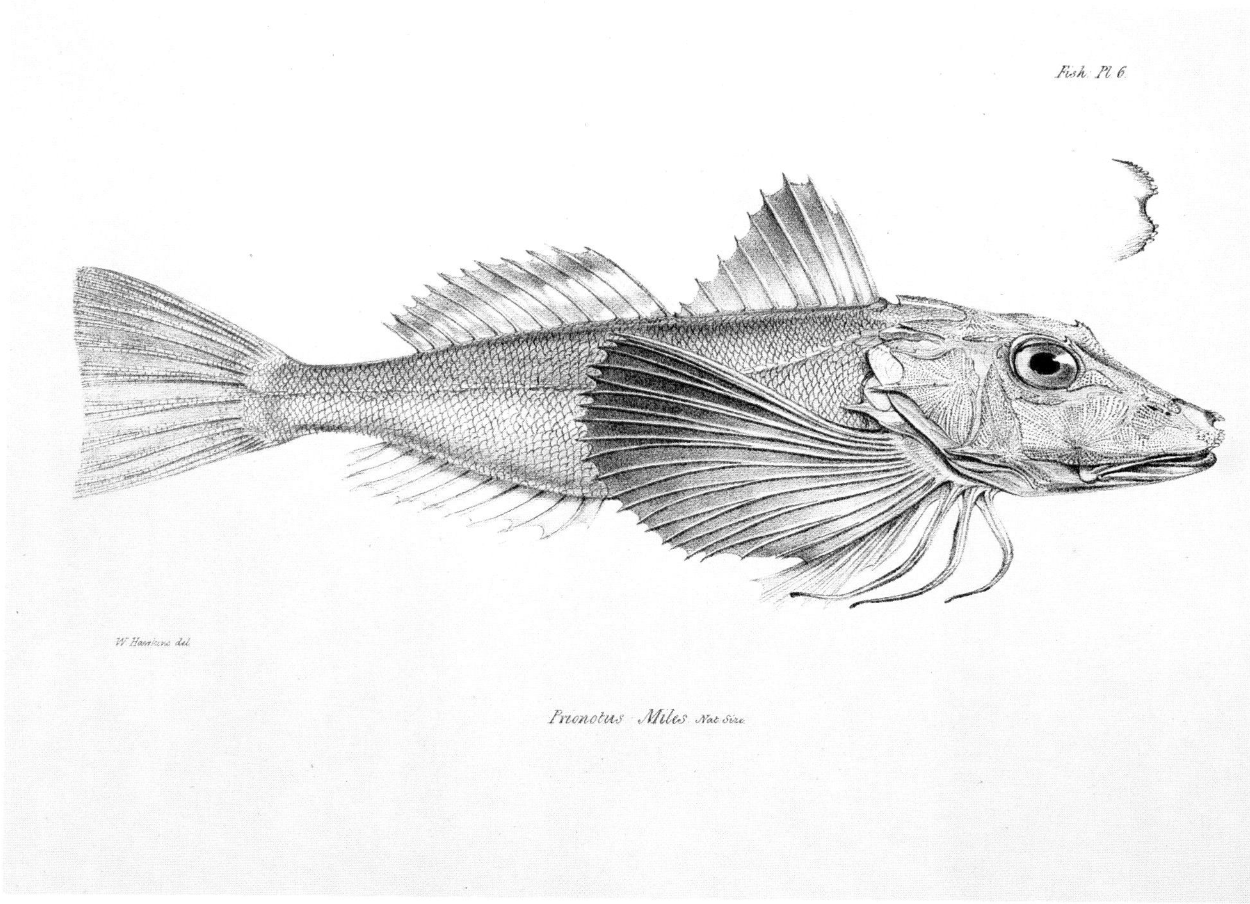


***In den Galapagos-Gewässern*** fing die Crew der »Beagle« die Art *Sphaeroides angusticeps* (links oben). Laut Darwin handelte es sich um einen Kugelfisch, der sich durch Aufnahme von Luft oder Wasser so aufblähen kann, daß die Außenstacheln starr abstehen. Eigenartig war auch der *Hippoglossus kingii* (links unten), der beide Augen auf der linken Seite hat. Benannt wurde die Art nach Phillip King, einem Schiffsoffizier, der ihn für Captain FitzRoy zeichnete. *Prionotus miles* (oben) war ein Überraschungsfund auf den Galapagos-Inseln, denn bis dahin hatten Wissenschaftler geglaubt, daß dieser Fisch ausschließlich im Atlantik lebte. Den *Delphinus FitzRoyi* (folgende Doppelseite), den sie vor der patagonischen Küste entdeckten, benannte Darwin nach seinem Kapitän, der die Ehre erwiderte, als er einem Berg auf Feuerland den Namen des Forschers gab.

*Delphinus*

z-Royi.

***Zwei Geckos aus*** verschiedenen Weltgegenden: *Homonota darwinii* (oben) stammt aus Port Desire, Patagonien, wo ihn Darwin »in großen Mengen, unter Steinen« vorfand. Festgehalten, gibt er einen krächzenden Laut von sich, der so klingt wie sein Name. Die Art ist braun, manchmal stark grün getönt. Im Tod verblassen die Farben. Darwin: »Ein Exemplar, das einige Tage in einer Büchse blieb, verfärbte sich zu einem gleichmäßigen Grün, ohne schwarze Trübungen.« Der größere Gecko (rechts), ein sogenannter Grünbaum-Gecko, *Naultinus elegans*, ursprünglich *Naultinus grayii*, »schön grün gefärbt«, stammte von der Bay of Islands, Neuseeland, wo er in Bäumen lebte und Töne von sich gab, die wie Gelächter klangen.

e by B. Waterhouse Hawkins.

1. Gymnodactylus Gaudichaudii.
2. Naultinus Grayii.

*Craxirex Galapagoensis.*

***Vögel aus Darwins*** »Zoology of the Beagle«, von John und Elizabeth Gould illustriert. Von den Galapagos-Inseln stammte der Greifvogel *Craxirex galapagoensis* (links), der erstaunlich zahm war, ähnlich anderen Vögeln der Insel wie die Eule *Otus galapagoensis* (oben links). In Patagonien suchte Darwin besonders eifrig nach einer Straußen-Gattung (oben rechts), im Spanischen als »Avestruz Petise« bekannt; andere Naturforscher hatten noch kein Exemplar gefunden. Ein Matrose erlegte ein solches Tier, was Darwin erst klar wurde, als der gesuchte Vogel gebraten vor ihm auf dem Teller lag. »Unbegreiflicherweise dachte ich nicht mehr an die Petises und hielt es für den üblichen Strauß … Zum Glück waren Kopf, Hals, Beine, Flügel, viele größere Federn und eine große Hautpartie noch übrig. Daraus wurde ein ziemlich vollkommenes Exemplar zusammengebaut, das nun im Museum der Zoologischen Gesellschaft zu sehen ist.« Es wurde *Rhea darwinii* getauft, der Darwinstrauß.

*Galapagos-Finken:* Rechts die Art *Cactornis assimilis*, die sich von Kakteen ernährt, mit einem Schnabel, der dafür ausgebildet ist. (Der hier gezeigte Kaktus ist allerdings einer aus Patagonien). Oben die Art *Geospiza fortis*, die auf den Inseln Santa Maria und San Cristobal gefunden wurde; aufgrund der unterschiedlichen Schnabelformen klassifizierte Darwin sie erst in verschiedene Unterarten ein. Einige nannte er »Grosbeaks«, andere »Fringilla« oder »Echte Finken«, während er die Kaktusfresser zur »Icterus«-Familie zählte, zu der auch Amseln und Pirole gehören. Der Ornithologe und Maler John Gould in London ordnete alle Vögel von Darwin nach Klassen ein und bezeichnete die Galapagos-Finken als eine völlig neue Gruppe, in der jeder dieser Vögel für eine ganz eigene und exklusive Finkenart stand.

Cactornis afsimilis.

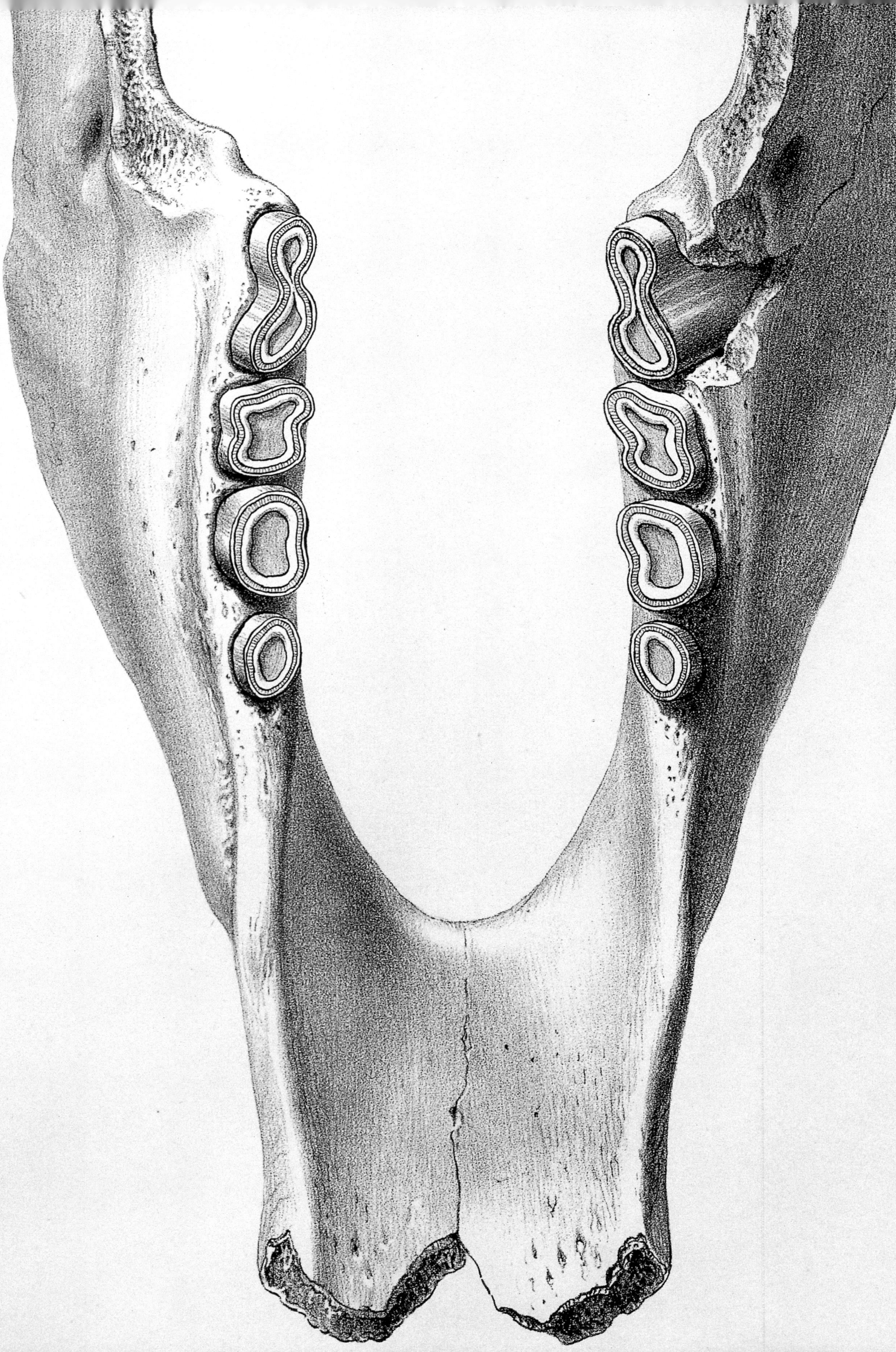

***Im September*** 1832 ankerte die »Beagle« in Bahía Blanca, wo Darwin fossile Tierknochen fand, eingebettet im weichen Gestein von Punta Alta. Er grub drei unvollständige Skelette größerer Tiere aus, oft auch nachts arbeitend, außerdem den Kieferknochen von *Mylodon darwinii* (links). Sie verwirrten Darwin; es waren offensichtlich Knochen ausgestorbener Tiere und ähnelten dennoch denen von kleineren Tieren, die noch existierten. Diese Verbindung zwischen Vergangenheit und Gegenwart war auch ein Baustein zu seiner Evolutionstheorie. In Port St. Julian, Patagonien, fand er die fossilen Reste eines anderen Säugetiers, dem Lama ähnlich, von der Größe eines Kamels, *Macrauchenia patachonica*. Die unten abgebildeten größeren Knochen sind Halswirbel.

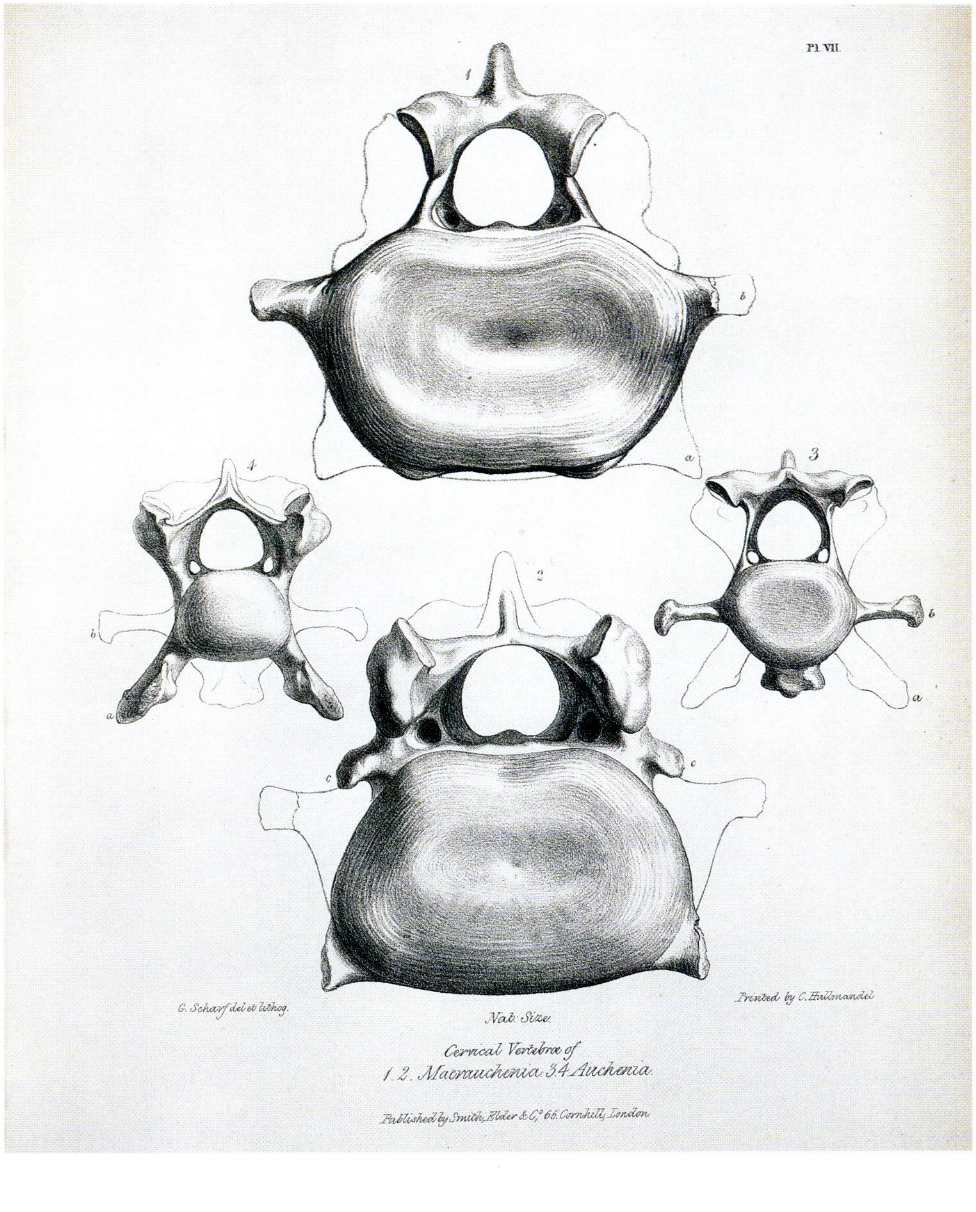

# Forschungen in Südamerika und Indonesien 1848–1862

## Henry Walter Bates & Alfred Russell Wallace

*In den zwei Bänden* von Henry Walter Bates' Werk über Insekten in Amazonien sind Hunderte jener exquisiten Zeichnungen zu finden, die er während seiner Dschungel-Expeditionen und in verschiedenen Basislagern am Amazonas anfertigte.

In einem palmengedeckten Haus auf der kleinen Molukken-Insel Ternate wälzte sich im Frühling 1858 ein schweißüberströmter Mann auf seinem Krankenlager – es war der britische Naturforscher Alfred Russell Wallace. Die Malaria hatte ihn gepackt. Durch seinen fieberheißen Kopf zogen in wirrer Folge Bilder jenes vielfältigen Tierlebens, das er während der vergangenen zehn Jahre beobachtet hatte, hier auf den Inseln zwischen dem Indischen und dem Pazifischen Ozean, aber auch zuvor in den Regenwäldern des Amazonas. Wie hatten all diese Arten, die ihrer Umwelt so wunderbar angepaßt waren, überhaupt entstehen können? Schließlich, in klaren Momenten, kritzelte Wallace seine Gedanken in knappen Worten aufs Papier; diese Abhandlung schickte er seinem Kollegen Charles Darwin nach England mit der Anfrage, ob sie sich für eine Veröffentlichung in einer Fachzeitschrift eigne.

Darwin erhielt den Brief drei Monate später und war höchst verblüfft; in diesem kleinen Manuskript waren die wesentlichen Grundsätze der Evolutionstheorie bündig zusammengefaßt – jenes Ideengebäudes, an dem Darwin selbst seit mehr als 20 Jahren arbeitete und für das er Aberhunderte von Notizblättern ausgewertet hatte. Würde Wallaces Manuskript jetzt – also vor Darwins Theorie – veröffentlicht, müßte Darwin damit rechnen, nur wenig Anerkennung für seine Mühen zu ernten. Seine Freunde Sir Charles Lyell, ein Geologe, und Joseph Hooker, ein Botaniker, meinten, jetzt sei die beste Gelegenheit, eine Zusammenfassung der Vorarbeiten Darwins gemeinsam mit dem Wallace-Essay der Linné-Gesellschaft vorzustellen, die am 1. Juli 1858 in London tagen würde. Das schien eine faire Lösung zu sein.

Keiner der Autoren war während des Vortrags in der Linné-Gesellschaft anwesend: Wallace arbeitete zu jener Zeit auf Neuguinea, und Darwin trauerte um eines seiner Kinder, das gerade an Scharlach gestorben war. Doch zeigten die Mitglieder der Gesellschaft ohnehin herzlich wenig Interesse an der Kurzfassung der Evolutionstheorie. Nicht zuletzt diese Reaktion gab den Anstoß dazu, daß Darwin sich nun eilends über die

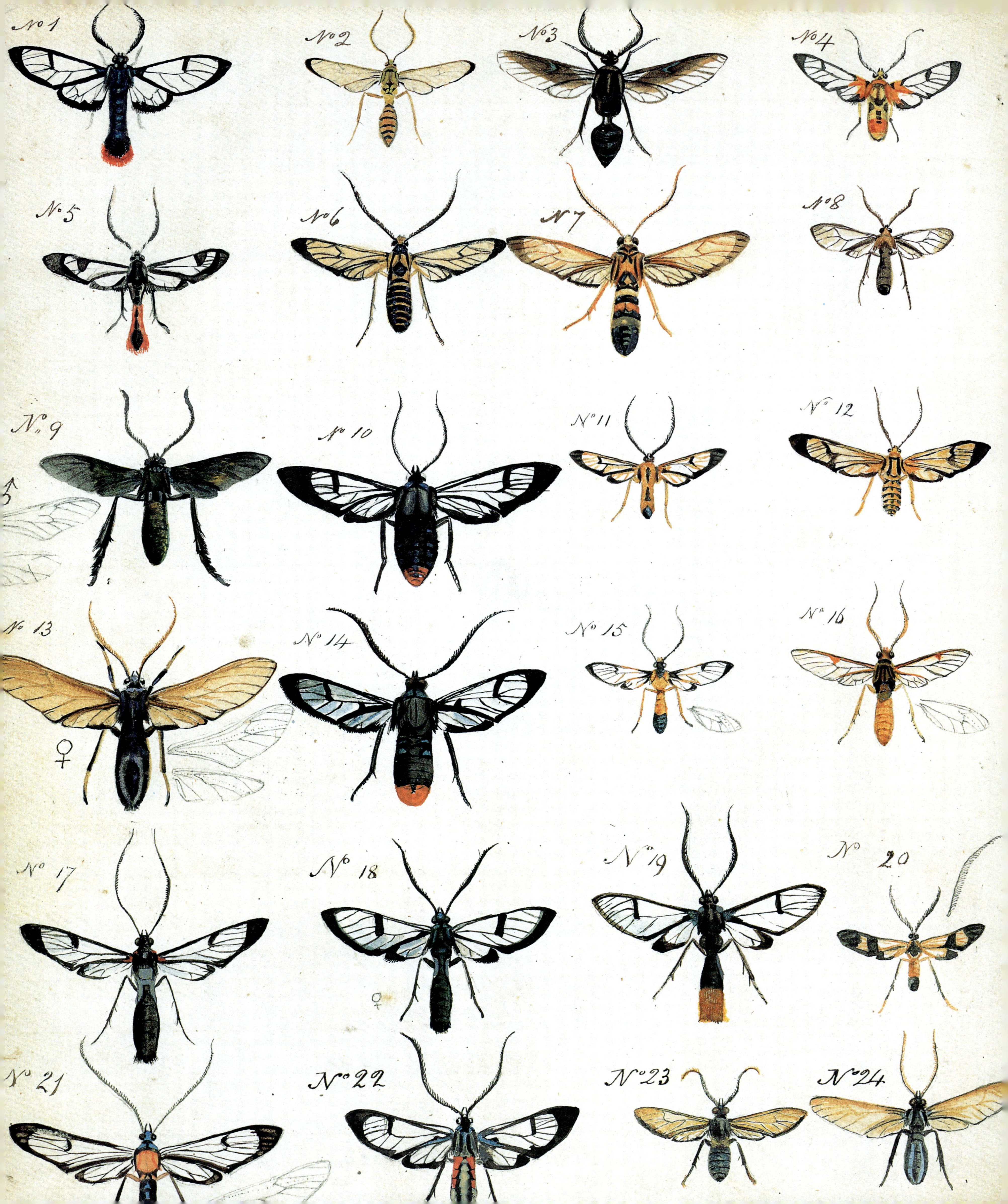

No 1
No 2
No 3
No 4
No 5
No 6
No 7
No 8
No 9
No 10
No 11
No 12
No 13
♀
No 14
No 15
No 16
No 17
No 18
♀
No 19
No 20
No 21
No 22
No 23
No 24

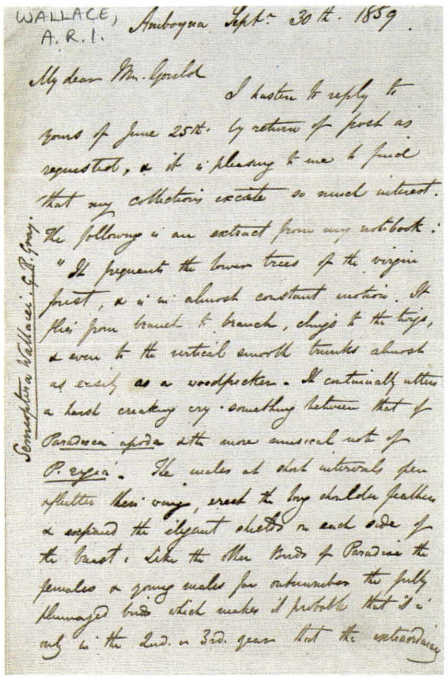
WALLACE, Amboyna Sept. 30th. 1859.
A.R.I.

My dear Mr. Gould
I hasten to reply to
yours of June 25th. by return of post as
requested, & it is pleasing to me to find
that my collections excite so much interest.
The following is an extract from my notebook:
"It frequents the lower trees of the virgin
forest, & is in almost constant motion. It
flies from branch to branch, clings to the twigs,
& even to the vertical smooth trunks almost
as easily as a woodpecker. It continually utters
a harsh creaking cry, something between that of
Paradisea apoda & the more musical note of
P. regia. The males at short intervals open
& flutter their wings, erect the long shoulder feathers
& expand the elegant shields on each side of
the breast. Like the other Birds of Paradise the
females & young males far outnumber the fully
plumaged birds which makes it probable that it is
only in the 2nd. or 3rd. year that the extraordinary

Semioptera Wallacei: G.R. Gray.

***Ein Brief von Alfred Wallace*** an den Ornithologen John Gould, geschrieben in Amboina, 1859. Beide Männer schwärmten für Paradiesvögel. Der erste Band von John Goulds Werk »Birds of New Guinea«, begonnen 1875, enthielt mehrere Tafeln, die von Wallace gesammelte Exemplare zeigten. Sie gehören zu Goulds großartigsten Illustrationen.

umfängliche Reinschrift seiner Ideen hermachte. 1859 erschien sein großes Werk »The Origin of Species« und erlebte in den folgenden 13 Jahren sechs Auflagen. Die Pionierarbeit Wallaces wurde von der Fachwelt anfangs zwar gewürdigt, aber nach und nach wurde Darwin immer häufiger allein als Urheber der Evolutionstheorie genannt; der Beitrag seines Kollegen geriet allmählich in Vergessenheit. Doch Wallace hegte offenbar keinen Groll, sondern schien vielmehr zufrieden zu sein, daß er mit seinen Reiseberichten und seiner sachkundig angelegten Tiersammlung als Begründer der Tiergeographie Anerkennung fand.

Alfred Russell Wallace wurde 1823 in der südwalisischen Stadt Usk geboren, als siebtes Kind eines belesenen, aber erfolglosen Geschäftsmannes. 1844 wurde er Lehrer an der Höheren Schule in Leicester. Hier traf er auf den zwei Jahre jüngeren Henry Walter Bates, der ebenfalls naturwissenschaftlich interessiert war, vor allem an der Entomologie. Die beiden jungen Männer bestärkten sich gegenseitig in ihrer Begeisterung und sehnten sich danach, ihr Hobby zum Beruf zu machen. Aber angesichts ihrer mangelhaften akademischen Vorbildung gab es für sie nur eine Lösung: für die unersättlichen öffentlichen und privaten Sammlungen jener Zeit neue, exotische Arten aus noch unerforschten Weltgegenden herbeizuschaffen. Mit Vermessungsarbeiten hatte Wallace bald genügend Geld verdient, um beider großen Plan zu verwirklichen: an den Amazonas zu reisen.

Das British Museum signalisierte Interesse. Im April 1848 segelten die Freunde von Liverpool aus an die Küste Brasiliens nach Belém, wo sie sich ein Jahr lang mit Land und Leuten vertraut machten. Die Vielfalt der Insekten erschien überwältigend. Bereits nach zwei Monaten meldeten sie ihrem Londoner Agenten, sie hätten 553 Schmetterlingsarten, 450 Käfer und 400 andere Insekten gesammelt. Sie arbeiteten in der Regel getrennt; nur einmal fuhren sie gemeinsam den Rio Tocantins 100 Meilen flußaufwärts.

Wallace reiste zum Oberlauf des Amazonas und erforschte besonders die Flußlandschaften des Rio Negro und Rio Uaupés, wo er unermüdlich Pflanzen und Säugetiere sammelte, in erster Linie aber Vögel und Insekten.

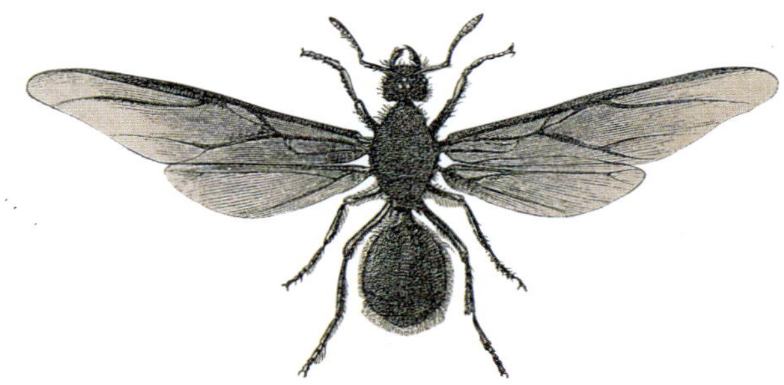

Als die Jahreszeit die Arbeit im Regenwald unmöglich machte, verlegte er sich auf das Sammeln von Fischen; dafür benutzte er ein Gift aus den Wurzeln der Liane *Paullinia pinnata*. Hunderte von Fischen bisher unbekannter Arten ergaben bald eine stattliche Sammlung – die aber, zusammen mit anderem Material und Notizen, während eines Schiffsbrands auf der Reise nach England verlorenging (nur die Zeichnungen wurden geborgen). Wallace und die anderen Überlebenden trieben bis zu ihrer Rettung zehn Tage lang im offenen Boot.

Als Wallace schließlich wieder in der Heimat landete, besaß er nur noch fünf Pfund und einen billigen Baumwollanzug. Seine Ausgaben in Südamerika hatte er dadurch decken können, daß er seinem Agenten in London Hunderte von Sammlerobjekten zum Verkauf geschickt hatte (das meiste davon fand später den Weg ins Londoner Museum of Natural History). Doch hatte sich Wallace weitere 500 Pfund aus dem Verkauf jener Sammlung erhofft, die durch den Schiffsbrand zerstört worden war. Zwar hatte sein Agent die Sendung für 150 Pfund versichert – aber das allein reichte für seine weiteren Pläne nicht aus. Auch hatte Wallace geplant, sich mit einer größeren Veröffentlichung anhand seiner Notizen und der wissenschaftlichen Auswertung der Fischsammlung einen Namen zu machen; auch das war nun unmöglich. Als zudem sein eher allgemein gehaltener Bericht über die Amazonas-Expedition kaum etwas einbrachte, wurde ihm klar, daß eine weitere Forschungsreise notwendig war. Als Ziel wählte er den Malaiischen Archipel.

Inzwischen hatte sein Freund Bates bei weiten und oft gefahrvollen Expeditionen im Amazonas-Gebiet ungeheuer viel Material zusammengetragen. 1859, nach elf Jahren, kehrte er heim nach England – in seinem Gepäck, nach eigener Schätzung, 712 Arten von Säugetieren, Reptilien, Vögeln, Fischen und Mollusken, ferner etwa 14000 Insektenarten, von denen mindestens 8000 unbekannt waren.

Anders als das Amazonas-Buch von Wallace wurde Bates' glänzend geschriebener Südamerika-Bericht sofort als Klassiker der naturwissenschaftlichen Literatur gewürdigt; er enthielt neue topographische Angaben

*Die von Alfred Wallace* geführten Notizbücher enthalten Illustrationen mit detaillierten Angaben über jene Insekten und Vögel, die er an etwa 20 unterschiedlichen Orten im Malaiischen Archipel beobachtet hatte.

und wunderbare Beschreibungen nicht nur der Flora und Fauna, sondern auch des Klimas und der Sitten und Gebräuche der Eingeborenen. Bates hatte alles akribisch aufgezeichnet, auch seine naturkundlichen Beobachtungen. Auszüge aus vielen seiner Briefe an Wissenschaftlerkollegen wurden in Fachzeitschriften abgedruckt. Er wurde Stellvertretender Sekretär der angesehenen Royal Geographical Society und veröffentlichte in den 27 Jahren, die er auf diesem Posten blieb, etliche wichtige Abhandlungen.

Doch vor allem beruht sein wissenschaftlicher Ruhm auf der Erkenntnis eines zoologischen Phänomens, das als »Batessche Mimikry« die Lehre Charles Darwins über die Mechanismen der natürlichen Auslese hervorragend ergänzt. Es handelt sich um die Beobachtung, daß etwa bestimmte Schmetterlinge, die für Vögel eine begehrte Beute sein könnten, Form und Farbe ihnen verwandter Arten annehmen, die für Vögel ungenießbar, ja sogar giftig sind; so wirken sie abschreckend auf mögliche Verfolger.

Auch Wallace sollte noch einen einzigartigen Beitrag zur Weiterentwicklung der Zoologie leisten. Die unzähligen Inseln zwischen der Malaiischen Halbinsel und Australien waren seit dem 16. Jahrhundert oft besucht worden, aber außer Java war noch keine gründlich erforscht. Dort also mußten viele neue Arten zu entdecken sein. Voller Hoffnung kam Wallace im April 1854 in Singapur an. Nach sechs Monaten Forschung in der Umgebung brach er zu seiner Reise in die unüberschaubare Inselwelt auf – eine Reise, die acht Jahre andauern und in deren Verlauf er 4000 Meilen zurücklegen und mehr als 90mal sein Basislager wechseln würde.

Er besuchte fast jeden Archipel, kam im Osten bis zu den Aru-Inseln und Neuguinea und sandte – wie schon vom Amazonas – seine Sammlungen regelmäßig an Stevens; allein die erste Sendung enthielt etwa 1000 Insekten aus Malakka, darunter mindestens 40 neuen Arten. Als Wallace im April 1862 nach London zurückkehrte, hatte er insgesamt 125 000 Tiere gesammelt, hauptsächlich Käfer, aber auch Wirbellose, Vögel,

Säugetiere, Amphibien, Reptilien und Fische. Seine Kollektion gilt immer noch als eines der bedeutendsten zoologischen Kabinette überhaupt und hat Stoff für zahlreiche wissenschaftliche Veröffentlichungen geliefert, einschließlich seiner eigenen. Andere Naturwissenschaftler beschrieben und bestimmten an die 2000 neue Käfer- und Hunderte neuer Schmetterlingsarten aus dieser Sammlung.

Wallace hatte bereits 18 Abhandlungen veröffentlicht, als 1869 sein Reisebericht »The Malay Archipelago« herauskam. Das Buch wurde begierig gelesen und erlebte zahlreiche Neuauflagen – teils wegen der Bedeutung seiner Sammlungen, teils, weil er Darwins sich immer weiter verbreitende Lehre stützte, und nicht zuletzt auch deshalb, weil diese kaum bekannten Regionen mit ihren wunderlichen Erscheinungen das Publikum schlicht und einfach faszinierten.

Die bedeutendste Erkenntnis seiner Forschungsarbeit war, daß mitten durch jene tropische Inselwelt eine Grenze zwischen den Verbreitungsgebieten ganzer Tiergruppen verläuft: zwischen den indomalaiischen im Westen und den australischen im Osten. Wallaces Schlußfolgerung, daß die Verteilung der Arten sowohl auf die geologische wie auf die Evolutionsgeschichte zurückzuführen sei, war völlig neu.

Wallace teilte die Erde in tiergeographische Regionen ein und erläuterte diesen Gedanken ausführlich in seinem 1876 erschienenen Buch »The Geographical Distribution of Animals«, das ihn zu einer Art Ahnherrn der modernen Tiergeographie machte. Im Falle des Malaiischen Archipels sah Wallace zwischen den Philippinen, Borneo und Java (dem indomalaiischen Raum) auf der einen Seite sowie Celebes, den Molukken, Timor und Neuguinea (dem australischen Raum) auf der anderen Seite eine Grenze verlaufen. Trotz mancher Korrekturen durch spätere Tiergeographen nennt man diese Linie noch heute die »Wallace-Grenze«.

Laien unter den Lesern von »The Malay Archipelago« waren vor allem von den Kapiteln über die Paradiesvögel und die Orang-Utans fasziniert. Drei Monate lang hatte der Forscher die Menschenaffen in Sarawak beob-

Miss F. Chant, Parkstone, Photographer
Emery Walker Ph.sc.
Alfred R. Wallace

***1862 nach England zurückgekehrt,*** lebte Alfred Wallace fortan geruhsam mit seiner Frau und bestritt seinen Lebensunterhalt hauptsächlich mit dem Verkauf seiner im Malaiischen Archipel gesammelten Vögel – aber auch mit der Publizierung von wissenschaftlichen Artikeln und Büchern. Er starb 1913 im Alter von 90 Jahren.

achtet. Sein anrührender Bericht steht freilich in dramatischem Widerspruch zu seinem tatsächlichen Verhalten vor Ort: Denn einerseits war er zwar über menschliche Eingriffe in die Natur besorgt und als »Umweltschützer« seiner Zeit weit voraus, doch andererseits sah er sich als Geschäftsmann, der mit getöteten Objekten handelte. Er schoß jede Menge Orang-Utans und ließ tote Tiere liegen, wenn sich ihre Bergung als schwierig erwies.

Dagegen hat Wallace vermutlich nie einen Paradiesvogel liegenlassen: Sie waren ihm zu wertvoll. Ihre Bälge samt der kostbaren Federn waren in Europa als Schmuck begehrt. Wallace hatte die meisten auf den Aru-Inseln gesammelt, aber es war nicht einfach, sie aufzuspüren. Trotz größter Mühe hatte er lediglich sechs der damals bekannten 18 Arten auftreiben können – aber auch eine unbekannte entdeckt, die ihm zu Ehren *Semioptera wallacei* genannt wurde. Für zwei lebende Exemplare der Art *Paradisea papuana* opferte er sogar 100 Pfund, um sie nach London zu schaffen; eines davon überlebte zwei Jahre lang im Zoo.

1866 heiratete Wallace im Alter von 43 Jahren. Er hatte den Posten des Sekretärs der Royal Geographical Society an seinen Freund Bates abgeben müssen und war auch nicht Direktor des neugegründeten Bethnal Green Museums geworden. Fortan lebte er von Kapitalanlagen, von Vorträgen und vom Schreiben. Außer wissenschaftlichen Aufsätzen verfaßte er eine Reihe von Büchern, auch eine Autobiographie, die 1905 erschien.

In seinen späteren Jahren wurden Wallace trotz seiner mangelnden akademischen Bildung etliche Ehrentitel von Universitäten sowie Medaillen von naturwissenschaftlichen Gesellschaften angeboten. Die Titel schlug er aus, die Medaillen aber nahm er an – etwa die begehrte Royal Medal of the Linnean Society. 1892 wurde er gegen seinen Willen zum Mitglied der Royal Society gewählt: die höchste Ehre für einen Naturwissenschaftler jener Zeit.

***Paradiesvögel wurden*** seit ihrer Entdeckung durch Europäer im 16. Jahrhundert überall im Abendland bewundert, da vor allem die Federn der Männchen überraschende Farben und Formen annahmen. Wallace versuchte, im Malaiischen Archipel so viele Tiere wie möglich zu beobachten und zu sammeln. Unter ihnen war der Fadenhopf (oben), von Wallace und Gould *Seleucides nigricans* genannt, heute *Parotica sexpennis*, und die Fächerparadies-Elster, *Astrapia nigra* (rechts). Diese und andere Vögel hatte Gould für sein Werk »Birds of New Guinea« gemalt.

17.

ASTRAPIA NIGRA.

J. Gould & W. Hart, del et lith. Walter, Imp.

28.

***Den Papua-Paradiesvogel*** (links) nannte Wallace *Paradisaea papuana*, heute heißt er *Paradisaea minor*, der Göttervogel. Der Forscher entdeckte diese prachtvolle Art auf Neuguinea und mehreren anderen Inseln. Er brachte einige lebende Exemplare nach England, obwohl es schwer war, sie mit genügend Futter zu versorgen – nämlich lebenden Schaben; Wallace stellte auf dem Schiff Fallen auf und besorgte sich auf Malta Insekten aus einer Bäckerei. Die Vögel kamen gesund in London an und lebten ein beziehungsweise zwei Jahre im dortigen Zoo. Vom Blaukopf-Paradiesvogel (oben links) und dem Sichelschwanz-Paradiesvogel (oben rechts) konnte er keine so guten Exemplare finden.

109

***Während seiner Reise auf dem Rio Negro und dem Rio Uaupés*** zeichnete Alfred Wallace alle Fische, die er beobachtet hatte. Diese Zeichnungen fielen als einzige dem verheerenden Feuer, das all seine Sammlungen und die Notizen über die Fauna des Amazonas-Beckens zerstört hatte, nicht zum Opfer. *Pterophyllum scalare* (links), den Wallace Schmetterlingsfisch nannte, heißt heute Segelflosser oder Skalar. Er kam um 1900 als Aquarienfisch nach Europa und war sofort sehr beliebt. Jetzt gibt es Hunderte von Unterarten. Der Punktstreifen-Leporinus (oben) ist ebenfalls in Aquarien heimisch. Wallace zeichnete ihn auf dem Rio Negro. Bei den Eingeborenen hieß er »uaracu murutinga«.

***Katzenfische sind in den Tropen*** besonders artenreich. Mit seinem riesigen Maul voll winziger Zähne ist der *Asterophysus batrachus* (unten) einer der sonderbar aussehenden Plattkopf-Welse. Am oberen Rio Negro hieß er »mamayacú«. Andere Katzenfische sehen bedrohlicher aus (rechts). Dieses bisher nicht identifizierte Mitglied der Familie *Doradidae* nannten die Indianer am oberen Rio Negro »caracadú«. Wallace zeichnete viele Exemplare dieser Art, die man auch »sprechende Katzenfische« nennt, weil sie einen Laut von sich geben, wenn Fischer sie aus dem Wasser holen.

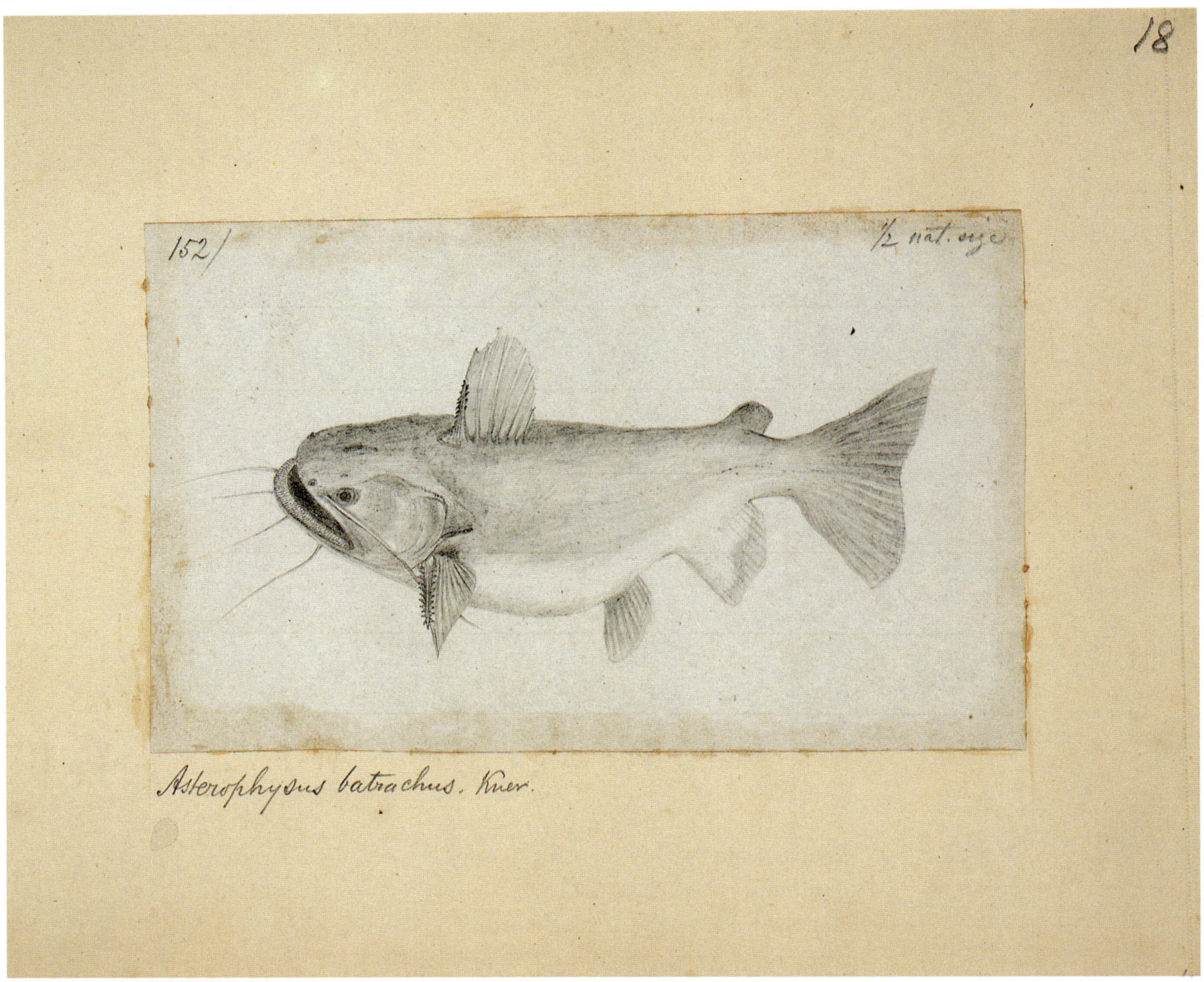

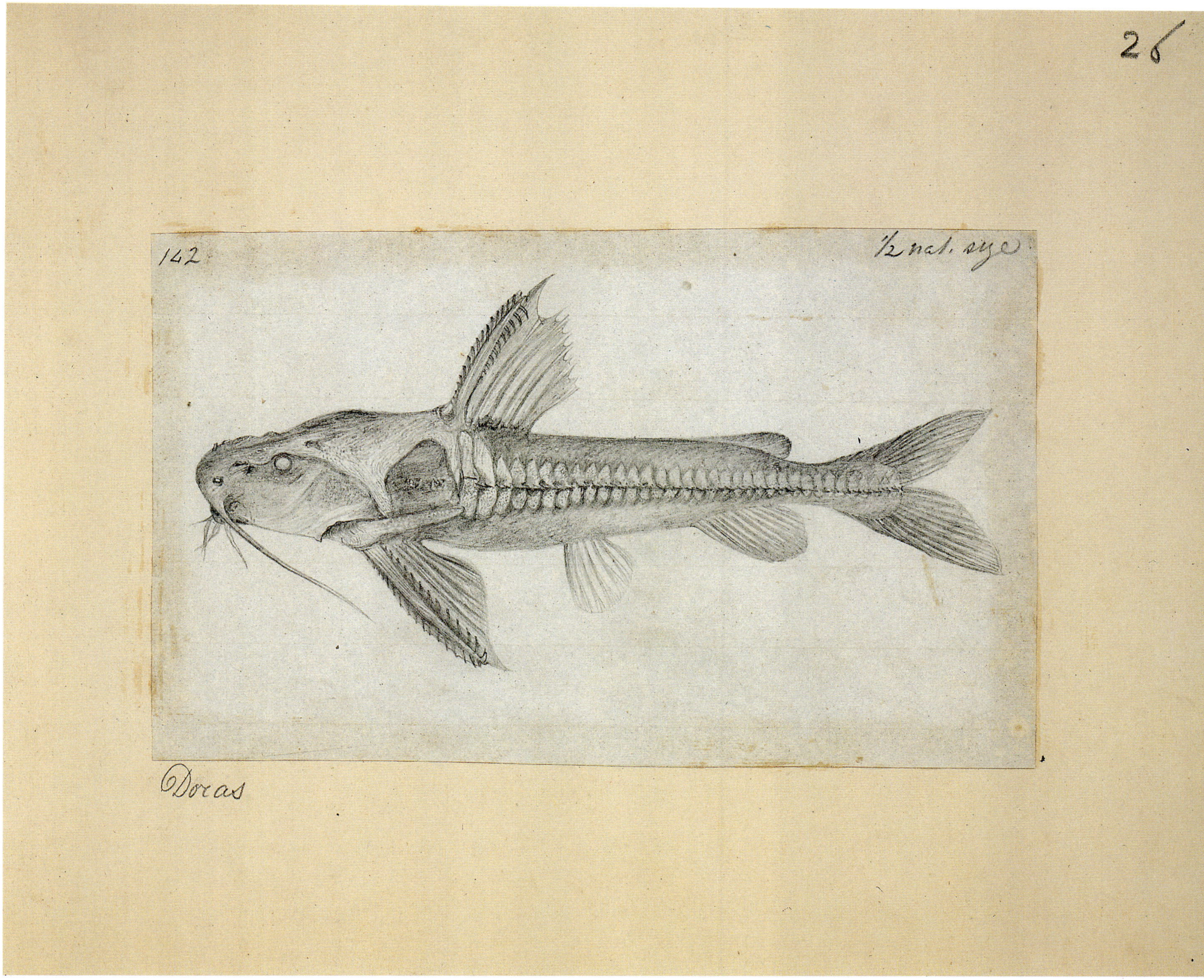
26
142
½ nat. size
Doras

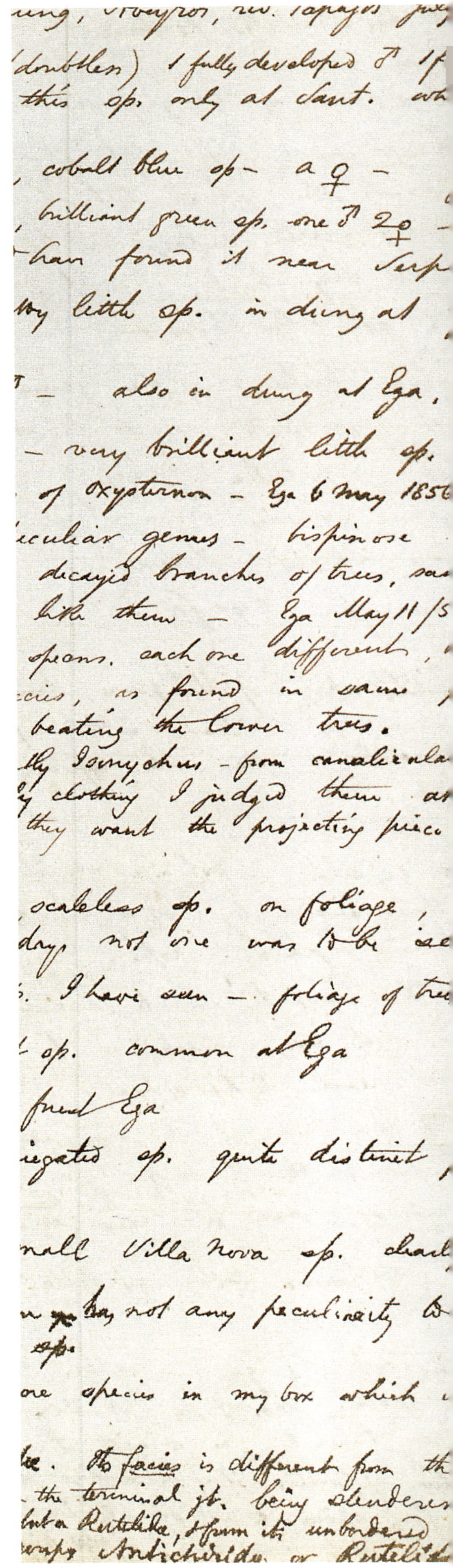
(doubtless) 1 fully developed ♂ if
this sp. only at Sant.
, cobalt blue sp. – a ♀ –
, brilliant green sp. one ♂ 2♀ –
have found it near Serp
very little sp. in dung at
– also in dung at Ega.
– very brilliant little sp.
of Oxysternon – Ega 6 May 1856
peculiar genus – bispinose
decayed branches of trees, sa
like them – Ega May 11/5
specimens. each one different,
species, as found in same
beating the lower trees.
lly Isonychus – from canaliculat
y clothing I judged them at
they want the projecting piece
scaleless sp. on foliage
day, not one was to be see
. I have seen – foliage of tree
sp. common at Ega
fined Ega
iegated sp. quite distinct
mall Villa nova sp. dual
has not any peculiarity to
sp.
one species in my box which
. Its facies is different from th
the terminal jt. being slenderer
but a Rutelide, & from its unbordered
corps Antichiridae or Rutelid

*Henry Walter Bates* interessierte sich besonders für Käfer, *Coleoptera*, mit 250 000 Arten die größte aller Insektengruppen. Auf der rechten Seite sind etliche von ihm illustrierte Extreme der Käferentwicklung abgebildet: in der unteren und mittleren Reihe fünf relativ primitive räuberische Tigerkäfer (aus der Familie der *Cicindelidae*), oben zwei pflanzenfressende Langhorn-Käfer, so genannt wegen ihrer ungewöhnlich langen Fühler (auch diese Seite).

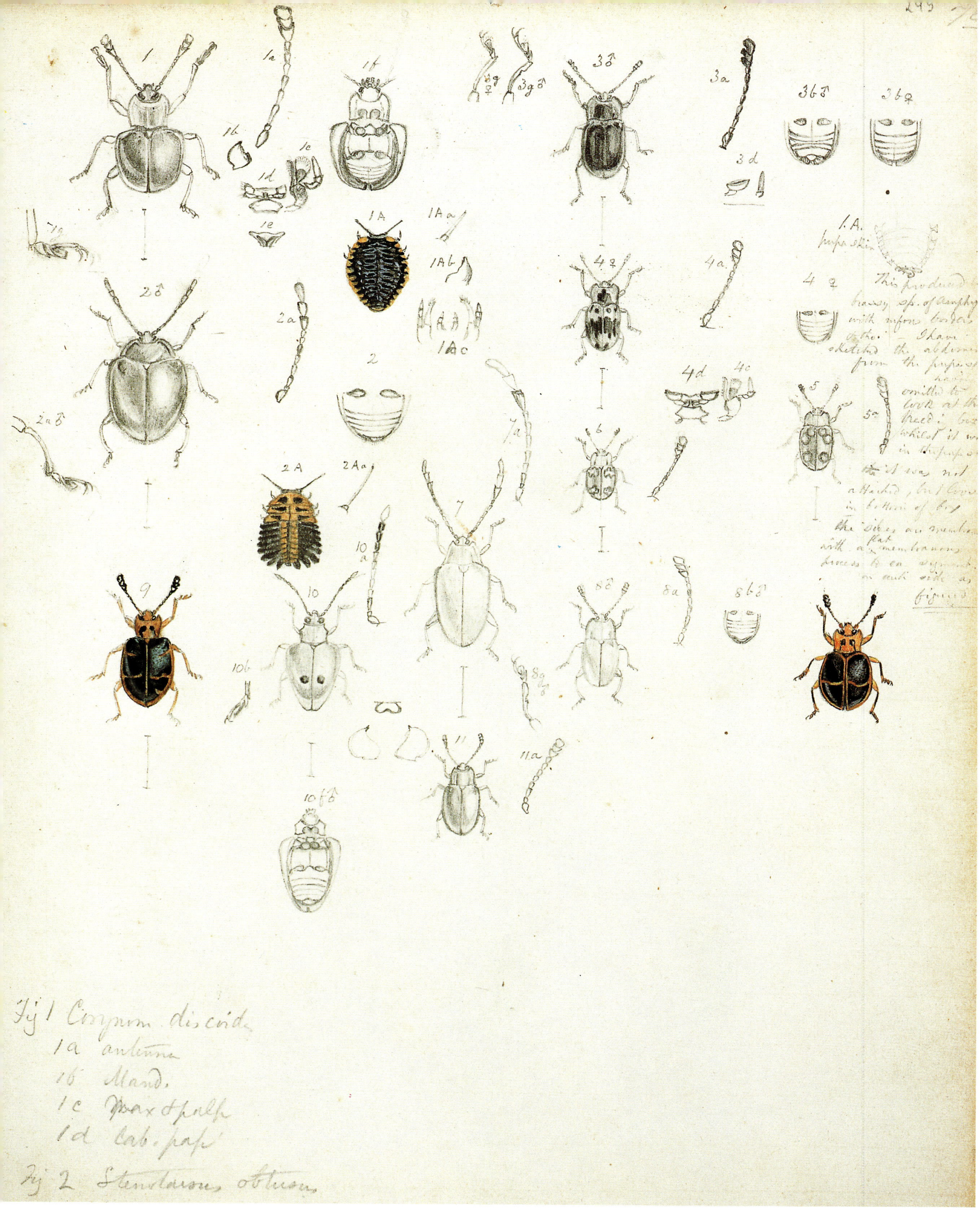
1a antenna
1b Mand.
1c Max & palp
1d Lab. palp

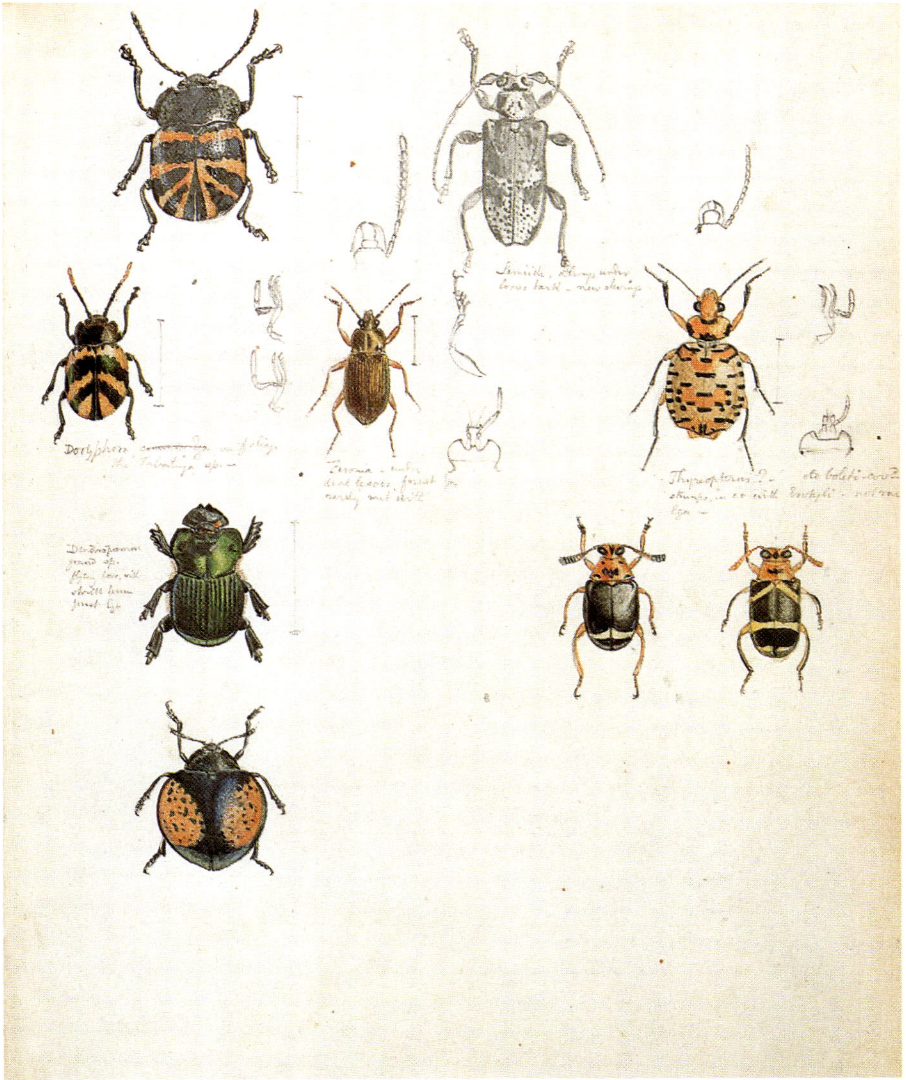

***Käfer-Illustrationen*** von Henry Walter Bates, so frisch und lebendig wie am Tag ihrer Entstehung vor über 150 Jahren. Diese sorgfältig annotierten Zeichnungen (siehe auch folgende Doppelseite) zeigen eine ganze Ansammlung von Käfer-Familien, einschließlich metallisch glänzender Laufkäfer, Mistkäfer, und eines Langhorns.

Allied to ~~[illegible]~~ Anisocerus. colour, shape [of] body deceptively resemble the elongated Anthribi :: on branches of fallen trees antennae held close together over the back. 4 Oct. 55

♂ Anisocerus Onca, White B.M.

Megaderus Stigma. The lower lip is composed of a very broad & short piece a: of the same horny consistence as the general integument: its upper edge is cut out & joined to the membranous piece b: forming the intermediate piece between mentum & palpi — ~~[illegible]~~ c: is the paraglossae or ligula or ligula & paraglossae united — it is white cartilaginous & flexible & springy (as I made quite sure) from the oesophagus as far down as the base of mentum it is one piece at its basal half & soft, membranous or tumid — its upper half is cleft: within them is the usual horny rib on each side running up each of the lobes. Now it appears to me that the ligula here is reduced & invisible externally the paraglossae being in recompense highly developed.

The roots of lab. palpi are visible & soft. e. There is no trace of the horny solidification of parts as in Ctenoscelis No 36 — except a small dark horny looking plate at the bottom of the cleft of paraglossae (d). This latter may be the remains of the reduced ligula. 5 Oct. 55

Allied to Lamia & especially to Onychocerus. The ♂ has fore tarsi broad jts. fringed on sides with long hairs, & the apical jt. of ant. shorter than the preced. jts.

The labium is on same type [as] Megaderus & other Longicornes but the mentum, altho' horny softer than the integument & also coriaceous. The other parts are narrower & more elongate than Megaderus. I see no trace of rib or keel on the inside of the ligula-paraglos. 5 Oct. 55

The sp. is frequent at Ega in fine on branches of fallen trees, often found in cop.

The mandibles have not a tooth n[ear] apex as in Megaderus, but are faintly crenulated in the middle of inner side.

[H]ippopsis? ♀ Antennae more [tha]n 2ce the length of body. In ♂ [n]ot much longer, but the terminal jt. longer. Prostern. dilated after coxae ~~[illegible]~~ & rather advanced towards the mesost. being broad & truncated, there is a narrow slit ~~[illegible]~~ ~~between~~ [illegible] wh. renders [the] cotyloid cav. not closed.

[Th]e mentum as in figure. I [no]ted particularly the horny piece it is elongate & narrow in [thi]s sp. & its tip furnished with stiff bristles, exactly as the [lig]ula in many other Coleopter[a].

Anisocerus Egaensis White

Chrysoprasis — the large, broad sp. middle lobe of maxillae, greatly elongated, spoon shaped, like the Dichroma & unlike Trachyderes, labium — ample expanded rounded lobes. 1st jt. of maxpalpi elongate, — mandibles toothed middle — &c &c.

Ega 25 March 1856

Ibidion with maxillae
20 June /56

maxillae are as in Ibidion. The small …

Lamiidae Trachysomus — Mandibles broad blades, simply pointed not toothed — Front-plane elongate, rather narrow, eyes notched slightly at upper border antenniferous tubercles arising from the notch —

Ega 27 March 1856

♂?

Lamiidae — nearest Leiopus — the second jt. of labial & the 2nd & 3rd of maxipalpi — much enlarged, tip jts thin & tapering — the lingua is not cleft like other Longicornes, but a single piece, scarce even a sinuation in its upper edge. — The mandibles are suddenly narrowed near the tip, the left …

Listroptera

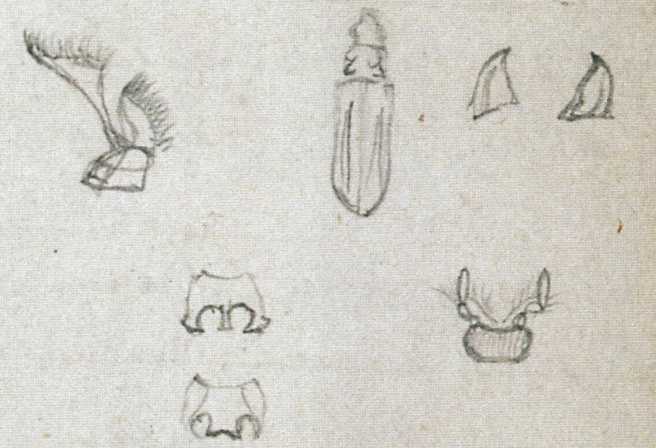

Common small, wholly black-gray, elytra with blk striae, sternum surface rugose-corroded

Ega 21 June /5…

Cycnoderus basalis White

parts of the mouth, membranous or cartilaginous, semi transparent, excep…

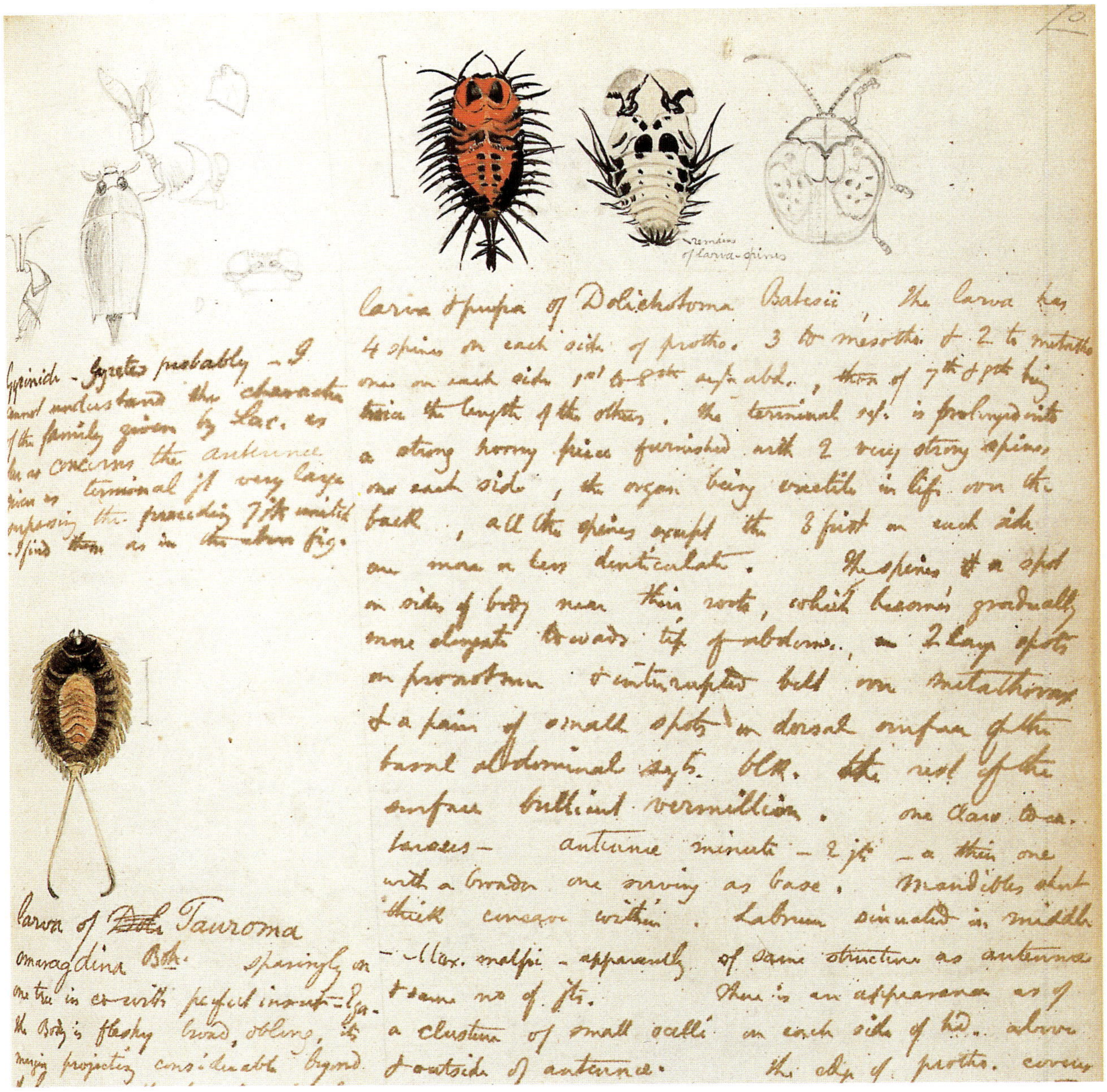

***Bates hatte*** seine ungemein genauen Aufzeichnungen über die Morphologie, die Ökologie sowie das Verhalten der Insekten mit Hunderten von kleinen Darstellungen illustriert (oben). Eine Seite (rechts) zeigt eine Familie von Heuschrecken, einzigartig in Südamerika, die Gespensterheuschrecken sehr ähneln. In den begleitenden Notizen führte der Brite aus, daß die Hinterbeine dieser Tiere wesentlich weniger ausgebildet sind als bei gewöhnlichen Heuschrecken und sie daher nicht so gut springen können.

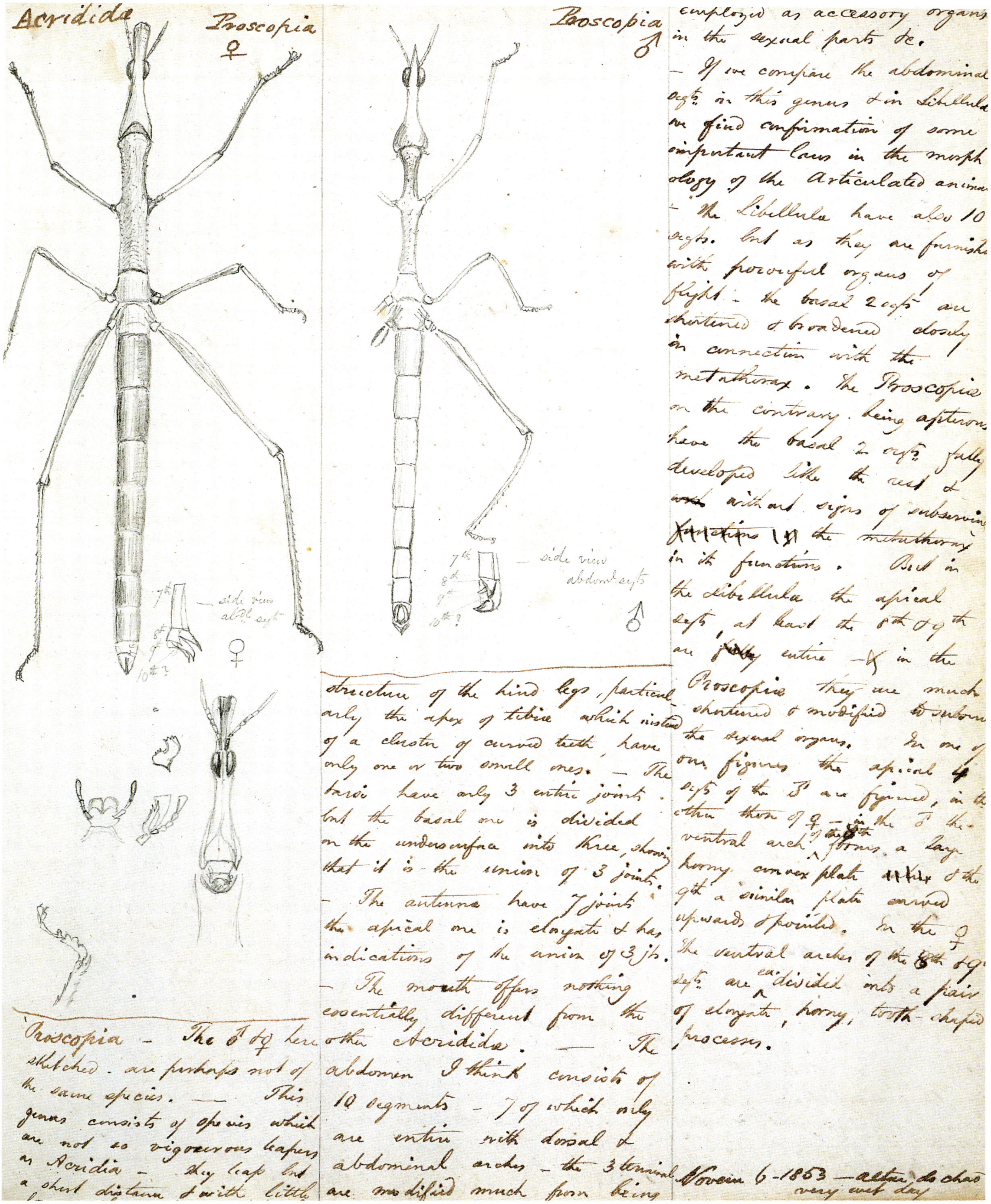
Acridida

Proscopia ♀

Proscopia ♂

Proscopia — The ♂ & ♀ here sketched — are perhaps not of the same species. — This genus consists of species which are not so vigourous leapers as Acridia — they leap but a short distance & with little

structure of the hind legs, particularly the apex of tibiæ which instead of a cluster of curved teeth, have only one or two small ones. — The tarsi have only 3 entire joints. but the basal one is divided on the undersurface into three, showing that it is the union of 3 joints. — The antennæ have 7 joints the apical one is elongate & has indications of the union of 3 jts. — The mouth offers nothing essentially different from the other Acridida. — The abdomen I think consists of 10 segments — 7 of which only are entire with dorsal & abdominal arches — the 3 terminal are modified much from being

employed as accessory organs in the sexual parts &c. — If we compare the abdominal segts. in this genus & in Libellula we find confirmation of some important laws in the morphology of the Articulated animals — The Libellulæ have also 10 segts. but as they are furnished with powerful organs of flight — the basal 2 segts. are shortened & broadened closely in connection with the metathorax. The Proscopiæ on the contrary being apterous have the basal 2 segts. fully developed like the rest & without signs of subserving ~~functions (of) the metathorax~~ in its functions. But in the Libellulæ the apical segts, at least the 8th & 9th are ~~fully~~ entire — & in the Proscopiæ they are much shortened & modified to subserve the sexual organs. In one of our figures the apical 4 segts of the ♂ are figured, in the other those of ♀ — in the ♂ the ventral arch of the 8th forms a large horny convex plate ~~[illegible]~~ & the 9th a similar plate curved upwards & pointed. In the ♀ the ventral arches of the 8th & 9th segts. are ea. divided into a pair of elongate, horny, tooth-shaped processes.

Novem 6-1853 — altar do chao very wet day

*Einige Seiten aus dem Notizbuch* von Bates mit Darstellungen amazonischer Schmetterlinge. Details und Farbgebung sind erstaunlich, denn der Künstler konnte im Dschungel ja nur mit primitiven Mitteln arbeiten. Manche Zeichnungen machte er direkt ins Notizbuch, andere auf Papierfetzen, die er später einklebte.

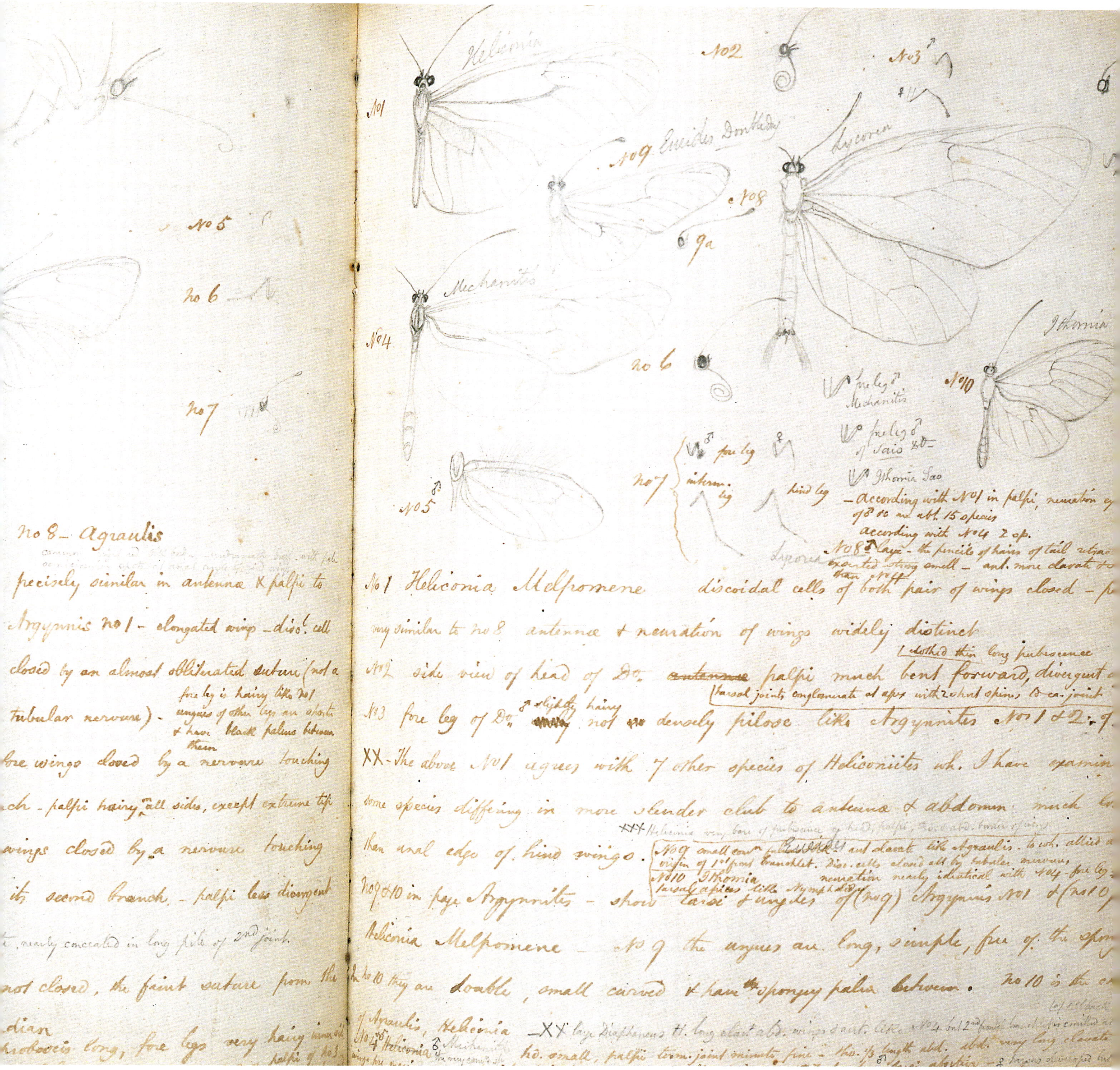

Heliconia
No1
No2
No3
No 5
no 6
No7
No9 Eueides
Lycorea
No8
9a
Mechanitis
No4
Ithomia
No10
No5
No 8 – Agraulis
No1 Heliconia Melpomene discoidal cells of both pair of wings closed
Heliconia Melpomene

, in ♂ they are

tion something

) in the forest

, Wings

***Schmetterlinge aus dem Amazonas-Gebiet***, die Bates nicht nur zeichnete, sondern auch sammelte. Insgesamt brachte er es auf 14000 unterschiedliche Insektenarten – und jedes Exemplar mußte aufgespießt, etikettiert und nach England geschickt werden. In seinem Buch beschreibt er einen typischen Arbeitstag im Dschungel: »Ich stand bei Tagesanbruch auf, trank Kaffee und segelte den Vögeln nach. Um 10 Uhr frühstückte ich und verbrachte dann die Zeit bis drei Uhr mit Entomologie. Am Abend konservierte ich meine Funde und verpackte sie.«

**Bates wird nicht nur** wegen seiner Methodik und seines wissenschaftlichen Scharfsinns geschätzt, sondern auch wegen der Ästhetik seiner Darstellungen, etwa seiner Aquarelle von Schmetterlingen. Sein Sinn für Farben und Formen half ihm sicher auch dabei, geeignete Exemplare zu finden, um sie an Sammler in London zu verkaufen.

1♂
1♀
2♂
5♂
5♂
3♂
6♂
6♀
6♂
4♂
6♀
4♀
7♂
9♂
8♂
8♂
9♂

# Entdeckungen in der Tiefsee 1872–1876

## Die Fahrt der »Challenger«

***Das Larvenstadium*** eines garnelenartigen Langschwanzkrebses der Familie *Sergestidae*: eine Zeichnung von Charles Spence Bate für seinen »Challenger«-Bericht über Schalentiere. Obgleich Bate ein Amateur-Zoologe war, halten seine Arbeiten strengen wissenschaftlichen Maßstäben stand.

So gut wie alles Festland der Erde war um die Mitte des 19. Jahrhunderts entdeckt, der Küstenverlauf weithin gut kartiert. Obwohl Schiffe aus vieler Herren Länder mehr als zwei Jahrhunderte lang alle sieben Meere durchfurcht hatten, wußte man jedoch vom Leben in der See und von der Gestalt des Bodens in ein paar hundert (oder tausend) Meter Tiefe noch fast überhaupt nichts. Wie tief die großen Meeresgräben in die Erdkruste hineinragten, war unbekannt; die Wissenschaftler vermuteten, daß die totale Finsternis, der hohe Wasserdruck und die ewige Kälte in jenen Abgründen jegliches Leben unmöglich machten.

Doch als die Entwicklung der Telegrafie das Verlegen von Kabeln zwischen den Kontinenten erforderte, wurde eine genaue Kenntnis der Meeresböden nötig. Außerdem gab es Hinweise darauf, daß die Vorstellung von einer leblosen Tiefsee vielleicht doch nicht ganz stimmte. Einige Tiere, die man früher eher zufällig hochgeholt hatte, erwiesen sich als »lebende Fossilien«, und Anhänger der Lehren Charles Darwins glaubten, in der Tiefsee könnte noch mehr davon zu finden sein. Es gab also gute Gründe – kommerzieller wie wissenschaftlicher Art –, die Tiefe der Meere zu erforschen.

So kam es, daß HMS »Challenger«, eine 75 Meter lange Korvette der britischen Marine, am 21. Dezember 1872 von Portsmouth zu einer dreieinhalb Jahre dauernden Forschungsreise auslief. Sie sollte die berühmteste Expedition ihrer Art werden und gilt als Beginn der Ozeanographie. Noch nie war eine so große Expedition mit der speziellen Aufgabe ausgeschickt worden, die physikalischen, chemischen, geologischen und vor allem die biologischen Gegebenheiten der Tiefsee zu erkunden. Die gesamten Kosten beliefen sich nach heutigem Wert auf mehr als zehn Millionen Pfund, etwa 30 Millionen Mark. Ein solcher Betrag war noch niemals zuvor für ein einziges wissenschaftliches Unternehmen bewilligt worden.

Den Plan dazu hatten zwei Biologie-Professoren geliefert: William Benjamin Carpenter von der Universität London und Charles Wyville Thomson, Naturhistoriker von der Universität in Edinburgh. Die beiden hatten

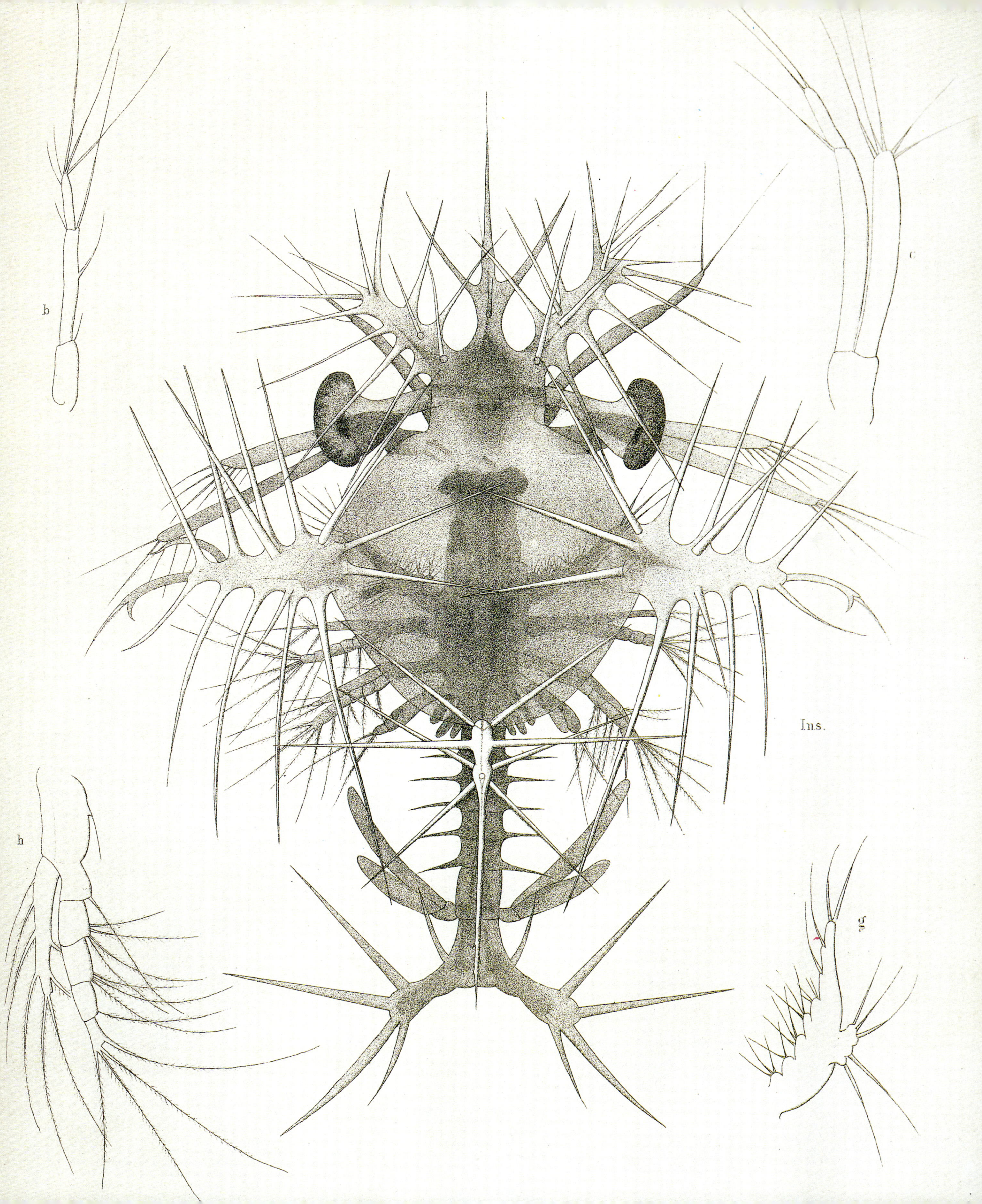
b
c
Ins.
h
g

*Die »Challenger« im Eis,* ein Gemäde von W. F. Mitchell. Im Februar 1874 war das Schiff zwei Wochen in der Antarktis. Insgesamt kamen während der Reise zehn Männer ums Leben – für jene Zeit eine eher niedrige Zahl an Opfern.

selber noch bis vor kurzem an die Leblosigkeit der Tiefsee geglaubt. Doch bereits ein paar Erkundungsfahrten vor den englischen Küsten hatten sie vom Gegenteil überzeugt – und zugleich auch die Annahme widerlegt, daß das Wasser in der Tiefe gleichmäßig um vier Grad Celsius warm sei, wobei es seine maximale Dichte erreiche. Die beiden Professoren hatten beträchtlich höhere und geringere Temperaturen in Bodennähe ermittelt – aber das war ihnen nur an einer einzigen Position gelungen. Deshalb schlugen sie der Royal Society nun vor, eine ordentlich ausgestattete Expedition auf die Weltmeere auszusenden, um das letzte große Rätsel der Erde zu ergründen; auch die britische Admiralität nahm den kühnen Vorschlag an.

Der Zeitpunkt war günstig. Großbritannien stand auf dem Gipfel seiner imperialen Macht und beherrschte die Meere. Folglich, so die allgemeine patriotische Hochstimmung, sollte die Nation auch bei jeder neuartigen Unternehmung auf den sieben Weltmeeren führend sein. Das Hydrographische Amt der Admiralität war zwar seit Jahrzehnten das weltweit beste seiner Art, hatte aber bis dahin nur wenig Interesse an der Tiefsee gezeigt. Nun stellten die Telegrafengesellschaften plötzlich wegen ihrer Projekte zur Kabelverlegung Fragen über die Beschaffenheit des Meeresbodens, die kein Mensch beantworten konnte. So bekam das Vorhaben, ungeachtet der wissenschaftlichen Aspekte, auch die Rückendeckung des höchsten Vermessungsoffiziers, des Admirals G. H. Richards.

Nach 18 Monaten war ein Schiff ausgesucht und zweckgerecht umgebaut worden – mit zusätzlichen Laboratorien, Kabinen für die Begleiter und großen Seilwinden. Tonnenweise kamen neueste wissenschaftliche Geräte an Bord und mehr als 400 Kilometer Tauwerk. Kapitän wurde der erfahrene Vermessungsoffizier George Strong Nares, unterstützt von 225 Mann Besatzung. Die zivile Crew, angeführt von Thomson – Carpenter hatte sich mit seinen 58 Jahren zu alt gefühlt für so eine Expedition –, bestand aus einem schottischen Chemiker, John Young Buchanan, drei Zoologen (einem Engländer, Henry Nottidge Moseley, einem Schottisch-Kanadier, John

Murray, einem Deutschen, Rudolf von Willemoes-Suhm) und dem Schweizer Zeichner Jean-Jacques Wild. Es war der beispielhafte Beginn einer internationalen Zusammenarbeit unter Wissenschaftlern, wie sie seither für große ozeanische Unternehmungen typisch ist – selbst in Zeiten großer Konflikte.

Nach einer kleinen Probefahrt zum Testen der Gerätschaften und nach Kurzbesuchen in Lissabon und Teneriffa begann im Februar 1873 etwa 40 Meilen südlich der Kanarischen Inseln in einer Tiefe von 3500 Metern die eigentliche Arbeit an Bord der »Challenger«. Solche vorher festgelegten Punkte nennen Wissenschaftler »Stationen«. Als das Schiff am 21. Mai 1876, dem 51. Geburtstag Königin Victorias, nach insgesamt 713 Tagen auf See und nahezu weltweit 362 Stationen wieder in Spithead anlegte, hatte es – außer dem Indischen – alle Ozeane durchquert und 68 890 Seemeilen zurückgelegt, meist unter Segel (die 400 Pferdekräfte ihrer Dampfkessel, die eine zweiflüglige Schraube antrieben, wurden nur gelegentlich hilfsweise eingesetzt).

Die Hälfte der Zeit hatte die »Challenger« in exotischen Häfen gelegen, in Nord- und Südamerika, Südafrika, Australien, Neuseeland, Hongkong, Japan und auf Ankerplätzen von Atlantik- und Pazifik-Inseln. Während der Landgänge sammelten Offiziere und Wissenschaftler Unmengen zoologischen, botanischen und ethnographischen Materials und suchten zudem die Bekanntschaft von Einheimischen aller Schichten, vom König von Portugal und dem Kaiser von Japan bis zu jenen Fidschi-Insulanern, die noch kurz zuvor Kannibalen gewesen sein sollten.

Viele dieser Begegnungen und Panoramen wurden von Jean-Jacques Wild, dem offiziellen Zeichner der Expedition, im Bild festgehalten; vieles wurde aber auch schon fotografiert. Diese neue Art der Aufzeichnung während einer solchen Expedition ist hier wahrscheinlich zum erstenmal routinemäßig eingesetzt worden. Die Fotografie steckte noch in den Kinderschuhen; wegen der langen Belichtungszeiten waren »Schnappschüsse«, etwa von Wissenschaftlern oder Matrosen bei der Arbeit an Deck, nicht möglich; wohl aber eignete sie sich sehr

gut für statuarische Aufnahmen von Menschen und Landschaften. Die Vorschrift an den Fotografen lautete, »jede Gelegenheit zu nutzen, um Eingeborene jeweils maßstabsgerecht aufzunehmen«. So ergaben sich historisch einzigartige Ablichtungen von Orten und Menschen am Ende des 19. Jahrhunderts, unter anderem die wohl ersten Fotos antarktischer Eisberge.

Aber die Hauptarbeit war an den 713 Tagen auf dem Meer geleistet worden, als das Schiff alle zwei bis drei Tage an einer der 362 »Stationen« geankert hatte, wo jedesmal die Wassertiefe und die Temperatur an der Oberfläche und auf dem Meeresgrund, oft auch in verschiedenen Tiefen dazwischen gemessen wurden. Die Wissenschaftler entnahmen Sediment- und Wasserproben für spätere chemische Analysen. Mit Schlepp- oder Planktonnetzen sammelten sie Tiere und Proben vom Meeresboden bis zu 1500 Metern Tiefe. Die Ausbeute wurde stets sorgfältig sortiert, in Flaschen konserviert, etikettiert und genau beschrieben. Auch Geschwindigkeit und Richtung der Strömungen wurden regelmäßig aufgezeichnet.

Im Verlauf der Reise schickten die Forscher ständig Material nach Hause, von Bermuda, Halifax, Sydney, Hongkong und Japan. In der Einführung zu seinem Bericht schrieb Thomson später: »Nachdem wir die ganze Ladung in Sheerness ausgeladen hatten, fanden wir ... 563 Kisten, darin 2270 große Gläser mit Objekten in Spiritus, 1749 kleinere, mit Stöpseln verschlossene Flaschen, 1860 Glasröhren und 176 Blechdosen, alle mit eingelegten Objekten, 180 Blechkästen mit getrockneten Objekten und 22 Fässer mit Objekten in Salzlauge.« Und weiter: »Von den über 5000 Flaschen und Krügen verschiedener Größe, die aus allen Teilen der Welt nach Edinburgh gegangen waren, sind nur 4 zerbrochen, und keines der eingelegten Objekte ist verlorengegangen.«

Doch die Prozedur des Sammelns, Lagerns und Bezeichnens der wichtigen Objekte war ebenso mühsam wie die endlose Aufzeichnung der Meßergebnisse. Der Reiz des Neuen verblaßte allmählich. Am schwersten hatte es dabei die Besatzung, die hart arbeiten mußte und den wissenschaftlichen Erkenntnissen nichts abge-

*Die Fotografen der »Challenger«* (links die Expeditionskamera) versuchten während der Reise Aufnahmen von Landschaften, Menschen und interessanten Details zu machen. Sie verwendeten bei ihren Aufnahmen das sogenannte Feuchtverfahren; die Technik war jedoch noch nicht ausgereift genug, um wissenschaftlich brauchbare Bilder zu bekommen.

winnen konnte. In den Häfen desertierten insgesamt 61 Mann. Aber gerade die gewohnte Alltagsarbeit war die Stärke der Expedition. Die angewendeten Methoden waren nicht neu, wohl aber die Intensität ihres Einsatzes weltweit, mit dem Schwerpunkt Tiefsee. Die Männer loteten im Marianengraben einen Abgrund von fast 8200 Metern aus, und noch nie zuvor hatten Forscher in einer Tiefe von 5700 Metern mit einem Schleppnetz den Meeresboden abgefischt.

Zur Auswertung der reichen Beute, die partieweise schon von unterwegs nach Hause geschickt wurde, war in Edinburgh eine »Challenger«-Zentrale eingerichtet worden, um alle Daten zu sichten, die Proben an Experten zu schicken und die Veröffentlichung der Ergebnisse zu überwachen. Das nahm – wie bei anderen Expeditionen auch – weitaus mehr Zeit in Anspruch als die Seereise selbst. Nach dem Tod des Expeditionsleiters Charles Wyville Thomson 1882 übernahm ein jüngerer Naturforscher, John Murray, der die Reise mitgemacht hatte und später zu den berühmtesten Wissenschaftlern seiner Zeit zählen sollte, die Arbeit. Thomson hatte mit insgesamt 15 Berichtbänden gerechnet, die die Zentrale innerhalb von fünf Jahren veröffentlichen würde. Schließlich wurden es jedoch 50 dicke Bände mit 29552 Seiten; die letzten zwei erschienen erst 1895 – 19 Jahre nach Ende der Expedition.

Zum Schluß gab es noch Streitigkeiten. Die Leiter des British Museum hielten sich – und nicht Thomson – für die rechtmäßigen Empfänger und Auswerter der Sammlungen. Andere Experten meinten, allein britische Wissenschaftler sollten daran arbeiten, statt Forscher aus aller Herren Länder zum Teamwork einzuladen. Aber Thomson behielt die Oberhand, und spezielles Material wurde auch an die renommiertesten Experten in Frankreich, Deutschland, Italien, Belgien und Skandinavien geschickt. Nach der Auswertung kam alles zusammen zur Naturhistorischen Abteilung im mittlerweile fertigen Neubau des Museums, wo es noch heute liegt.

***Würdenträger der Royal Society*** und einige Expeditionsteilnehmer an Bord der »Challenger«, Sheerness, Dezember 1872. In der mittleren Reihe, Mitte, steht Professor Charles Wyville Thomson, der wissenschaftliche Leiter der Expedition. Da er seinen Kopf für die damals langen Belichtungszeiten nicht ruhig genug hielt, ist sein Porträt auf dem Foto verwischt.

Die größte Schwierigkeit allerdings machte das britische Schatzamt, das sich weigerte, für die wachsenden Kosten der Veröffentlichungen aufzukommen. Thomson, gesundheitlich angeschlagen, grämte sich darüber zu Tode; er starb mitten in der Arbeit mit 52 Jahren. Sein robusterer Nachfolger, Murray, beschämte den Fiskus schließlich mit der Drohung, die Publikation aus eigener Tasche zu bezahlen.

Meeresforscher beziehen sich noch in unserer Zeit ständig auf die großartigen Berichte der »Challenger«-Expedition, die längst in Dutzenden von Forschungsstätten der ganzen Welt einzusehen sind. Es vergeht auch heute – mehr als 100 Jahre nach der Expedition – kaum ein Tag, an dem nicht einer von ihnen in einem Saal des Museum of National History sitzt und sich Stücke aus der Sammlung ansieht. Die Berichte enthalten Tausende von Illustrationen, darunter einige von Jean-Jacques Wilds unterwegs angefertigten Aquarellen – und viele Fotos. Die meisten Illustrationen stammen von wissenschaftlichen Spezialisten, denen Exemplare ganzer Tiergruppen zugeschickt worden waren, oder von Künstlern, die von diesen Spezialisten die Aufträge erhalten hatten. Die Mehrzahl der Abbildungen verdanken wir also Dutzenden von Malern, Kupferstechern und Lithographen, die die »Challenger« nie gesehen haben.

Trotz der anerkannt großen Verdienste der »Challenger«-Expedition schreckte Großbritanniens Regierung lange davor zurück, die Ozeanographie weiter zu fördern. Der Druck, den John Murray wegen der Übernahme der Folgekosten ausgeübt hatte, hatte das Schatzamt derart getroffen, daß es Jahrzehnte dauerte, bis wieder eine vergleichbare wissenschaftliche Unternehmung finanziert wurde.

Doch andere Länder ließen sich schon im letzten Viertel des 19. Jahrhunderts nicht abschrecken, der »Challenger« im Kielwasser zu folgen. Die Vereinigten Staaten, Deutschland, Norwegen, Schweden, Frankreich, Italien und sogar das kleine Monaco unternahmen größere meereskundliche Expeditionen, wenn auch nicht so kostspielige. Auch heute noch arbeiten viele Nationen in der ozeanographischen Forschung einträchtig zusammen.

GOV. COPY
A. J.H.

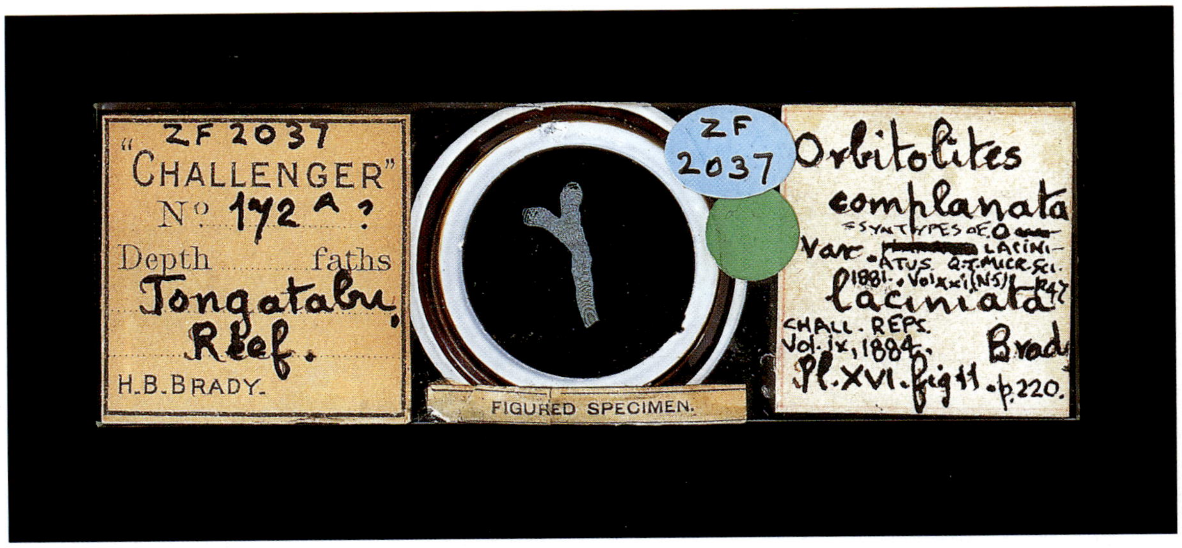
ZF 2037
"CHALLENGER"
No 172 A ?
Depth faths
Tongatabu
Reef.
H.B.BRADY.
FIGURED SPECIMEN.
ZF 2037
Orbitolites
complanata
Var.
laciniata
Chall. Reps.
Vol. ix, 1884.
Brady
Pl. XVI. fig 11. p. 220.

"CHALLENGER"
No 218 A.
Depth 16-25 faths.
Nares' Harbour
Admiralty Islds.
H.B.BRADY.
ZF 1046
Alveolina
boscii
Defr. sp.
Chall. Reps., Vol. ix,
Pl. xvii, figs. 9, 10.

Type Slide No 1.
F. PEARCEY
Station. VII
670. fms.

***Das Labor der »Challenger«:*** Der Stich (oben) zeigt Werkbänke, Mikroskope, Flaschengestelle und die zum Trocknen aufgehängten Vogelbälge. Die Vorarbeiten wurden an Deck erledigt oder in einem auf Deck gebauten Schuppen. Als das Schiff in wärmere Breiten kam, wurden die Vogelbälge dort aufgehängt, da sie unter Deck zu sehr stanken.

***In den Schleppnetzen der »Challenger«*** verfingen sich auch viele Einzeller, vor allem Wurzelfüßer, Kiesel- und Stabalgen sowie Strahlentierchen; viele gehörten zu unbekannten Arten. Die Wurzelfüßer, deren Schalen den Bodensatz der Tiefsee bilden, waren das Forschungsgebiet von Henry Bowman Brady, der winzigste Exemplare auf Objektträger aufbrachte (links). Sie gehören heute zur Sammlung des Museum of Natural History.

***Der rauchende Krater*** des aktiven Vulkans Kilauea auf Hawaii (oben). Im August 1875 erreichte die »Challenger« die Inseln der Hawaii-Gruppe. Ein Höhepunkt der Reise war der Besuch des 1219 Meter hohen Kilauea; erstaunlicherweise gab es am Kraterrand bereits ein Touristenhotel. Ein anderes Extrem der Reise, der Tiefpunkt gewissermaßen, waren die zwei Wochen im antarktischen Eis im Februar des Vorjahres. Dort entstanden die ersten Fotos, die je von antarktischen Eisbergen gemacht wurden (rechts). Das wellenartige Muster im unteren Bildteil ist kein Wasser, sondern entstand durch den chemischen Prozeß der Fotoentwicklung.

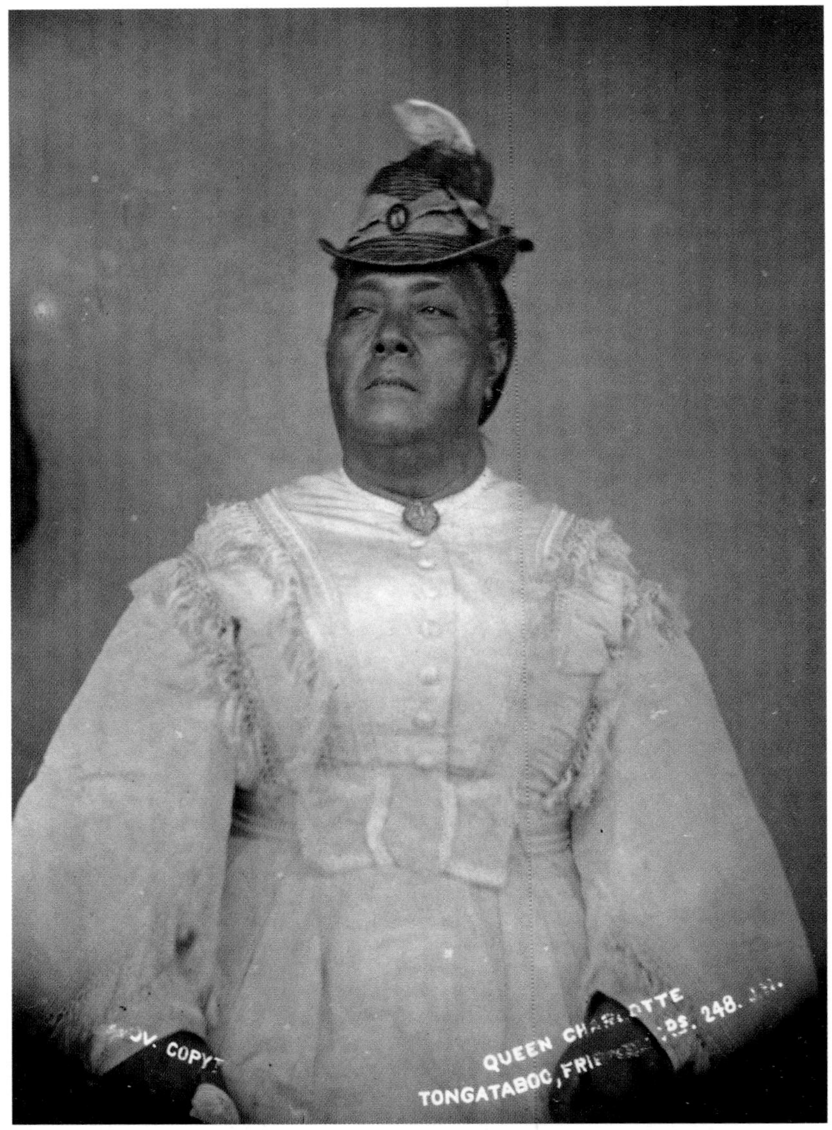


***Porträts eines Moro aus Zamboanga***, Mindanao (oben links), der Königin Charlotte von Tonga (oben rechts) und eines Japaners (rechts). Das Bild aus Tonga gehört zu einer eindrucksvollen Sammlung königlicher Porträts, die während der Reise entstanden; dazu gehören auch Aufnahmen König Luiz' I. von Portugal, Kaiser Matsuhitos von Japan und König Kalakauas von Hawaii. Königin Charlotte und ihr Mann, König George Tupou, wollten unbedingt fotografiert werden, der König in Marine-Uniform und die Königin »in einem leichten Musselin-Kostüm europäischer Machart«.

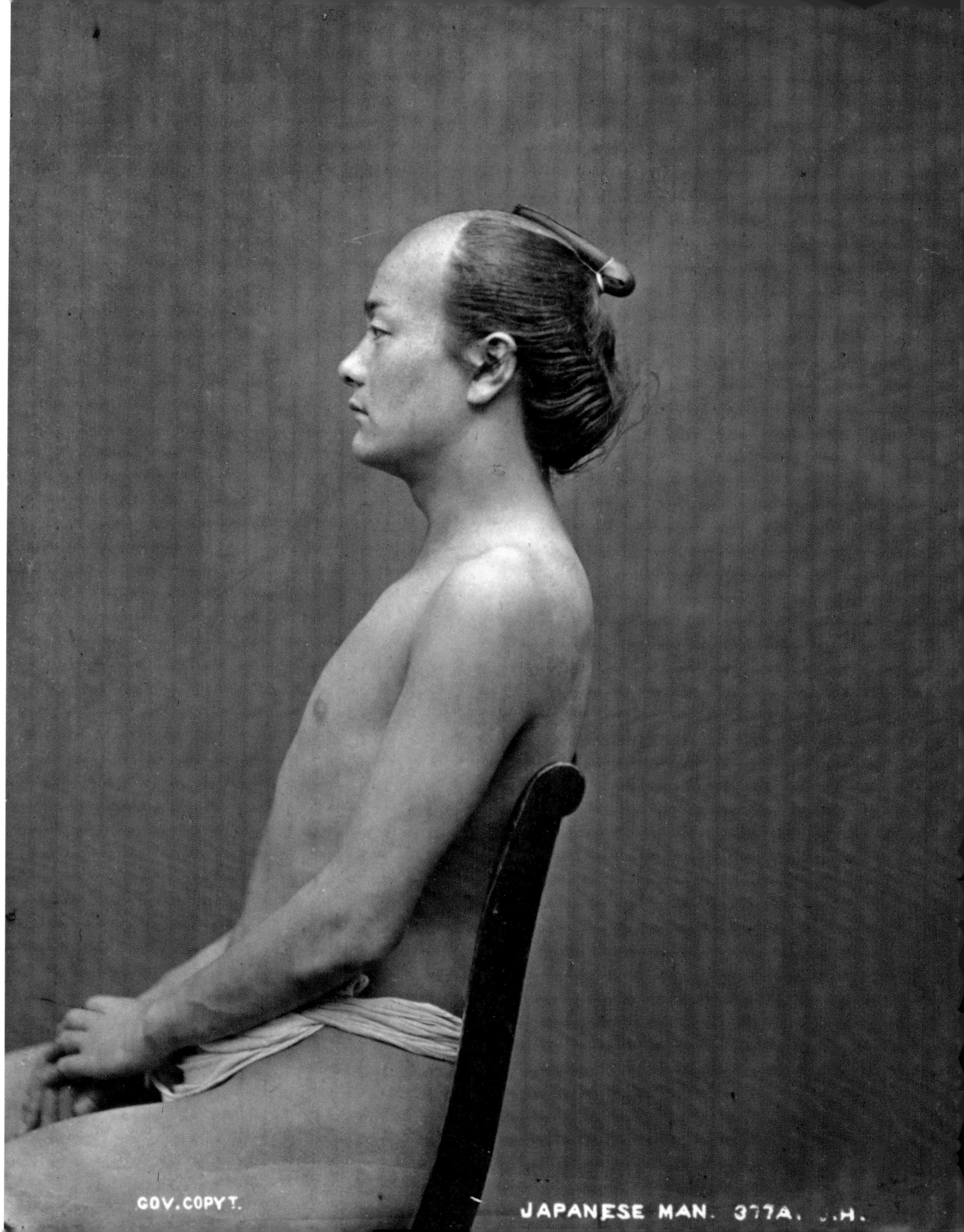
GOV. COPYT.
JAPANESE MAN. 377A.

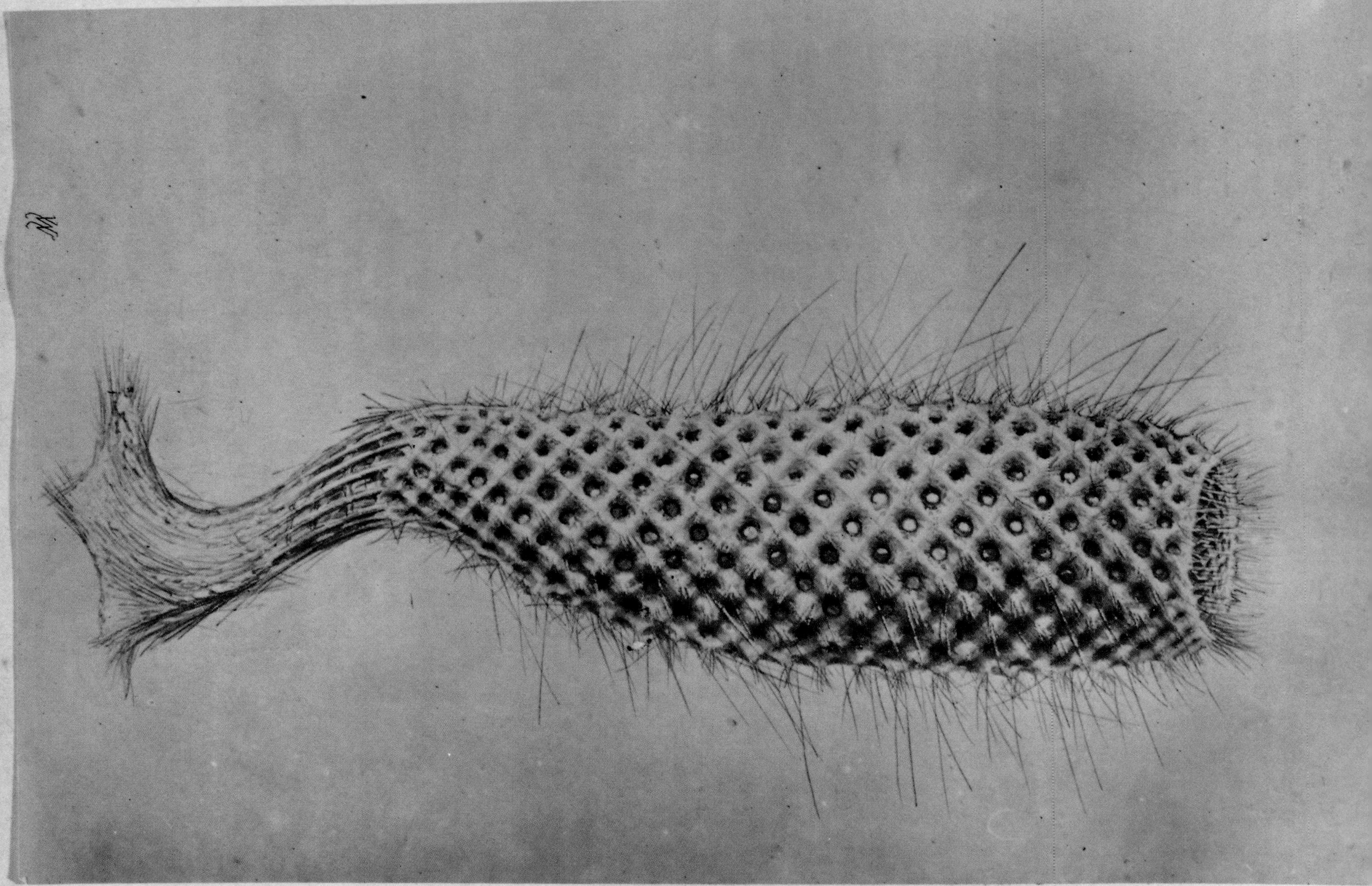

Sponge. (Euplectella.)

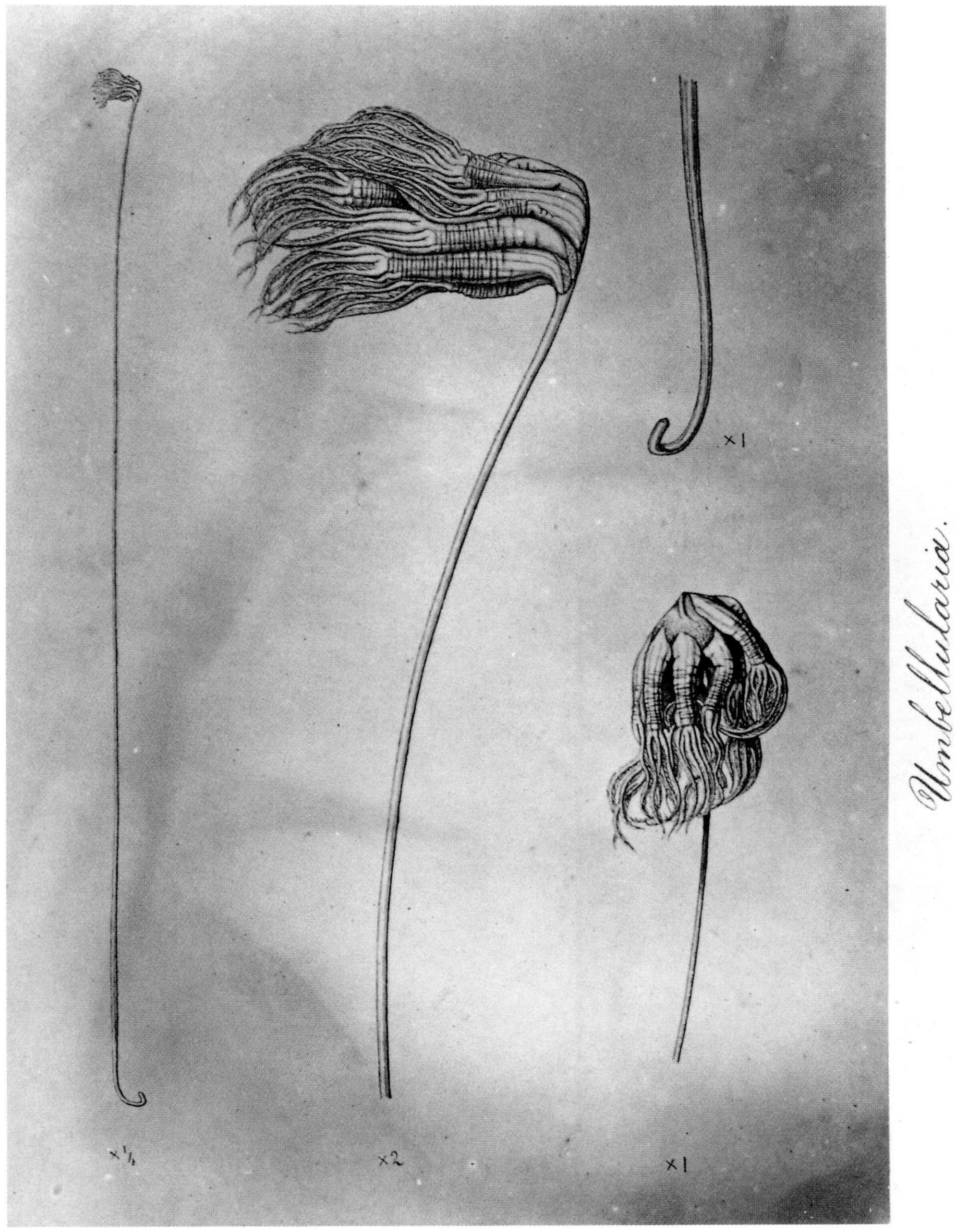


**Ein Glasschwamm,** wahrscheinlich *Euplectella suberea* (links), gezeichnet von J.-J. Wild. Die Zeichnung wurde vermutlich »rekonstruiert«, sie ist wohl eine Kombination vieler beschädigter Exemplare, die von der »Challenger«-Crew aus der Tiefsee westlich von Gibraltar und zwischen Pernambuco und Bahia in Südamerika aufgefischt worden waren. Wild zeichnete auch die Tiefsee-Federkoralle *Umbellula thomsoni* (oben), benannt nach Charles W. Thomson, dem wissenschaftlichen Leiter der Expedition. Diese pflanzenähnlichen Tiere, verwandt mit Seeanemonen und Quallen, sind im Meeresboden verwurzelt, und ihre Stengel tragen eine Krone aus Polypen, die winzigen Seeanemonen gleichen und von vorbeischwimmenden Nahrungspartikeln leben.

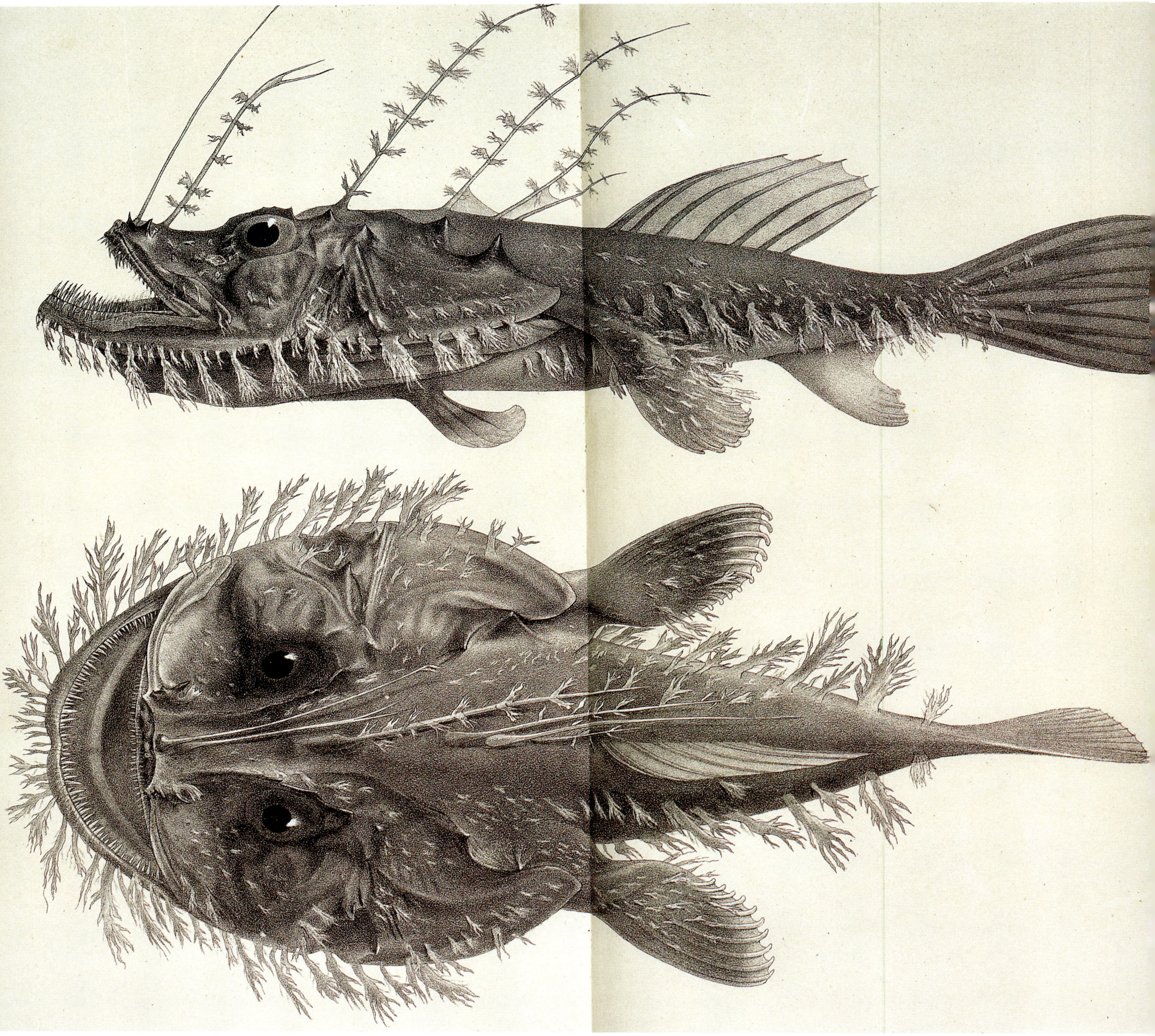

***Der Anglerfisch,*** *Lophiodes naresi* (links), aus Albert Gunthers Bericht über die während der Expedition gesammelten Seichtwasserfische. Diese Spezies ist im südwestlichen Pazifik und südöstlichen Indischen Ozean verbreitet; sie war damals noch unbenannt und bekam ihren Namen nach dem Kapitän der »Challenger«, George S. Nares. Sie ist mit dem Meerengel und der Lotte aus europäischen Gewässern verwandt. Ein Anglerfisch (oben) ist seit 1870 in einem Glas versiegelt.

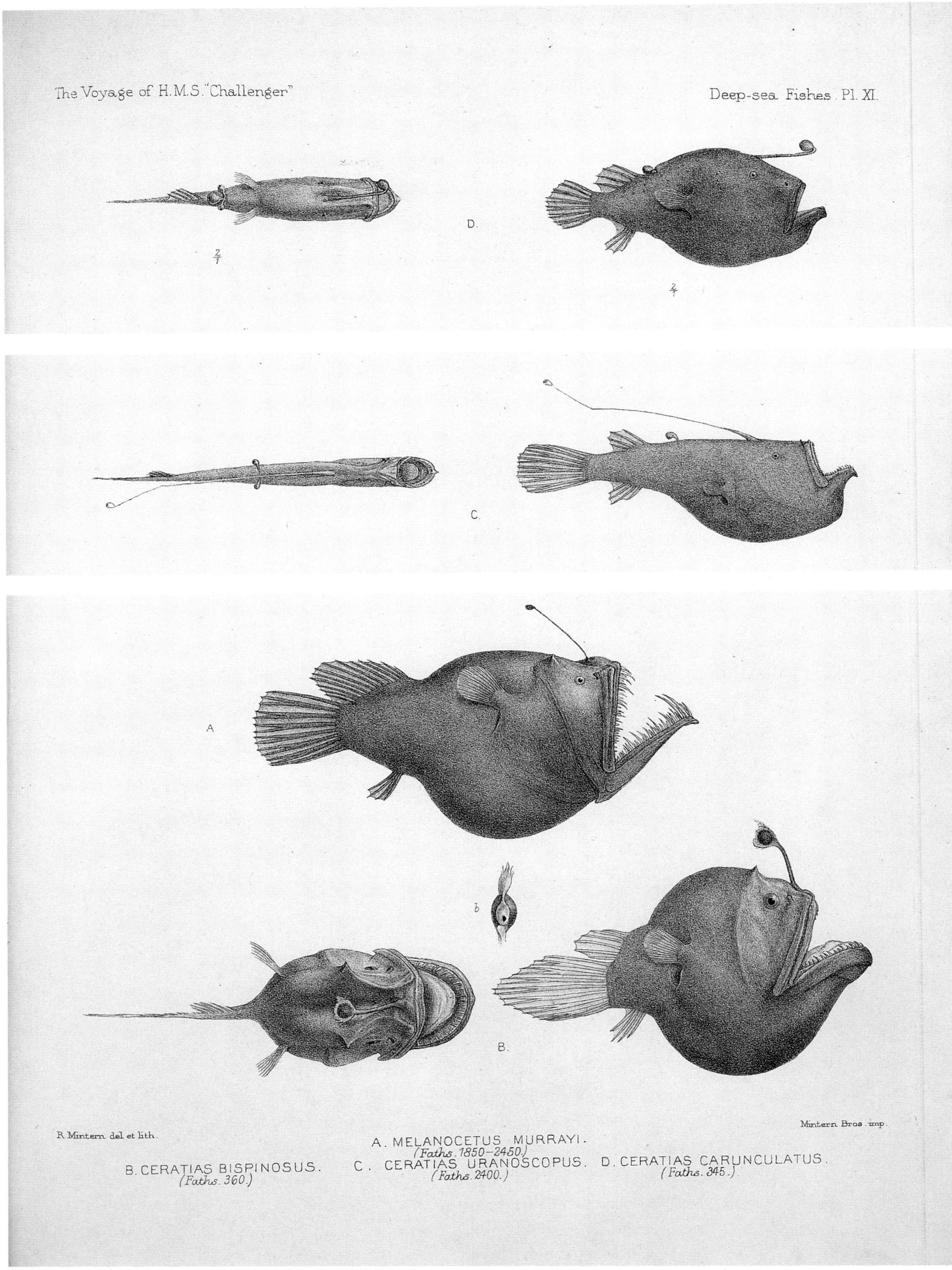
The Voyage of H.M.S. "Challenger"
Deep-sea Fishes. Pl. XI.
D.
C.
A
b
B.
R. Mintern del et lith.
Mintern Bros. imp.
A. MELANOCETUS MURRAYI.
(Faths. 1850–2450.)
B. CERATIAS BISPINOSUS.
(Faths. 360.)
C. CERATIAS URANOSCOPUS.
(Faths. 2400.)
D. CERATIAS CARUNCULATUS.
(Faths. 345.)

***Tiefseefische*** (links) aus den »Challenger«-Berichten, darunter in der Mitte *Melanocetus murrayi*, benannt nach John Murray, einem der jüngsten Zoologen auf dem Schiff, der später der berühmteste Wissenschaftler dieser Expedition werden sollte. In den Berichten kommen auch Küstenfische vor (oben). Von oben nach unten: Der Feilenfisch *Monacanthus* (jetzt *Paramonacathus*) *filcauda* aus der Arafurasee, der Mosaik-Feilenfisch *Monacanthus* (jetzt *Thamnaconus*) *tesselatus* von den Philippinen, der Eidechsenfisch *Saurus* (jetzt *Synodus*) *kaianus*, ebenfalls aus der Arafurasee, und der Sägebarsch *Champsodon vorax*, der im östlichen Indischen Ozean und im Westpazifik verbreitet ist.

***Einige Tafeln aus dem Seeigel-Band*** der »Challenger«-Berichte befassen sich mit Einzelheiten der Morphologie tierischer Wirbelsäulen. Auf der rechten Seite sind Wirbelsäulen-Sektionen abgebildet, die für Alexander Agassiz von A. A. Julien von der Columbia School of Mines geschnitten und von James H. Blake gezeichnet und gestochen worden sind. Unten zwei südaustralische Fische aus Gunthers Bericht über Seichtwasserfische: ein Rochen, *Raja* (jetzt *Pavoraja*) *nitida* – und eine Seenadel, *Solenognathus fasciatus* (jetzt *spinosissimus*), eine Art in die Länge gezogenes Seepferdchen. Sie kommt in seichten, schlammigen Gewässern um Südost-Australien, Tasmanien und Neuseeland vor.

19.
3.
23.
4.
6.
2.
13.
1.
14.
8.
9.
12.
20.
37.
24.
22.
21.
29.
33.
38.
17.
16.
28.
36.
34.
26.
31.
25.
32.
35.
27.

***In dem Bericht*** von Charles Spence Bate über langschwänzige Schalentiere sind auch *Amphion provocatoris* (unten links), *Amphion reynaudii* (unten rechts) und der Stachelhummer (links) abgebildet. Spence Bate legte fest, daß der Hummer zu einer Art gehörte, die der französische Zoologe Henri Milne Edwards *Palinurus lalandii* genannt hatte. Er hielt ihn aber für andersartig genug, um nach ihm eine neue Gattung zu benennen: *Palinostus*. Dieser Name wurde später durch den älteren Namen *Jasus* ersetzt, so daß der volle Name der von Milne Edwards entdeckten Art jetzt *Jasus lalandii* lautet. Das Exemplar von der »Challenger« gehörte aber gar nicht zu den *lalandii*. 1963 fand ein niederländischer Schalentier-Experte heraus, daß dieser Stachelhummer zu einer Art zählt, die heute *Jasus tristani* heißt.

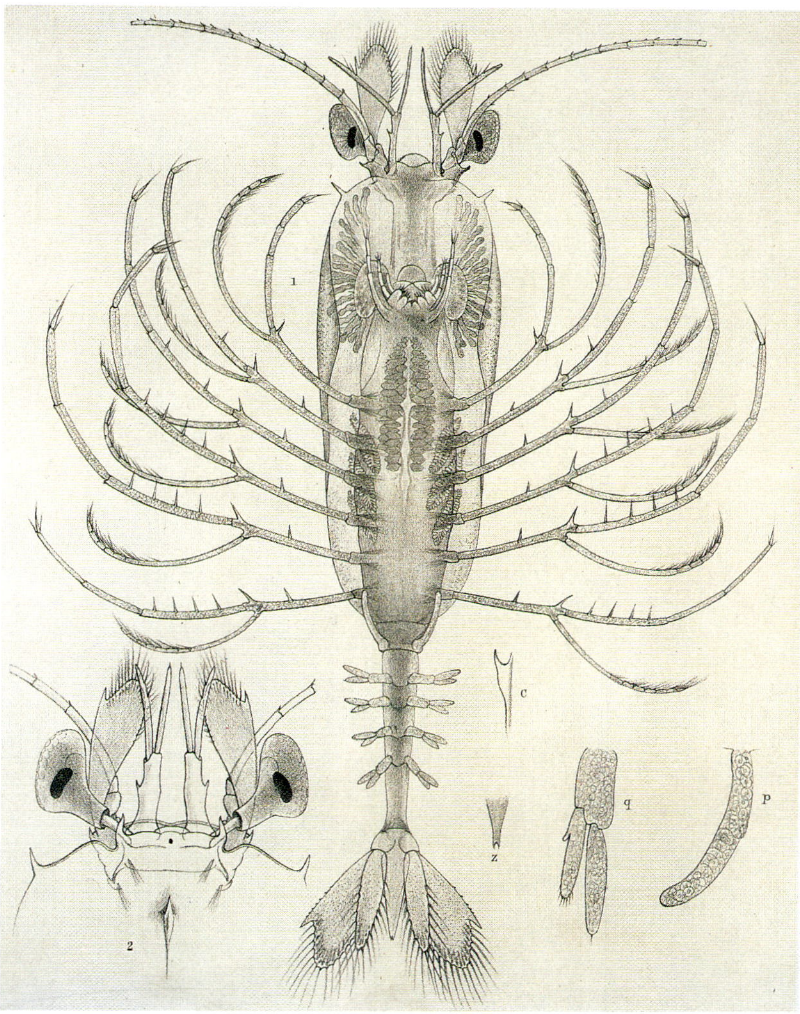

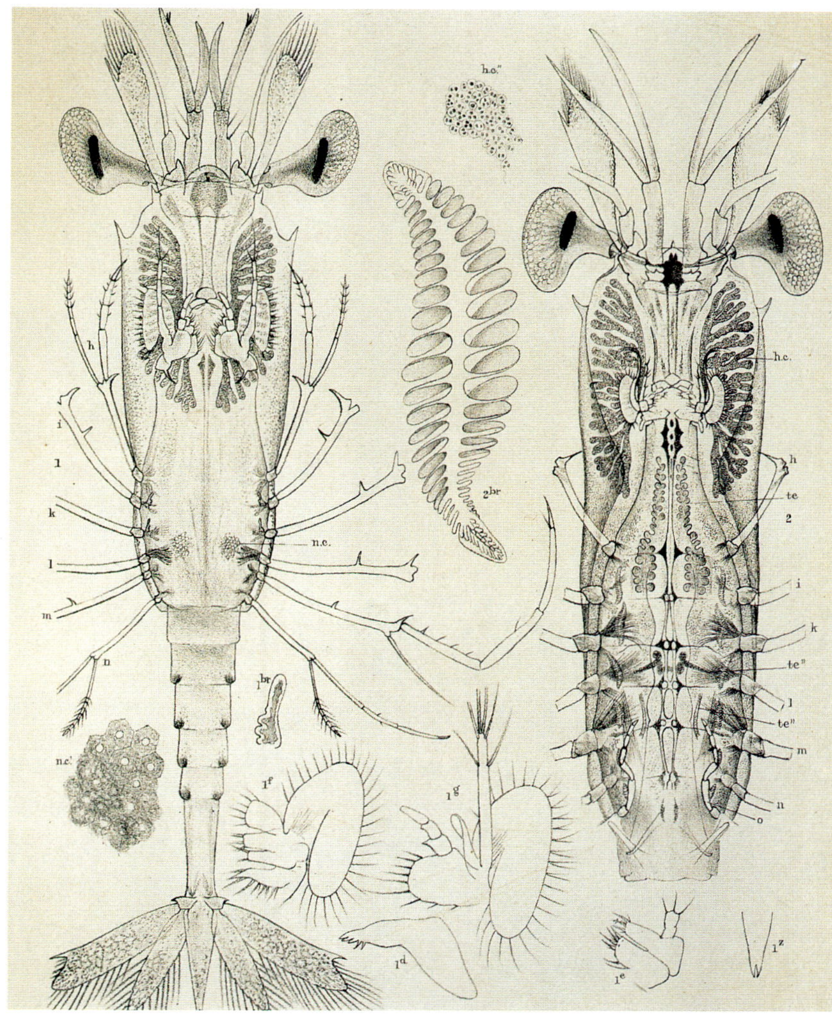

*Ein winziger Enteropneust, Cephalodiscus dodecalophus* (oben), der zu den *Protochordaten* gehört, einer Gruppe von Tieren, die wie Seescheiden ein Mittelding zwischen Wirbeltieren und Wirbellosen darstellen. *Cephalodiscus dodecalophus* sammelt seine Nahrung mit Hilfe von zwölf Tentakelfedern (sechs davon sind auf der Zeichnung zu sehen). Die Stachligen Seeigel (rechts) wurden von Paulus Roetter direkt auf einer Lithographie festgehalten. Diese Tafel gehört zu 44 weiteren aus dem Seeigel-Bericht von Alexander Agassiz vom Museum for Comparative Zoology in Harvard. Agassiz war einer der vielen britischen Wissenschaftler, die Charles Wyville Thomson zur Auswertung des »Challenger«-Materials eingeladen hatte.

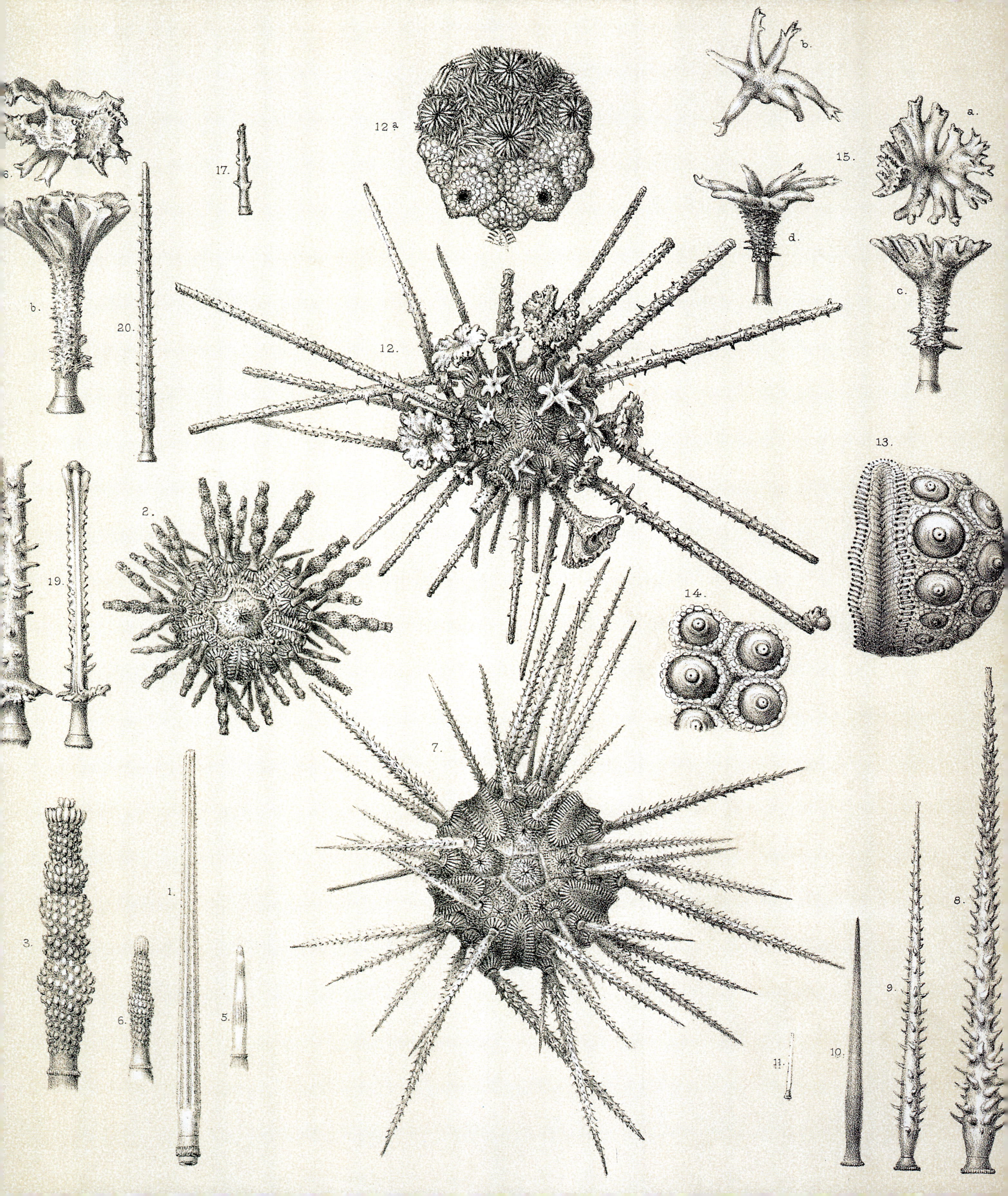

12ª.
b.
a.
15.
17.
d.
c.
6.
b.
20.
12.
13.
2.
19.
14.
7.
3.
1.
6.
5.
8.
9.
10.
11.

6.
7.

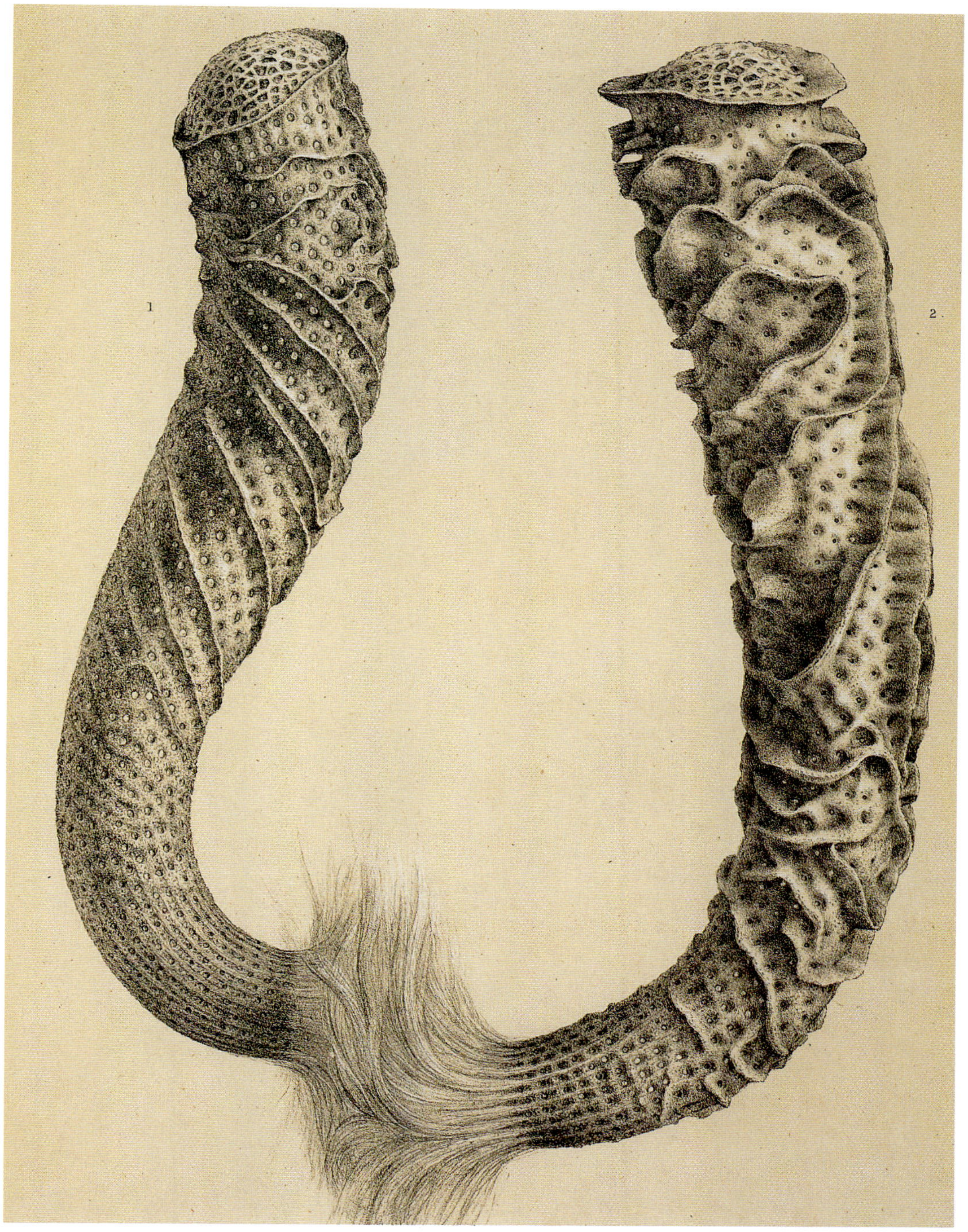


*Viele Abbildungen* sind mit künstlerischer Phantasie gestaltet. Die Tiefseequalle *Periphylla mirabilis* etwa (links) ist so dargestellt, als befände sich der Zeichner unter ihr im Wasser und blickte hinauf. Ebenso schön sind zwei Exemplare des Gießkannenschwamms *Euplectella aspergillum* (oben). Diese Schwämme werden auch Glasschwämme genannt, weil ihre eleganten Skelette und ihre »Wurzeln«, die sie am Meeresboden festhalten, aus einem komplexen System von Skelettnadeln aus purem Quarz bestehen.

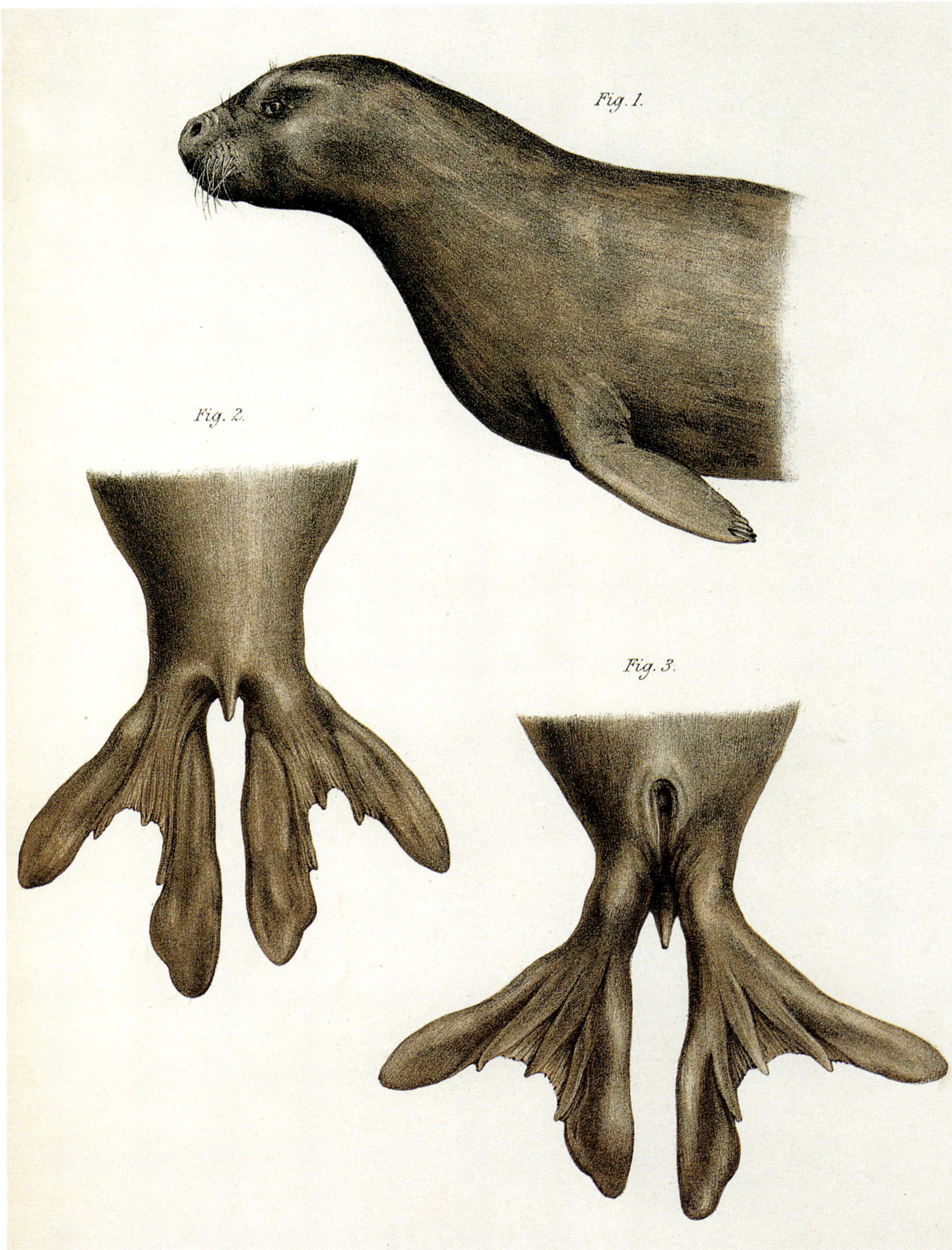


***Vorder- und Hinterglieder*** einer weiblichen Elefantenrobbe, *Macrorhinus leoninus* (oben), von den Kerguelen im südlichen Indischen Ozean. Obgleich die Hauptaufgabe der »Challenger«-Expedition die Erforschung der Tiefsee war, sammelten die Wissenschaftler an Bord auch ethnographisches Material wie diesen menschlichen Schädel (rechts) von den Admiralitätsinseln im südwestlichen Pazifik. Die meisten Fundstücke waren zwar Gebrauchsgegenstände wie Werkzeuge, Waffen und Schalen, doch nahmen die Forscher auch menschliche Überreste mit. Menschen- und Tierschädel zierten oft die strohgedeckten Häuser auf den Admiralitätsinseln, und die Eingeborenen verkauften sie gern.

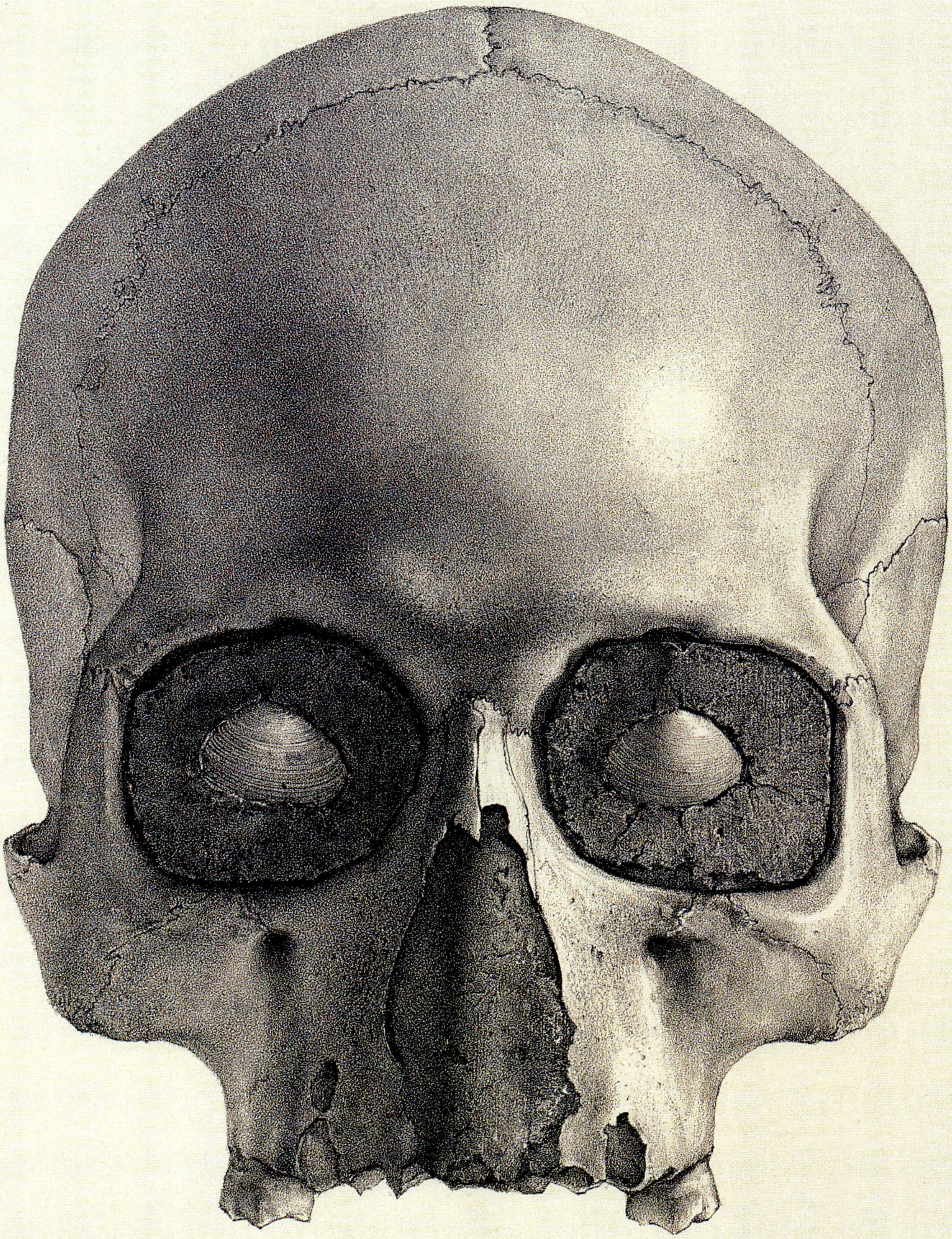

# Epilog

Die hier aufgezeichneten Reisen umfassen einen bedeutsamen und faszinierenden Abschnitt in der Geschichte der Wissenschaft im allgemeinen und der Naturwissenschaft im besonderen. Er beginnt in der zweiten Hälfte des 17. Jahrhunderts, als die Aufklärung das Mittelalter ablöste und auf eine rationale und eben wissenschaftliche Erforschung der Naturerscheinungen drängte. Wissenschaftler und besonders Naturforscher, die zuvor im stillen Kämmerlein gewirkt hatten, fanden sich in entsprechenden Gesellschaften zusammen, wie zum Beispiel in der Royal Society (1660) in England und in der Societé des Savants (1666) in Frankreich; durch Beiträge in Fachzeitschriften machten sie ihre Entdeckungen untereinander bekannt.

Doch konnte »die Wissenschaft« für lange Zeit nur einer kleinen Elite von Universitätsprofessoren eine ausreichende Lebensgrundlage bieten; sie war noch zwei Jahrhunderte lang das Reservat reicher Amateure, eine Freizeitbeschäftigung der Gebildeten. Die Aufzeichnungen, von denen dieses Buch berichtet, enden im 19. Jahrhundert, als es allmählich möglich wurde, sich als Wissenschaftler einen Lebensunterhalt zu verdienen, wenngleich auch das kaum so lohnend war wie eine erfolgreiche Karriere als Jurist oder Bankier, Fabrikant, Schauspieler und sogar als Künstler. Immerhin, eine kleine, doch beachtliche Gruppe konnte in der davorliegenden Zeit aus wissenschaftlicher Arbeit finanziellen Nutzen ziehen: Maler und Zeichner im Dienst der Naturwissenschaft, bezahlte, wenn auch ruhmlose Könner. Ihr Vermächtnis ist es, das dieses Buch würdigen will.

Denn die Botaniker und Zoologen jener Zeit waren fast alle auf die Hilfe begabter »Handwerker« angewiesen, um präzise Darstellungen neu entdeckter Pflanzen und Tiere zu erhalten, solange die noch frisch waren und nicht in Museen vertrockneten. Zeichner und Maler gehörten fortan regelmäßig zur Crew jener Expeditionen, die von Europa aus aufbrachen, und die Ergebnisse ihrer mühevollen Arbeit fanden ihren Weg in private und öffentliche Sammlungen in der ganzen westlichen Welt.

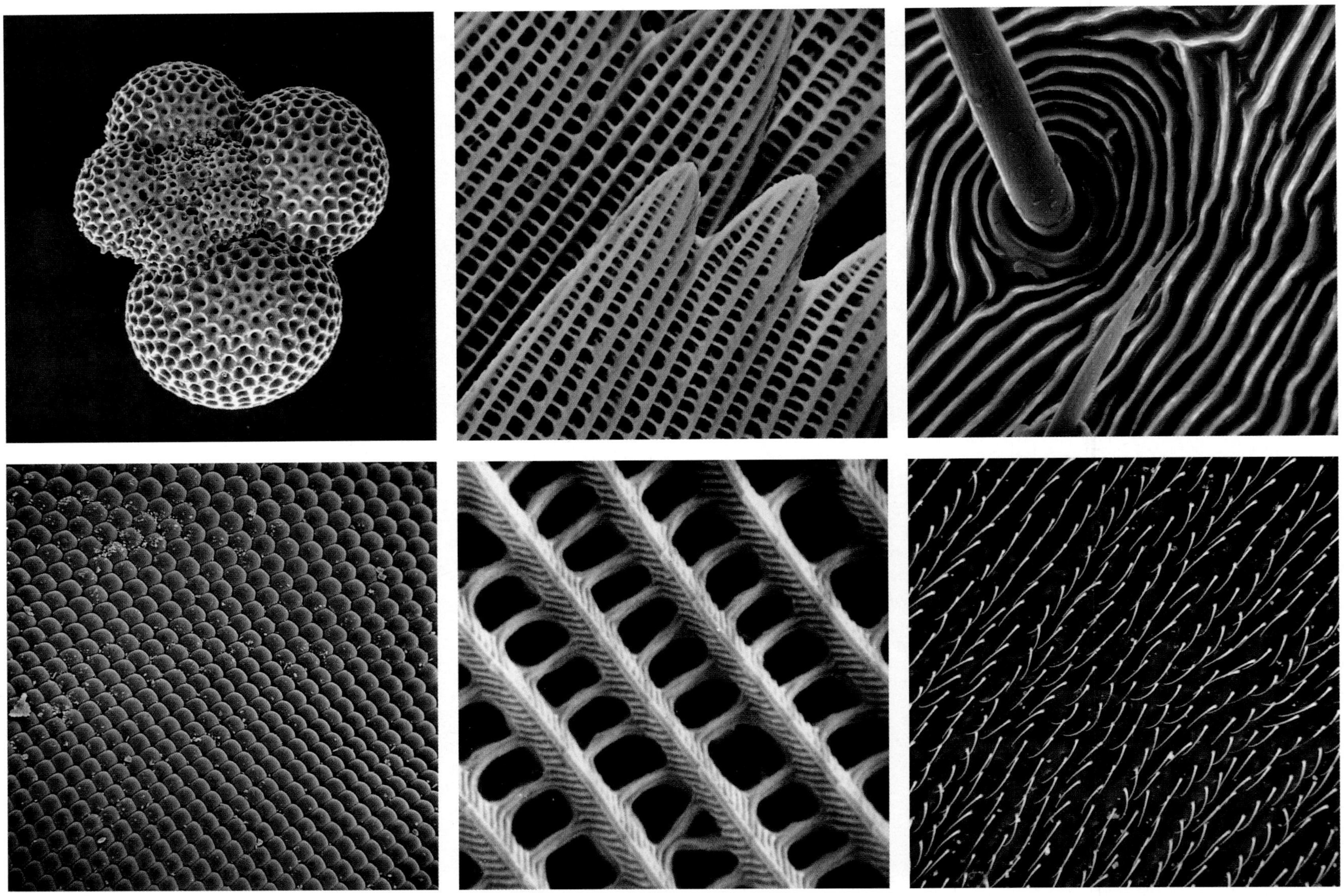

***Die moderne Wissenschaftsfotografie*** erfaßt inzwischen auch mikroskopisch winzige Details – etwa den Kopf eines kleinen Schmetterlings namens Amerikanischer Fuchs (Seite 321). Mit dem Elektronenrastermikroskop lassen sich Einzelheiten sogar mehrere tausendmal vergrößern. Auf Seite 322 sind von links oben im Uhrzeigersinn zu sehen: ein Wurzelfüßer, die Schuppe eines Schmetterlingsflügels, die Kutikula einer Spinne, die Oberfläche eines Flügels der Schmeißfliege, Teil einer Falterflügelschuppe und das Auge einer Schmeißfliege.

Die letzte in diesem Buch beschriebene Reise, die der »Challenger«, kennzeichnet das Ende dieser Ära, denn erstmals nahmen an dieser Expedition nicht nur Zeichner, sondern auch Fotografen teil. Freilich war die Fotografie in ihren Möglichkeiten damals noch beschränkt. Die beschwerliche Ausrüstung und der Zwang, jede Platte möglichst sofort zu entwickeln, begrenzte die Beweglichkeit der Lichtbildner. Die verfügbaren Emulsionen waren so langsam, daß nur unbewegte Objekte – Panoramen oder steif posierende Menschen – aufgenommen werden konnten. Doch das sollte sich bald ändern. Das Zubehör wurde kleiner und besser, die Filmemulsionen wurden schneller, Farbfilme verfügbar, die Kinematographie entwickelte sich – kurz, die moderne Technik ermöglichte Bilder, von deren Qualität die Künstler von damals nicht zu träumen gewagt hätten. Wie wäre es wohl John Gould zumute gewesen, wenn ein ultraschneller Film einen seiner geliebten Kolibris mitten im Flügelschlag – bei 100 Flügelschlägen pro Sekunde – festgehalten hätte? Oder was hätte Charles Wyville Thomson empfunden, wäre er fähig gewesen, Tiefseetiere auf dem Meeresboden zu fotografieren? Was hätte irgendein Botaniker des 18. oder 19. Jahrhunderts zu den Satellitenbildern gesagt, die ihm die verschiedenen Vegetationszonen der Erde gezeigt hätten? Es wäre ihm gänzlich unvorstellbar gewesen.

Trotzdem machte die Fotografie die Künstler nicht überflüssig. Bis ins 20. Jahrhundert begleiteten sie Expeditionen mit dem Auftrag, Illustrationen für wissenschaftliche Veröffentlichungen zu machen. Das Londoner Museum of Natural History etwa beschäftigte noch in den sechziger Jahren festangestellte Künstler. Daß sie heutzutage kein Auskommen mehr im Museum finden, liegt nicht daran, daß sie nicht mehr gebraucht würden, sondern daß ihre Dienste bei verminderten Subventionen für die Forschung relativ entbehrlicher scheinen als die der Wissenschaftler. Doch wenn es darum geht, ein bestimmtes morphologisches Merkmal oder eine besonders feine Farbtönung vollendet darzustellen, gibt es – trotz Holographie und digitaler Fotografie, trotz Computer und virtueller Realität – nichts, das an die Hand und das Auge eines großen Künstlers heranreichen kann.

***Illustrationen haben*** auch heute noch ihren Platz in der Naturwissenschaft. Claire Dalbys Aquarelle und Bleistiftzeichnungen von Flechten (oben und rechts) vermitteln Nuancen, die ein Foto kaum wiedergibt. Anders als Fotografen, die oft nur beschädigte Flechten ablichten können, ist Claire Dalby in der Lage, eine perfekte Flechte auf dem Papier zu erschaffen.

Caloplaca
verruculifera
— Claire Dalby 1981

# Lebensläufe

## Joseph Banks

1743–1820, Naturforscher und Sammler.

Banks kam als Sohn eines reichen Grundbesitzers in London zur Welt. Er besuchte die Universität von Oxford, wo er sich von einem Privatlehrer in Botanik unterrichten ließ. Er begleitete James Cook auf der »Endeavour« zu einer Weltumseglung. Obgleich er danach nur wenige größere Reisen unternahm, sammelte er weiterhin Bücher, Manuskripte, Zeichnungen, Gemälde, zoologische und vor allem botanische Objekte. Nach seinem Tod 1820 wurden seine Sammlungen dem British Museum übereignet.

## John & William Bartram

1699–1777 & 1739–1823, Naturwissenschaftler in Nordamerika.

John Bartram war Kind einer Quäker-Familie in Pennsylvania. Trotz geringer Schulbildung interessierte er sich lebhaft für Botanik und gründete 1729 einen eigenen Botanischen Garten bei Philadelphia. Er korrespondierte mit Gleichgesinnten in Europa und Nordamerika und machte viele Pflanzen aus Nordamerika in Europa bekannt. 1743 half er Benjamin Franklin bei der Gründung der Philosophischen Gesellschaft von Amerika. Sein Sohn William wurde 1739 geboren. Als 14jähriger war er schon ein begabter Künstler und begleitete seinen Vater auf einer Forschungsreise in die Berge der Catskills. 1773 brach William allein zu einer Expedition in den Südosten Nordamerikas auf; geplant waren zwei Jahre, doch insgesamt war er fünf Jahre unterwegs. Als er 1778 nach Kingsessing heimkehrte, war sein Vater gestorben, und die Vereinigten Staaten hatten ihre Unabhängigkeit gewonnen.

## Henry Walter Bates

1825–1892, Entomologe und Sammler.

Schon in frühester Jugend begeisterte sich Bates für die Entomologie und veröffentlichte seinen ersten Beitrag im »Zoologist«, als er 18 Jahre alt war. 1844 begegnete er Alfred Wallace, und die beiden reisten an den Amazonas, um die dortige Flora und Fauna zu beobachten. Wallace blieb vier Jahre in Südamerika, Bates sogar elf – Jahre, in denen er über 8000 bis dato unbekannte Arten sammelte, zumeist Insekten. Seine Studien überzeugten ihn davon, daß es so etwas wie eine biologische Evolution geben müsse.

## Ferdinand Bauer

1760–1826, Zeichner auf der »Investigator«.

Der Sohn eines österreichischen Malers hatte die Begabung seines Vaters geerbt und interessierte sich vor allem für das Zeichnen von Pflanzen. In dieser Disziplin arbeitete er auch an der Wiener Universität, ehe er nach England zog. Sir Joseph Banks wurde auf Bauer aufmerksam und schlug vor, ihn auf der »Investigator« als Zeichner zu beschäftigen. Nach der Rückkehr nach England, 1806, arbeitete Bauer fünf Jahre lang an seinen »Illustrationes Florae Novae Hollandiae«. 1814 kam er nach Wien zurück, wo er weiterhin als Pflanzenzeichner wirkte.

## Robert Brown

1773–1858, Botaniker auf der »Investigator«.

Brown studierte in Edinburgh Medizin und diente ab 1795 als Assistent des Stabsarztes in der Armee, studierte aber in seiner Freizeit Botanik. 1798 begegnete er Joseph Banks und machte einen derartig positiven Eindruck auf den Sammler, daß Banks ihm für die Jahre zwischen 1801 und 1803 die Stellung des Botanikers auf der »Investigator« anbot. Von 1806 bis 1822 arbeitete Brown als Bibliothekssekretär und Verwalter in der Linné-Gesellschaft und ab 1810 als Kustos und Sekretär bei Joseph Banks. Er erbte dessen Sammlungen und übereignete sie dem British Museum mit der Auflage, daß das Herbarium den Grundstock einer eigenen botanischen Abteilung bildete, deren erster Direktor er wurde.

## James Cook

1728–1779, Marineoffizier, Entdecker, Navigator und Vermesser.

Cook wurde als Sohn eines Landarbeiters in Marton in Yorkshire geboren. Er trat 1755 in die Royal Navy ein und erwarb sich bald einen Ruf als hervorragender Vermesser. Er hatte das Kommando bei drei größeren Fahrten: auf der

»Endeavour«, um von Tahiti aus den Venus-Durchgang zu beobachten und den Südpazifik zu erforschen; auf der »Resolution« und »Adventure«, um einen mutmaßlichen südlichen Kontinent zur Gänze zu erforschen; auf der »Resolution« und »Discovery«, um eine Passage zwischen Pazifik und Atlantik entlang der amerikanischen Nordküste zu finden. Das letzte Vorhaben mißlang, und Cook mußte zurückfahren. Die Schiffe kamen im Januar 1779 in Hawaii an, wo Cook von Einheimischen erschlagen wurde.

## Charles Darwin

1809–1882, Naturwissenschaftler und Evolutionstheoretiker.
Darwin wurde bei Shrewsbury geboren; er war Enkel des Arztes, Dichters und Philosophen Erasmus Darwin. In Edinburgh studierte er Medizin, was er aber 1827 aufgab, um in Cambridge Geologie zu studieren. Auf Empfehlung des dortigen Botanikprofessors J. S. Henslow bekam Darwin einen Platz auf dem Forschungs- und Vermessungsschiff »Beagle«. Unter dem Kapitän Robert FitzRoy sollte die Crew die südamerikanische Küste vermessen. In dieser Zeit, 1831–1836, sammelte Darwin eine große Anzahl naturwissenschaftlicher und geologischer Objekte. Die Sammlungen in Verbindung mit seinen Beobachtungen bildeten die Grundlage für sein berühmtes Werk »On the Origin of Species«, in dem er seine Theorie einer Evolution durch natürliche Selektion vorstellte.

## Pieter Cornelius de Bevere

ca. 1722–ca. 1781, Illustrator in Niederländisch-Ceylon.
De Bevere wurde etwa 1722 in Colombo als Sohn eines Subalternoffiziers der Niederländisch-Ostindien Kompanie geboren. Von seinem Leben ist kaum etwas bekannt, nur daß er vom Gouverneur der Kolonie, Johan Gideon Loten, 1732 angestellt wurde, um die Fauna und Flora von Ceylon (heute Sri Lanka) zu zeichnen. Als Loten 1757 nach Batavia zog, nahm er de Bevere mit und beschäftigte ihn dort weiter bis zu seiner Rückkehr nach Europa. De Bevere ist vermutlich 1781 gestorben.

## Robert FitzRoy

1805–1865, Marineoffizier, Kapitän der »Beagle«.
Robert FitzRoy war der Sohn von Lord Charles FitzRoy und ein Abkömmling von König Charles II. 1819 kam er zur Marine, erhielt 1828 sein erstes Kommando als Kapitän der »Beagle« und sollte die Küste Südamerikas vermessen. Er setzte, abermals auf der »Beagle«, von 1831 bis 1836 die Kartierung fort. Sein Begleiter war diesmal Charles Darwin. Allerdings führte der launische Charakter des Kapitäns, zusammen mit seinen religiösen Überzeugungen, zu Reibungen mit Darwin, als es um dessen Evolutionstheorie ging. Nach Rückkehr der »Beagle« fuhr FitzRoy nie mehr zur See, blieb aber noch 14 Jahre bei der Navy. 1865 nahm er sich das Leben.

## Matthew Flinders

1774–1814, Marinekapitän, Seekartenzeichner und Entdecker.
Flinders wurde als Sohn eines Arztes in Lincolnshire geboren. 1789 ging er zur Marine. 1795 segelte er mit der »Reliance« nach New South Wales. Die nächsten fünf Jahre kartierte er Meer und Küsten im Südosten Australiens, wobei er die Bass Strait zwischen dem Festland und Tasmanien entdeckte. 1801 erhielt er das Kommando auf der »Investigator« zur ausführlichen Vermessung der australischen Küste. Nach der Umsegelung des Kontinents brach er zur Rückreise auf, die jedoch von Unheil begleitet war. Erst nach sieben Jahren, 1810, konnte er nach England zurückkehren und begann sofort mit dem offiziellen Bericht seiner Reise. Er starb im Juli 1814 – in dem Jahr, in dem sein Bericht veröffentlicht wurde.

## Johann Reinhold & Johann George Forster

1729–1798 & 1754–1794, Länder- und Völkerkundler auf der »Resolution«.
Johann Reinhold Forster kam in Dirschau bei Danzig auf die Welt und studierte Theologie an der Universität Halle. Er interessierte sich zudem für alte und neue Sprachen, Medizin und Naturwissenschaften. 1765 arbeitete er an einem wissenschaftlichen und politischen Inspektionsbericht über die deutschen Kolonien an der Wolga, den er für Katharina die Große schrieb;

der elfjährige Sohn begleitete ihn dabei. Die Familie zog dann nach England, ließ sich in London nieder, wo Johann eine Reihe von Artikeln schrieb, manche davon von George illustriert. Beide wurden bald in wissenschaftlichen Kreisen bekannt. Man berief sie auf die »Resolution«, wo sie auf der Fahrt von 1772 bis 1775 meisterliche Arbeit leisteten. Nach einem Zerwürfnis mit der Admiralität über die Frage, wer den offiziellen Expeditionsbericht verfassen sollte, kehrten Vater und Sohn nach Deutschland zurück.

## JOHN GOULD

1804–1881, ORNITHOLOGE, KÜNSTLER UND VERLEGER VON ILLUSTRIERTEN VOGELBÜCHERN.

Als 14jähriger ging Gould in den königlichen Gärten von Windsor in die Lehre. Zu seiner Ausbildung gehörte auch Taxidermie, und dank seiner Geschicklichkeit bekam er 1827 den Posten des Kurators und Präparators in der neugegründeten Zoologischen Gesellschaft. Sein Interesse an der Vogelwelt führte 1833 zu seiner Ernennung als Chef der ornithologischen Abteilung der Gesellschaft. In den folgenden Jahrzehnten schrieb er viele Fachbeiträge und erkannte als erster die Bedeutung der Galapagos-Finken. Nebenbei war er Verleger reich bebildeter Bände und hat mehr als 40 Folianten mit insgesamt 3 000 Bildtafeln herausgebracht.

## PAUL HERMANN

1646–1695, BOTANIKER.

Nach seinem Medizinstudium in Holland wurde Hermann 1672 Stabsarzt bei der Niederländisch-Ostindien Kompanie auf Ceylon. Während seiner fünf Jahre auf der Insel konnte er eine große Anzahl von Pflanzen mit dazugehörigen Illustrationen sammeln. 1679 nach Holland zurückgekehrt, erhielt er den Lehrstuhl für Botanik an der Universität von Leiden. Er starb 1695. Mit Hilfe seines Herbariums konnte Carl von Linné viele bis dahin unbekannte Arten beschreiben.

## CARL VON LINNÉ

1707–1778, SCHÖPFER DES SYSTEMS DER BINÄREN NOMENKLATUR.

Linné wurde in Schweden in der Provinz Småland geboren. Zwar studierte er Medizin, aber seine Liebe galt der Botanik. Er selber unternahm eine Reihe von Fahrten, um Pflanzen zu sammeln, aber seine vielen Schüler, die durch die damals bekannte Welt reisten, sandten ihm Pflanzensammlungen, die ihm als Grundlage für Veröffentlichungen über die regionale Flora dienten. Sein Werk bewirkte einen großen Fortschritt in der Klassifikation von Pflanzen und in der botanischen und zoologischen Nomenklatur. Seine binäre Benennung, die Gattung und Art mit jeweils einem lateinischen Namen kennzeichnet, wurde schnell von Botanikern und Zoologen weltweit übernommen.

## JOHAN GIDEON LOTEN

1710–1789, AMATEURFORSCHER, GOUVERNEUR VON CEYLON.

Loten wurden 1710 in St. Maartendijk, Holland, geboren. 1731 ging er zur Niederländisch-Ostindien Kompanie. Er diente der Gesellschaft in verschiedenen Ämtern in Batavia, Samarang und Celebes und wurde 1752 zum Gouverneur von Ceylon ernannt. Während seiner fünf Jahre auf der Insel stellte er den dort lebenden Künstler Pieter de Bevere an, um von ihm Flora und Fauna illustrieren zu lassen. Loten kam 1757 zurück in die Niederlande und zog 1759 nach England. Dort wurde er 1760 zum Fellow der Royal Society gewählt. 1765 kehrte er endgültig in die Niederlande heim.

## MARIA SIBYLLA MERIAN

1647–1717, NATURFORSCHERIN UND MALERIN.

Maria Merian wurde in Frankfurt am Main geboren. Ihr Vater war Verleger und Radierer. Sie arbeitete als Blumenmalerin und Kupferstecherin, spezialisierte sich aber immer mehr auf Entomologie. 1679 veröffentlichte sie ein Buch über die Lebenszyklen europäischer Schmetterlinge, in dem diese mit ihren Nahrungspflanzen abgebildet waren – eine neue Darstellungsweise in jener Zeit. 1699 reiste sie nach Surinam und malte Schmetterlinge auf deren Nahrungspflanzen für ihr berühmtestes Werk: »Metamorphosis Insectorum Surinamensium«.

*Gegenüber, von links nach rechts* Charles Darwin, Henry Walter Bates am Amazonas, Captain James Cook, John Gould und Alfred Russell Wallace.

## JOHN MURRAY

1841–1914, NATURWISSENSCHAFTLER AUF DER »CHALLENGER«.

Murray kam in Ontario, Kanada, auf die Welt, lebte aber als Jugendlicher bei seinem Onkel in Schottland. Das Medizinstudium in Verbindung mit seinem Interesse an der Schiffahrt führten zu seiner Ernennung als wissenschaftlicher Assistent von Sir Charles Wyville Thomson auf der »Challenger«. Eine bemerkenswerte Laufbahn als Meeresforscher schloß sich an; Murray wurde geadelt, zum Fellow der Royal Society berufen und erhielt Ehrenprofessuren von den Universitäten der ganzen Welt. 1914 wurde Murray bei einem Autounfall getötet.

## SYDNEY PARKINSON

1745–1771, ZEICHNER AUF DER »ENDEAVOUR«.

Er wurde als Sohn eines Quäker-Brauers in Edinburgh geboren. Die Familie zog nach London, wo der Sohn Blumenbilder auszustellen begann. Parkinsons Arbeiten beeindruckten den Sammler und Mäzen Joseph Banks, der ihn als Zeichner auf der »Endeavour« anstellte. Während dieser Fahrt, von 1768 bis 1771, zeichnete Parkinson fast 1 000 Pflanzen und 400 Tiere; er starb auf der Heimfahrt.

## HANS SLOANE

1660–1753, ARZT, PHYSIKER, NATURFORSCHER UND SAMMLER.

Der in Killyleagh, Irland, geborene Sloane studierte Medizin und praktizierte als Arzt in London. Zwischen 1687 und 1689 arbeitete er auf Jamaika als Hausarzt des Gouverneurs der Insel. Sloane war schon immer an den Naturwissenschaften, besonders an Botanik, interessiert und legte deshalb auf Jamaika eine umfangreiche Sammlung von Tieren und Pflanzen an. Zwischen 1707 und 1725 brachte er sein großes Werk heraus: »Natural History of Jamaica«. Zu Lebzeiten trug er eine riesige Sammlung von naturwissenschaftlichen Objekten, Bildern, Manuskripten, Büchern und Schriften zusammen, die nach seinem Tod 1753 zu einem Fundament der Sammlungen des British Museum wurden.

## CHARLES WYVILLE THOMSON

1830–1882, ZOOLOGE UND WISSENSCHAFTLICHER LEITER AUF DER »CHALLENGER«.

Thomson wurde in Schottland geboren. 1845 begann er sein Medizinstudium in Edinburgh, das er aber aufgab, um Naturwissenschaften zu studieren. Er organisierte drei Expeditionen, um Haarsterne zu erforschen – gestielte Stachelhäuter, mit Seeigeln und Seesternen verwandt, die man damals nur als Fossilien kannte. Die Erfolge dieser Fahrten führten zu der weltumspannenden ozeanographischen Expedition der »Challenger«, 1872 bis 1876, deren wissenschaftlicher Leiter er war.

## ALFRED RUSSELL WALLACE

1823–1913, NATURFORSCHER UND MITBEGRÜNDER DER THEORIE DER NATÜRLICHEN SELEKTION.

Durch seine Untersuchungen der verschiedenen Lebenszonen von Tieren in der malaiischen Inselwelt, 1854–1862, kam der gebürtige Engländer zu ähnlichen Schlüssen hinsichtlich ihrer evolutionären Ursprünge wie Charles Darwin. Er ist zwar nicht so berühmt wie Darwin, aber unter Wissenschaftlern wird er als Mitbegründer der Theorie der Evolution durch natürliche Selektion angesehen.

## JEAN-JACQUES WILD

1828–1900, ZEICHNER AUF DER »CHALLENGER«.

Nach seinem Studium in Zürich, Bern und Leipzig zog der gebürtige Schweizer nach England. Später lebte er in Belfast, wo er Charles Wyville Thomson begegnete, der Professor für Naturwissenschaften an der Queens University war. Dank dieser Freundschaft wurde Wild Sekretär und offiziell bestellter Maler auf der Expedition der »Challenger«. Auf der Reise fertigte Wild viele Bilder und Zeichnungen an, die zum Teil in den amtlichen Berichten verwendet wurden.

# Bibliographie


## Kapitel 1

**Brooks, E. St. John,** 1954. *Sir Hans Sloane. The Great Collector and his Circle.* London, the Batchworth Press, 234 S.

**de Beer, G. R.** 1953. *Sir Hans Sloane and the British Museum.* Oxford University Press, 192 S.

**MacGregor, A.** [Hg.] 1994. *Sir Hans Sloane. Collector, Scientist, Antiquary Founding Father of the British Museum.* British Museum Press, 308 S., 23. Oktober 1998.

## Kapitel 2

**Maria Sibylla Merian,** 1980. *Metamorphosis Insectorum Surinamensium, Amsterdam, 1705. Facsimile Edition,* Pion Ltd., London.

**Rucker, E. & Stearn, W. T.** 1982. *Maria Sibylla Merian in Surinam. Commentary to the Facsimile Edition of Metamorphosis Insectorum Surinamensium, Amsterdam, 1705.* Based on Original Watercolours in the Royal Library Windsor Castle. Pion, London.

**Stearn, W. T.** 1978. *The Wondrous Transformation of Caterpillars,* Scolar Press, 1978.

**Wettengl, Kurt** [Hg.], 1997. *Maria Sibylla Merian 1647–1717, Artist and Naturalist.* Verlag Gerd Hatje, 275 S.

## Kapitel 3

**Ferguson, D.** *Johan Gideon Loten, F. R. S., the naturalist Governor of Ceylon (1752–57), and the Ceylonese Artist de Bevere,* J. Roy. Asiatic Soc. (Ceylon), 19: 217-268.

**Trimen, H.** 1887. *Hermann's Ceylon herbarium and Linnaeus's »Flora Zeylanica«.* J. Linn. Soc. Botanical Series, 24: 129-155.

**Blunt, W.** 1984. *The Compleat Naturalist. A Life of Linneus.* William Collins Sons and Company Limited, 256 S.

## Kapitel 4

**Bartram, W.** 1791. *Travels Through North & South Carolina, Georgia, East & West Florida, the Cherokee Country, the extensive territories of the Muscogulges, or Creek Confederacy, and the Country of the Chactaws; containing an account of the soil and natural productions of those regions, together with observations on the manners of the Indians.* Philadelphia; James and Johnson, 522 S.

**Ewan, Joseph.** 1968. *William Bartram. Botanical and Zoological Drawings, 1756-1788.* American Philosophical Society, 180 S.

**Fagin, N. Bryllion.** 1933. *William Bartram, Interpreter of the American Landscape.* Baltimore, Johns Hopkins Press, 229 S.

**Reveal, James L.** 1992. *Gentle Conquest; the Botanical Discovery of North America with Illustrations from the Library of Congress.* Starwood Publishing Inc., 160 S.

**Slaughter, Thomas P.** 1996. *The Natures of John and William Bartram,* Knopf, 304 S.

## Kapitel 5

**Beaglehole, J. G.** 1974. *The Journals of Captain James Cook IV. The Life of Captain James Cook.* The Hakluyt Society, London, 760 S.

**Britten, J.** 1900–1905. *Illustrations of Australian plants collected in 1770 during Captain Cook's voyage.*

**Blunt, W. & Stearn, W.** 1973. *Captain Cook's Florilegium,* Lion and Unicorn Press.

**Carr, D. J.** [Hg.] 1983. *Sydney Parkinson; Artist of Cook's Endeavour Voyage.* London and Canberra: British Museum (Natural History) in Zusammenarbeit mit Australian National University Press, XVI S. und 300 S.

**Carter, H. B.** 1988. *Sir Joseph Banks, 1743–1820.* British Museum (Natural History), London, 671 S.

**Joppien, R. & Smith, B.** 1985. *The Art of Captain Cook's Voyages.* Bd. I. *The Voyage of the Endeavour 1768–1771.* Oxford University Press in Zusammenarbeit mit derAustralian Academy of Humanities, Melbourne, 247 S.

## Kapitel 6

**Beaglehole, J. G.** 1974. *The Journals of Captain James Cook IV. The Life of Captain James Cook.* The Hakluyt Society, London, 760 S.

**Carter, H. B.** 1988. *Sir Joseph Banks, 1743-1820.* British Museum (Natural History), London, 671 S.

**Joppien, Rüdiger & Smith, Bernard.** 1985. *The Art of Captain Cook's Voyages,* Bd. 2, *The Voyage of the Resolution and Adventure 1772–1775.* Melbourne, Oxford University Press in Zusammenarbeit mit der Australian Academy of the Humanities, 274 S.

**Whitehead, P.** 1969. *Zoological specimens from Captain Cook's voyages.* Journal Society Bibliography of Natural History, 5 (3): 161-201.

**Whitehead, P.** 1978. *The Forster collection of zoological drawings in the British Museum (Natural History).* Bulletin British Museum Natural History (historical series), 6 (2): 25-47.

## Kapitel 7

**Brosse, Jacques.** 1983. *Great Voyages of Exploration. The Golden Age of Discovery in the Pacific.* David Bateman Ltd., 232 S.

**Edwards, P. I.** 1976. *Robert Brown (1773-1858) and the natural history of Matthew Flinders's voyage in H.M.S. Investigator 1801–1805.* J. Soc. Biblphy nat. Hist. 7: 385-407.

**Flinders, M.** 1814. *A Voyage to Terra Australis... in the years 1801, 1802, and 1803, in His Majesty's Ship the Investigator...*2 Bände und Atlas. G. and W. Nicol, London.

**Norst, Marlene J.** 1989. *Ferdinand Bauer; The Australian Natural History Drawings.* British Museum (Natural History), 120 S.

**Vallance, T. G. & Moore, D.T.** 1982. *Geological aspects of the voyage of HMS Investigator in Australian waters, 1801–1805.* Bulletin of the British Museum (Natural History) Historical Series, 10 (1): 1-43.

## Kapitel 8

**Desmond, A. & Moore, J.** 1991. *Darwin.* Michael Joseph Ltd., 850 S.

**Keynes, R.D.** 1979. *The Beagle Record. Selections from the original pictorial records and written accounts of the voyage of H.M.S. Beagle.* Cambridge University Press, 409 S.

**Moorehead, A.** 1969. *Darwin and the Beagle.* Hamish Hamilton, London, 280 S.

**Tree, I.** 1991. *The Ruling Passion of John Gould. A biography of the bird man.* Barry and Jenkins Ltd., 250 S.

## Kapitel 9

**Bate, H. W.** 1863. *The Naturalist on the River Amazons,* London, John Murray,

**Beddall, B. G.** 1969. *Wallace and Bates in the Tropics.* London, Macmillan and Co., 241 S.

**George, W.** 1964. *Biologist Philosopher; a study of the life and writings of Alfred Russel Wallace.* Abelard-Schuman, London, 320 S.

**Moon, H. P.** 1976. *Henry Walter Bates F. R. S. 1825–1892. Explorer, Scientist and Darwinian.* Leicestershire Museums, Art Galleries and Records Services, 95 S.

**Wallace, A. R.** 1853. *A Narrative of Travels on the Amazon and Rio Negro, with an Account of the Native Tribes, and Observations on the Climate, Geology, and Natural History of the Amazon Valley.* London, Reeve and Co, 539 S.

**Wallace, A. R.** 1869. *The Malay Archipelago: the Land of the Orang-utan and the Bird of Paradise; a Narrative of Travel with Studies of Man and Nature.* London, Macmillan and Co., 653 S.

## Kapitel 10

**Linklater, E.** 1972. *The Voyage of the Challenger,* London, John Murray, 288 S.

**Murray, J.** 1895. *A summary of the scientific results ... Report on the Scientific Results of the Voyage of H.M.S. Challenger during ... 1873–76,* Summary, 1608 S., 2 Bände, Stationery Office, London.

**Wild, J.-J. 1878.** *At Anchor: A narrative of experiences afloat and ashore during the voyage of H.M.S. »Challenger« from 1872–76.* London and Belfast: Marcus Ward and Co., 198 S.

# Register

*Kursive Seitenzahlen beziehen sich auf Illustrationen, nähere Informationen finden sich in den Bildunterschriften.*

# Dank · Bildnachweis

Die Herausgeber danken allen Mitarbeitern des Museum of Natural History für ihre sachkundige Unterstützung, besonders Jane Hogg, Lynn Millhouse, Trudy Brennan, Pat Hart, Neil Chalmers, Charlie Jarvis, Sandra Knapp, Malcolm Beazley, ferner den Mitarbeitern der Botanischen Bibliothek Alison Paul, Julie Harvey sowie Ann Datta von der Entomologischen Bibliothek, den Mitarbeitern der Zoologischen Bibliothek Ann Lumm, Carol Gökçe. Außerdem Martin Pulsford von der Allgemeinen Bibliothek und schließlich den Mitarbeitern vom Bild-Archiv John Thackeray, Oliver Crimmin, Nigel Merrett, Frank Steinheimer und Chris Mills. Besonderer Dank gebührt auch Dr. David Bellamy und Ute Heek.

Alle Abbildungen entstammen den Bibliotheken des Museum of Natural History, falls nicht anders gekennzeichnet.
*Seiten 1–13*: Bleistiftzeichnungen und Bilder von Alfred Waterhouse.

KAPITEL 1
*Seiten 15, 24-49*: Tuschzeichnungen verschiedener Künstler sowie von Hans Sloane gesammelte Tiere und Pflanzen aus den Bänden 1–7 von Sloanes Herbarium, Botanische Abteilung. *Seite 17:* Artefakt aus der Allgemeinen Bibliothek. *Seite 18*: aus »A Voyage to Jamaica«, Botanische Bibliothek. *Seiten 21–23*: Bildtafeln aus »The Natural History of Jamaica«, Band 1–2, Botanische Bibliothek.

KAPITEL 2
*Seiten 57–59, 64–71*; Bleistiftzeichnungen von Paul Hermann aus Hermanns Herbarium, Band 5, Botanische Abteilung. *Seiten 60–63, 72–89*: Aquarelle von Pieter de Bevere, Allgemeine Bibliothek.

KAPITEL 3
*Seiten 91, 108, 112*: Faksimile aus »Metamorphosis Insectorum Suri namensium«, Auflage von 1981, von originalen Aquarellen aus der Royal Collection in Windsor. *Seite 94*: aus der Kartensammlung der British Library. *Seite 95*: Titelseiten der »Metamorphosis« der Auflagen von 1705 und 1719. *Seiten 96–97, 100–119*: kolorierte Tafeln der »Metamorphosis« der Auflagen von 1705 und 1719. *Seiten 114–119:* Diese Abbildungen befinden sich lediglich in der Ausgabe von 1719. *Seiten 98–99*: kolorierte Tafeln aus »Neues Blumenbuch« der Auflage von 1680, jetzt in der Botanischen Bibliothek.

KAPITEL 4
*Seiten 121–141*: Gemälde und Aquarelle von William Bartram, Botanische Bibliothek.

KAPITEL 5
*Seite 143*: Tuschzeichnung und Aquarell, einem Port-Jackson-Maler zugeschrieben, Allgemeine Bibliothek. *Seite 146*: Seiten aus Daniel Solanders handgeschriebenem Tagebuch »Plantae Novae Hollandiae«, Botanische Bibliothek. *Seite 149*: Ölgemälde, Selbstbildnis von Sydney Parkinson, Zoologische Bibliothek. *Seite 150*: Titelseite von Daniel Solanders handgeschriebenem Tagebuch »Plantae Novae Hollandiae«, Botanische Bibliothek; Daniel Solander, 1784 von James Sowerby gemalt, Kupferstich von James Newton.
*Seite 151*: Original-Exemplar aus dem Cryptogamic Herbarium.
*Seiten 152–169:* Gemälde und Aquarelle von Sydney Parkinson und die zugehörigen Kupferstiche, Botanische Bibliothek.

Kapitel 6

*Seiten 171, 174–197*: Aquarelle von George Forster, Zoologische Bibliothek. *Seite 173*: handgeschriebener Katalog von Johann Forster, Allgemeine Bibliothek.

Kapitel 7

*Seiten 199, 206–222, 224–229*: Aquarelle von Ferdinand Bauer, Botanische Bibliothek. *Seiten 200–201*: Tafeln unterschiedlicher Künstler aus »A Voyage to Terra Australis« von Matthew Flinders, Allgemeine Bibliothek. *Seite 202*: Tuschzeichnung der »Investigator«, National Maritime Museum, Greenwich. *Seite 205*: Stich von Captain Flinders, National Maritime Museum, Greenwich. *S. 223*: Bleistiftzeichnung von Ferdinand Bauer, Naturhistorisches Museum, Wien.

Kapitel 8

*Seiten 231, 240–259*: Tafeln verschiedener Künstler, einschließlich John und Elizabeth Gould, aus »Zoology of the Voyage of the Beagle«, Band 1–3. *Seite 232*: handschriftliche Notizen von Charles Darwin, Allgemeine Bibliothek. *Seite 235*: Aquarell von Owen Stanley auf der »Beagle«, 1841, National Maritime Museum, Greenwich. *Seite 237*: Tafel aus Darwins »Journal of Researches«, Auflage 1870, Allgemeine Bibliothek. *Seiten 238–239*: Plan der »Beagle«, Zeichner unbekannt, Allgemeine Bibliothek.

Kapitel 9

*Seiten 261, 263, 276–289*: Bleistiftzeichnungen und Aquarelle von Henry Walter Bates, Entomologische Bibliothek. *Seite 262*: Brief von Alfred Russell Wallace an John Gould, Allgemeine Bibliothek. *Seite 265*: Notizbücher von Alfred Russell Wallace, Allgemeine Bibliothek. Seite 266: Foto von Alfred Russell Wallace, Allgemeine Bibliothek. *Seiten 268–271*: Illustrationen von John und Elizabeth Gould für John Goulds »Birds of New Guinea«, Band 1. *Seiten 272–275*: Bleistiftzeichnungen von Alfred Russell Wallace, Allgemeine Bibliothek.

Kapitel 10

*Seiten 300–303*: Glasplatten-Negative von Caleb Newbold/ Frederick Hodgeson/Jesse Lay, Paläontologische und Mineralogische Bibliothek. *Seiten 304–305*: Zeichnungen von J.-J.Wild, National Maritime Museum, Greenwich. *Seiten 291, 306, 308–319*: Tafeln verschiedener Künstler aus »The Challenger Reports«. *Seite 293*: »HMS Challenger In The Ice«, Gemälde von W. F. Mitchell, National Maritime Museum, Greenwich. *Seite 294*: Royal Photographic Society. *Seiten 297, 299*: National Maritime Museum. *Seite 298*: Artefakte, Paläontologische und Mineralogische Bibliothek.

Epilog

*Seite 321*: Computerkolorierte Foto-Vergrößerung x 25, Bild-Archiv. *Seite 322*: Bilder aus dem Elektronenmikroskop, Bild-Archiv. *Seiten 324–325*: Aquarell und Bleistiftzeichnung von Claire Dalby, 1981 reproduziert mit freundlicher Genehmigung von Claire Dalby. *Seite 328*: (von links) koloriertes Foto, Zoologische Bibliothek; Titelbild von »The Naturalist on the River Amazons«, Band 1, 1863, von Henry Walter Bates, Entomologische Bibliothek; Ölbild von Nathaniel Dance, National Maritime Museum, Greenwich; Pastellbild, Zoologische Bibliothek; Ölbild, Zoologische Bibliothek.